Mechanik, Werkstoffe und Konstruktion im Bauwesen

Band 76

Reihe herausgegeben von

Ulrich Knaack, Darmstadt, Deutschland

Jens Schneider, Darmstadt, Deutschland

Johann-Dietrich Wörner, Darmstadt, Deutschland

Stefan Kolling, Gießen, Deutschland

Institutsreihe zu Fortschritten bei Mechanik, Werkstoffen, Konstruktionen, Gebäudehüllen und Tragwerken. Das Institut für Statik und Konstruktion der TU Darmstadt sowie das Institut für Mechanik und Materialforschung der TH Mittelhessen in Gießen bündeln die Forschungs- und Lehraktivitäten in den Bereichen Mechanik, Werkstoffe im Bauwesen, Statik und Dynamik, Glasbau und Fassadentechnik, um einheitliche Grundlagen für werkstoffgerechtes Entwerfen und Konstruieren zu erreichen. Die Institute sind national und international sehr gut vernetzt und kooperieren bei grundlegenden theoretischen Arbeiten und angewandten Forschungsprojekten mit Partnern aus Wissenschaft, Industrie und Verwaltung. Die Forschungsaktivitäten finden sich im gesamten Ingenieurbereich wieder. Sie umfassen die Modellierung von Tragstrukturen zur Erfassung des statischen und dynamischen Verhaltens, die mechanische Modellierung und Computersimulation des Deformations-, Schädigungs- und Versagensverhaltens von Werkstoffen, Bauteilen und Tragstrukturen, die Entwicklung neuer Materialien, Produktionsverfahren und Gebäudetechnologien sowie deren Anwendung im Bauwesen unter Berücksichtigung sicherheitstheoretischer Überlegungen und der Energieeffizienz, konstruktive Aspekte des Umweltschutzes sowie numerische Simulationen von komplexen Stoßvorgängen und Kontaktproblemen in Statik und Dynamik.

Carina Kisker

Rolled Wall

Entwicklung eines textilen Wandschalungssystems

Springer Vieweg

Carina Kisker
Institut für Statik und Konstruktion
Technische Universität Darmstadt
Soest, Deutschland

Vom Fachbereich 13 Bau- und Umweltingenieurwissenschaften der Technischen Universität Darmstadt zur Erlangung des akademischen Grades eines Doktor-Ingenieurs (Dr.-Ing.) genehmigte Dissertation von Carina Kisker
1. Gutachten: Prof. Dr.-Ing. Ulrich Knaack
2. Gutachten: Prof. Dr.-Ing. habil. Stefan Kolling
Tag der Einreichung: 08.04.2024
Tag der mündlichen Prüfung: 02.07.2024

ISSN 2512-3238 ISSN 2512-3246 (electronic)
Mechanik, Werkstoffe und Konstruktion im Bauwesen
ISBN 978-3-658-47178-1 ISBN 978-3-658-47179-8 (eBook)
https://doi.org/10.1007/978-3-658-47179-8

Die Deutsche Nationalbibliothek verzeichnet diese Publikation in der Deutschen Nationalbibliografie; detaillierte bibliografische Daten sind im Internet über https://portal.dnb.de abrufbar.

Springer Vieweg ist ein Imprint der eingetragenen Gesellschaft Springer Fachmedien Wiesbaden GmbH und ist ein Teil von Springer Nature.
Die Anschrift der Gesellschaft ist: Abraham-Lincoln-Str. 46, 65189 Wiesbaden, Germany

Danksagung

Hiermit möchte ich mich ganz herzlich bei allen Personen bedanken, welche mich beim Erstellen dieser Arbeit, in vielfältiger Weise unterstützt haben.

Mein besonderer Dank geht an Herrn Prof. Dr.-Ing. Ulrich Knaack, welcher mir die Möglichkeit gab diese Arbeit, am Institut für Statik und Konstruktion an der Technischen Universität Darmstadt, anzufertigen. Vielen Dank für die jahrelange Unterstützung von mir und auch meiner Familie, sowohl in fachlicher als auch in persönlicher Hinsicht! Außerdem möchte ich Herrn Prof. Dr.-Ing. habil. Stefan Kolling dafür danken, dass Sie das Korreferat übernommen haben und sich mit so viel Interesse für meine Arbeit begeistern konnten.

Für das Bereitstellen der notwendige technische Ausstattung zur Durchführung dieser Arbeit sowie die Einführung und Unterstützung in diverse Messtechniken möchte ich mich gerne insbesondere bei Dr.-Ing. Tilo Proske, Dr.-Ing. Sarah Steiner, Dr.-Ing. Michael Drass, Dr.-Ing. Andrei Firus und Marcel Hörbert bedanken. Außerdem geht ein großer Dank an Peri GmbH als langjähriger Projektpartner, vertreten durch Frank Ilg, welche eine stetige Weiterentwicklung der textilen Wandschalung möglich gemacht haben und an Korte - Hoffmann GmbH, welche mir nach meiner Zeit an der Technischen Universität Darmstadt, als Arbeitgeber, ausreichend Zeit zur Fertigstellung dieser Arbeit ermöglicht haben.

Für die zeitintensive und oftmals auch körperlich anstrengende Unterstützung bei der Durchführung von diversen Prototypen möchte ich mich insbesondere bei Valentin Adam, Udo Krippner, Fabian Rieß, Hans Ignacio Scholz Campos, Niklas Baumeister, Valentin Wedekind und Marvin Kehl bedanken.

Kurzfassung

In dieser Arbeit ging es darum ein textiles Wandschalungssystem zu entwickeln und Abhängigkeiten bzw. Auswirkungen unterschiedlicher Schalungsbestandteile, wie beispielsweise der textilen Schalhaut oder den Durchankerungen, bzw. deren Materialwahl, auf den Frischbeton und den Festbeton zu eruieren. Einer der Gründe hierfür waren immer komplexer werdende Gebäudegeometrien und deren enormer Schalungsaufwand mit etablierten Schalungssystemen, die einen großen Zeit- und Arbeitsaufwand sowie Ressourcenaufwand bedeuten. Digitale Lösungen zur erleichterten Planung existieren bereits, sodass an der Umsetzung gearbeitet werden muss. Bereits bestehende Projekte zum Thema textile Schalung beschränken sich zumeist auf Forschungsarbeiten und finden, bis auf sehr vereinzelte Ausnahmen, keine Anwendung im Bauwesen. Dabei bieten Textilien neben der Flexibilität, eine breite Vielzahl von Geometrien herstellen zu können, auch weitere Eigenschaften, die sich positiv auf den Beton auswirken können.

Um dies genauer zu untersuchen wurde im Rahmen dieser Forschungsarbeit eine Reihe verschiedener Prototypen bzw. Messaufbauten erstellt. Eine der Hauptfragen war inwiefern die Permeabilität verschiedener Textilien Einfluss auf den Beton nimmt. Um den Einfluss auf Frischbeton zu verifizieren wurden Frischbetondruckmessungen vorgenommen. Der Einfluss auf Festbeton wurde in Form von Oberflächenhärtetestungen sowie Carbonatisierungsversuchen erprobt.

Um ein neues Schalungssystem zu entwickeln, muss insbesondere die konstruktive Ausarbeitung aller notwendigen Bestandteile des Bauteils, in diesem Fall einer Wand, ermöglicht werden. Daher wurden die notwendigen Durchankerungen, Ecken, Rundecken, das Generieren von Öffnungen und die Standsicherheit der Schalung, die aufgrund der Flexibilität des Schalungsmaterials zunächst nicht gegeben ist, in weiteren Testreihen untersucht. Ein weiterer Teil dieser Arbeit beschäftigte sich mit der Herstellung eines textil geschalten, kerngedämmten Wandaufbaus, der als Schalelement vorfabriziert und vor Ort in einem Arbeitsschritt betoniert werden kann. Die letzte Versuchsreihe beschäftigte sich mit möglichen Einflussparametern, die in den Eigenschaften der als Schalhaut genutzten Textilien begründet liegen, auf den Wärmedurchgang und die spätere Nutzung des Bauteils.

Aufgrund einer Vielzahl von Abhängigkeiten unter den einzelnen Versuchsreihen sind finale Auswertungen zu den Einwirkungen der Textilien auf den Beton und zur konstruktiven Anwendbarkeit entstanden. Am Ende der Arbeit wird ein Ausblick in mögliche Einsatzgebiete der textilen Wandschalung und weiteres Forschungspotenzial gegeben.

Abstract

The aim of this work was to develop a textile wall formwork system and determine the dependencies and effects of different formwork components, such as the textile formliner or the tie rods, and their choice of material on fresh and hardened concrete. One of the reasons for the research were increasingly complex building geometries and their enormous formwork effort with established formwork systems, which require a great deal of time and effort, as well as resources. Digital solutions to facilitate planning already exist, so that work must be done on implementation. Existing projects on the topic of textile formwork are mostly limited to research and, with very isolated exceptions, are not used in construction. In addition to flexibility, which allows a wide variety of geometries to be produced, textiles also offer other properties that can have a positive effect on concrete.

In order to investigate this in more detail, a number of different prototypes or measurement set-ups were created as part of this research work. One of the main questions was to what extent the permeability of many textiles influences the concrete. In order to verify the influence on the fresh concrete, fresh concrete pressure measurements were made. The influence on the hardened concrete was tested in the form of surface hardness tests, as well as carbonation tests.

In order to develop a new formwork system, it is particularly important to enable the constructive elaboration of all necessary components of the structural element, in this case a wall. Therefore, the necessary tie-throughs, corners, round corners, the generation of openings and the stability of the formwork, which is initially not given due to the flexibility of the formwork material, were investigated in further test series. Another part of this work dealt with the production of a textile-formed, core-insulated wall structure, which can be prefabricated as one formwork element and concreted on site in one working step. The last series of tests dealt with possible influence parameters, which are based on the properties of the textiles used as formwork skin, on the heat transfer and the subsequent use of the component.

Due to a large number of interdependencies among the individual test series, final evaluations on the effects of the textiles on the concrete and on the structural applicability were made. At the end of the paper, an outlook is given on possible areas of application for textile wall formwork and further research potential.

Inhaltsverzeichnis

1 Einleitung

1.1 Problemstellung und Zielsetzung

Beton ist ein bedeutsames Material im Bausektor. Der Einsatz erfolgt oft aus z.B. statischen Gründen, aufgrund von Vorteilen im Bereich des Brandschutzes und als Speichermasse. Einen großen Anteil an den Herstellungskosten einer Wand aus Beton betragen die Schalungskosten (Reichle, 2002). Verbesserungen im Schalungsbau resultieren insbesondere aus neuen Systemlösungen oder langlebigeren Schalhautmaterialien. Insbesondere großflächige Systemlösungen sparen vor allem Montagezeit und somit Lohnkosten ein, tragen gleichzeitig aber zu einem erhöhten Lager- und Transportbedarf bei (Kowalski, 1984).
Zurzeit werden meist große Schalplatten auf die Baustelle transportiert, dort gelagert und anschließend montiert und die Wand im Anschluss eingeschalt und Anker gesetzt. Danach kann betoniert werden. Nach einigen Tagen wird ausgeschalt und erst anschließend kann die Dämmung angebracht werden. Bei zweischalig kerngedämmten Stahlbetonwänden kann bisher nur mit Fertigteilen gearbeitet werden, da vor Ort ein Ausschalen der zweiten Schicht nicht möglich ist. Nach ihrem Einsatz auf der Baustelle werden die Schalelemente wieder gereinigt und eingelagert.
Als Resultat entstehen für den Endverbraucher oft negativ behaftete Gebäude. Gründe für das negative Image von Beton im Wohnsektor sind in den Nachkriegsjahren zu finden (s. Abbildung 1.1). In den 60er bis 70er Jahren im Rahmen von Wohnungsknappheit und dem Trend vorfabrizierte Bauteile im Zeitalter des industrialisierten Bauens zu verwenden, um eine Steigerung der Produktivität bei zeitgleicher Senkung der hohen Baukosten zu erreichen, entstand dem heutigen Anspruch nach graue Zweckarchitektur ohne gestalterischen Anspruch. Insbesondere die Fassade eines Gebäudes beeinflusst maßgeblich das Stadtbild bzw. die eigene Wohnumgebung und trägt in gewissem Maß dazu bei, wie wohl sich die Menschen fühlen, die sich in dieser Umgebung aufhalten.
Im Kontrast hierzu fällt auf, dass Prestigebauten oftmals einer immer komplexer werdenden Geometrie folgen (s. Abbildung 1.2). Die Planungen dieser aufwändigen Formensprache oder sogar Freiformarchitektur sind dank neuster, digitaler Planungsmöglichkeiten kein Problem mehr. Die Umsetzung hingegen ist zwar möglich, aber durch Sonderschallösungen oft zeit- und kostenintensiv sowie ressourcenaufwändig und dadurch für Wohngebäude nicht wirtschaftlich (Cramer & Hesse, 2013).
Grund für diese Forschungsarbeit ist es den Bausektor durch gezieltes Eingreifen an ei-

C. Kisker, *Rolled Wall*, Mechanik, Werkstoffe und Konstruktion im Bauwesen 76,
https://doi.org/10.1007/978-3-658-47179-8_1

nem häufig verwendeten Baustoff zu verbessern. Durch aktuelle Diskussionen zum Thema Nachhaltigkeit, Einführung von neuen Mindestenergiestandards, maroder Brücken im Straßenbausektor, Einsatz von erneuerbaren Energiequellen und vielem mehr sind bereits seit vielen Jahren diverse Forschungen im Bereich Energie und Anlagentechnik entstanden. Durch immer strengere Anforderungen an den Energiestandard eines Gebäudes und steigende Mietpreise müssen Lösungen entwickelt werden, die es ermöglichen, günstig und energieeffizient bauen zu können.
Ziel dieser Forschungsarbeit ist es daher, ein textiles Wandschalungssystem zu entwickeln, das alle konstruktiven Anforderungen an eine fertige Wand erfüllen kann, und in praktischen Versuchen zu testen, in welchen Bereichen die Vor- oder auch Nachteile beim Einsatz von Textilien als Schalhaut aufgrund deren Flexibilität und Permeabilität, liegen könnten.

Abbildung 1.1 Typischer Plattenbau

Abbildung 1.2 Phaeno Wolfsburg, Zaha Hadid

1.2 Inhalt und Gliederung der Arbeit

Zu Beginn der Arbeit werden in Kapitel 2 zum einen die etablierten Schalungssysteme für Wände und zum anderen der Stand der Technik der textilen Schalungsmethode dargestellt. Es werden ein historischer Überblick sowie verschiedene bereits realisierte Projekte und Gebäude, errichtet mit textilen Schalungen, aufgezeigt. Im Anschluss daran werden die Grundlagen ermittelt, die notwendig sind um ein textiles Schalungssystem für Wände zu entwickeln. Dies sind die Anforderungen an Schalungssysteme sowie Grundlagen der einzelnen zu verwendenden Materialien und Bestandteile einer Schalung, eben-

so wie Anforderungen an die spätere Nutzung einer Wand.
In den folgenden drei Kapiteln werden praktische Versuche vorgestellt. In der ersten Versuchsreihe geht es darum Informationen zu erlangen, die vor dem Betonierprozess zum Entwickeln von Prototypen notwendig sind. Ziel ist es, Materialbedingungen untereinander, z.B. zwischen der Permeabilität und dem Frischbetondruck bzw. dem späteren Festbeton, zu erkennen, um so geeignete Prototypen entwickeln zu können (s. Abbildung 1.3).
In der zweiten Versuchsphase geht es um die konstruktive Ausarbeitung der Wandschalung. Hier werden Lösungen für die textile Wandschalung während des Betonierprozesses entwickelt. In diesem Kapitel geht es um die Standsicherheit der Schalung selbst während des Einbringens von Frischbeton und das Ausführen von konstruktiven Anforderungen an Wände wie z.B. Öffnungen und Ecken.
Im letzten Teil der praktischen Versuche werden erste Untersuchungen zu dem Einfluss eines textilen Schalungssystems auf die Wand in ihrer Gebrauchstauglichkeit nach dem Betonierprozess vorgenommen. Dies sind insbesondere energetische Anforderungen.
In allen drei Versuchsreihen werden zunächst nur die Versuchsergebnisse präsentiert. Erst am Ende der Arbeit werden Auswertungen für die Einwirkung der textilen Schalung auf den Beton und die konstruktive Anwendbarkeit vorgenommen. Dies liegt in einer Vielzahl von Abhängigkeiten einzelner Versuchsreihen untereinander begründet.
Abschließend wird die Arbeit zusammengefasst, ein Fazit gezogen und ein Ausblick auf mögliche weitere Potenziale, Einsatzgebiete und Forschungsthemen gegeben.

Abbildung 1.3 Textiles Schalungsmaterial

2 Stand der Technik

2.1 Betonbauweisen

In der Architektur werden Bauweisen z.B. in Massiv-, Schotten- oder Skelettbauweise unterschieden. Im Betonbau bzw. Stahlbetonbau wird zusätzlich eine Unterscheidung nach dem Ort der Herstellung von Bauteilen vorgenommen, sodass von Ortbeton- oder Fertigteilbauweise gesprochen wird oder eine Kombination beider Bauweisen zu einer Mischbauweise führt. Welche Bauweise für eine Bauaufgabe oder ein Bauteil gewählt wird, hängt von dem Bauwerk/-teil selbst und von Bauherren und Planern ab. Entscheidungskriterien sind unter anderem Zugänglichkeit der Baustelle, Kosten, Zeit und der notwendige Einsatz von Krankapazität, Personal und Vorhalteplatz. In die Betrachtung der Bauzeit werden ebenso Jahreszeiten und somit Witterungsbedingungen berücksichtigt (Hofstadler, 2008).
Wird ein Bauwerk bzw. ein Bauteil in Ortbeton gefertigt, wird die Schalung auf der Baustelle an der geplanten Position errichtet und der Beton mittels Mischfahrzeug als Transportbeton auf die Baustelle gebracht oder, bei kleineren Mengen, vor Ort angemischt (Ortbeton, o. J.). Der Beton wird dann direkt vom Fahrzeug in die Schalung gegeben oder mittels Pumpe eingebracht. Weiterhin wird unterschieden, ob zunächst die vertikalen Bauteile wie Stützen und Wände eingeschalt, betoniert und ausgeschalt werden und anschließend erst der Prozess für die horizontalen Bauteile beginnt, oder ob die vertikalen und horizontalen Bauteile gleichzeitig betoniert werden. Bei letzterem können sowohl die Bauteile eines Geschosses, als auch die vertikalen Bauteile eines Geschosses und die Decke des darunter liegenden Geschosses in einem Arbeitsschritt ausgeführt werden (Hofstadler, 2008). Die Ortbetonbauweise bietet in der Planung große Flexibilität, sodass kurzfristige Änderungen von z.B. Aussparungen für Versorgungsleitungen bis kurz vor dem Betonierprozess berücksichtigt werden können (Wand aus bewehrtem oder unbewehrtem Ortbeton, o. J.).
In der Fertigteilbauweise werden in der Regel die Bauteile industriell vorgefertigt, auf die Baustelle transportiert und vor Ort montiert. In kleinen Serien können einzelne Bauteile auch vor Ort an einer anderen Position vorgefertigt und anschließend montiert werden. Die Montage vor Ort bedingt es, dass es sich hierbei um eine Konstruktion mit zahlreichen Elementverbindungen handelt und nicht um eine monolithische Bauweise. Eine exakte Vorplanung ist notwendig, um alle Elemente korrekt montieren zu können, sodass alle an der Planung Beteiligte eng zusammenarbeiten müssen. Die Varianz der mögli-

C. Kisker, *Rolled Wall*, Mechanik, Werkstoffe und Konstruktion im Bauwesen 76,
https://doi.org/10.1007/978-3-658-47179-8_2

chen Realisierungen als Fertigteil reichen sowohl von einzelnen Bauteilen bis hin zu Gesamtkonstruktionen, sowie von tragenden zu nichttragenden Bauelementen (Hofstadler, 2008). Einschränkungen der Bauweise sind vor allem durch Transport- und Produktionsmaße gegeben. Fertigteilstützen werden z.B. vorwiegend mit rechteckigem Querschnitt ausgeführt und können somit liegend betoniert werden, wohingegen Rundstützen stehend betoniert werden müssen, sodass sich hier geringere Stützenhöhen in der Produktion ergeben. Die Stützen können bei geringen Höhen mit eigenem Fundament produziert werden, oder müssen auf der Baustelle in Fundamente eingebunden und ausbetoniert werden. Anschließende Bauteile, wie z.B. Träger, werden meist über Konsolen montiert. Im Falle von Flächenbauteilen wie Wänden oder Decken können Aussparungen für Installationsschächte, aber auch Fenster- und Türelemente oder Rollladenkästen mit vorgefertigt werden. Dies mindert die notwendige Arbeit vor Ort, führt aber ebenso zu weniger Flexibilität in der Planung, vor allem mit steigendem Baufortschritt. Die Stoßfugen einzelner Elemente werden vergossen. Für den Anschluss zwischen Wand und Decke wird meist eine Aussparung in dem Wandelement eingelassen, in welche die Deckenplatte gelegt wird. Diese Aussparung wird anschließend ausbetoniert (Wand aus bewehrtem oder unbewehrtem Ortbeton, o. J.).
Durch den Einsatz von Betonfertigteilen kann die Bauzeit verkürzt werden, da die Vorproduktion unabhängig von Witterung und Baufortschritt ausgeführt werden kann. Vor allem bei großen Serien gleichbleibender Bauteile können die Kosten z.B. aufgrund eines hohen Mechanisierungsgrades enorm gesenkt werden, müssen dabei aber den Transportkosten gegenübergestellt werden. Aus ökologischer Perspektive wird weiterhin der Vorteil der Demontierbarkeit der Bauten nach Lebensende aufgeführt (Hofstadler, 2008).

Eine Mischung aus den beiden oben genannten Betonbauweisen wird vorwiegend im Bereich der Decken oder auch Wänden eingesetzt. Hierbei dient ein Fertigteil als verlorene Schalung für einen Betoniervorgang vor Ort. Deckenhalbfertigteile bestehen aus einer bereits armierten Betonplatte und einer Anschlussarmierung, um einen Verbund zwischen Fertigteil und Ortbeton generieren zu können. Beliebt sind Halbfertigteildecken vor allem in schwer zugänglichen Bereichen oder wenn sehr geringe Deckenhöhen den Ein- und Ausschalvorgang erheblich erschweren. Wände aus Halbfertigteilen bestehen hingegen aus zwei vorgefertigten Betonschichten, die über Armierungsstahl miteinander verbunden sind. Nach der Montage wird der Zwischenraum der beiden Betonschichten durch Ortbeton vergossen, sodass ein Wandelement entsteht (Hofstadler, 2008).

2.2 Etablierte Wandschalungen

Bei Wandschalungen bestehen zwei verschiedene Möglichkeiten der Ausführung, zum einen die einhäuptige Schalung und zum anderen die doppelhäuptige Schalung. Erstere wird dann eingesetzt, wenn vor eine bereits bestehende Wand betoniert werden muss. Dies können sowohl bereits gebaute Wände als auch Gesteinswände sein. Bei einhäuptigen Schalungen übernimmt die bereits bestehende Wand die gegenüberliegende Schalungsaufgabe, wohingegen sich bei der doppelhäuptigen Schalung zwei Schalungen gegenüberstehen und durch Schalungsanker miteinander verbunden werden. Im Hochbau als Neubau werden somit doppelhäuptige Schalungen verwendet (Hofstadler, 2008). Weiterhin wird unterschieden zwischen kleinflächigen und großflächigen Schalungen. Entscheidend für den Einsatz sind die zu schalende Fläche und vor allem die mögliche Einsatzzahl des Schalungssystems (Berner, Kochendörfer & Schach, 2013). Für Bauaufgaben mit gleichbleibenden Raumgrößen stehen vereinzelt auch Raumschalungen zur Verfügung. Bei der konventionellen Wandschalung handelt es sich um eine Kleinflächenschalung, die mittlerweile nur noch selten und bei kleinen Bauprojekten Verwendung findet. Bei der Trägerschalung und der Rahmenschalung handelt es sich um Systemschalungen mit denen vor Ort Montagezeit und somit Lohnkosten gespart werden sollen (Proporowitz, 2008). Bei der Trägerschalung handelt es sich um eine Großflächenschalung, wohingegen die Rahmenschalung sowohl als Großflächenschalung, aber auch als Kleinflächenschalung angewendet werden kann. Die Rahmenschalung und die Trägerschalung nehmen nach C. Hofstadler ca. 80% der Schalungen für Wände ein (Hofstadler, 2008).

2.2.1 Konventionelle Schalung

Die konventionelle Wandschalung besteht aus einzelnen Brettern, die die Schalhaut bilden, und Kanthölzern, die den Frischbetondruck aufnehmen, sowie Spanngliedern (s. Abbildung 2.1). Aufgrund der kleinteiligen Bestandteile lässt sich dieses Schalungssystem gut an nicht wiederholende Schalaufgaben sowie an komplexe Geometrien anpassen. Es kann händisch montiert werden, sodass keine Krankapazität notwendig ist. Was dem allerdings gegenübersteht, ist der enorme Zeitaufwand sowie die benötigten handwerklichen Fähigkeiten und Fachwissen. Das Verspannen der Schalung geschieht mit Keilschlössern, über die auch die gewünschte Wandstärke feinjustiert wird, was ebenso Fachwissen erfordert. Daher werden für die konventionelle Schalung gelernte Zimmerer benötigt. Das Ausrichten der Schalung geschieht händisch vor Ort mittels Richtbrettern, die in Laschen an der Schalung befestigt, genagelt werden. Wandstärken über 20 cm benötigen eine zusätzliche Aussteifung, da die Schalung aufgrund des Materials eine geringe Stabilität aufweist. Weiterhin ist die Reinigung der Schalhaut aus Holzbrettern sehr aufwändig und die Qualität der Erstnutzung kann nicht wieder hergestellt werden, da der Frischbeton zu Teilen in die Holzoberfläche eindringt. Dies bedingt ebenso eine geringe Einsatzzahl der konventionellen Schalung (Hofstadler, 2008).

Abbildung 2.1 Freiformschalung PERI (Bildrechte: PERI Deutschland)

2.2.2 Trägerschalung

Aus der konventionellen Schalung heraus hat sich die Trägerschalung entwickelt, nachdem die notwendigen Hebezeuge zur Verfügung standen. Im ersten Entwicklungsschritt wurden großflächigere Schalungselemente nach erstmaliger Montage als Element umgesetzt. Um die Steifigkeit der Schalung zu verbessern, wurden die Kanthölzer durch Träger ersetzt und die Holzgurte durch Stahlprofile. Bei den Trägern handelt es sich meist um Holzträger. Stahl- und Aluminiumträger wurden aus Kostengründen oft wieder eingestellt (Proporowitz, 2008). Das Unternehmen PERI nutzt hierfür Holzfachwerkträger, um zusätzlich Gewicht zu sparen. Neben der Schalhaut, den Holzträgern und den Stahlgurten besteht die heutige Trägerschalung aus der notwendigen Durchankerung, Verbindungsmitteln für die vormontierten Elemente, Richtstützen und je nach Bauaufgabe Gerüsten oder weiteren Zubehörteilen (s. Abbildung 2.2). Diese Vielzahl von Elementen bietet, ebenso wie bei der konventionellen Schalung, eine gewisse Flexibilität, sodass die Trägerschalung neben dem Einsatz als Großflächenschalung bei großen, sich wiederholenden Bauaufgaben ebenso bei komplexeren Bauteilgeometrien eingesetzt wird. Durch die individuelle Planbarkeit des Schalungssystems kann es bei Bedarf hohe Frischbetondrü-

cke aufnehmen, die von der Schalhaut und den Holzträgern in die Stahlgurte eingeleitet und von den Durchankerungen aufgenommen werden (Hofstadler, 2008). Die Anzahl der Durchankerungen, entsprechend dem Frischbetondruck, ist von den Herstellern angegeben und kann zusätzlich zur berechneten Anzahl und Abstand auch durch optische Kriterien erweitert werden. Aus wirtschaftlicher Sicht wird sich meist auf das Minimum beschränkt, insbesondere bei Bauteilen ohne Anforderungen an die Betonoberfläche, die nicht in Sichtbeton ausgeführt werden (Proporowitz, 2008).
Zur Montage der Trägerschalung wird zunächst ein Schalboden erstellt, auf dem die Stahlgurte ausgerichtet werden können. Um die Position zu festigen, werden anschließend die Randträger und erst danach die Feldträger montiert und zum Schluss die Schalhaut befestigt. In diese werden händisch die Löcher für die zuvor ermittelten Durchankerungen gebohrt. Weiterhin werden aufgrund der Kranabhängigkeit zwei Anschlussstellen für diesen vorgesehen (Hofstadler, 2008). Durch diese händische Anfertigung bietet die Trägerschalung ein rasterunabhängiges Durchankerungsschema (Malpricht, 2010). Die Vormontage kann vor Ort, am Bauhof oder auch seitens der Schalungshersteller geschehen. Letztere bieten für etablierte Geschosshöhen im Wohnungs- und Industriebau verschiedene vorgefertigte, gerasterte Systemelemente an. Um diese vor Ort individuell anzupassen, werden Längenausgleiche sowie die Möglichkeit der Aufstockung angeboten. Die Verbindungselemente variieren zwischen den Schalungsherstellern, es handelt sich dabei jedoch meist um Stahlprofile und Verbindungsbolzen. Ausgerichtet wird die Trägerschalung über Richtstützen, wobei zum Teil auch Schwerlaststützen notwendig sein können, wenn es sich um eine besonders große Bauaufgabe mit großen Schalungsflächen handelt. Für die Ecklösungen werden Systemumlenkungen angeboten (Hofstadler, 2008). Dabei sind neben 90° Ecken ebenso stumpfwinklige oder spitzwinklige Ecken ausführbar (Proporowitz, 2008).
Die Flexibilität der Trägerschalung liegt nicht in sich verändernden Geometrien (Berner, Kochendörfer & Schach, 2013), sondern in der Anpassungsfähigkeit an eine komplexe Wandgeometrie, einer leicht zu tauschenden Schalhaut, dem aufnehmbaren Frischbetondruck und dem Durchankerungsschema, je nach statischer Notwendigkeit. Die Elemente können individuell angefertigt oder als Großflächenschalung vormontiert werden. Die Modularität bedingt ebenso einen schichtweisen Aufbau, sodass die Konstruktionshöhe der Schalung vergleichsweise hoch ist und die Nutzung in schwer zugänglichen, bzw. engen Bereichen ausgeschlossen werden kann. Wird die Trägerschalung seitens der Her steller nicht als vorgefertigte Großflächenschalung verwendet, leitet sich ein Montageprozess mit erhöhtem Aufwand ein. Hierfür, ebenso wie ggf. für die Lagerung angelieferter Großflächenelemente, ist eine große Lagerkapazität auf der Baustelle gefordert, ebenso wie Krankapazität, mindestens für das Aufstellen der Schalung (Proporowitz, 2008).

Abbildung 2.2 Trägerschalung für Wände - Vario, PERI (Bildrechte: PERI Deutschland)

2.2.3 Rahmenschalung

Bei der Rahmenschalung handelt es sich um vorgefertigte Elemente, die im Baukastensystem vor Ort miteinander verbunden werden (s. Abbildung 2.3). Die Schalungselemente werden in der Regel vertikal montiert, können nach Bedarf aber auch horizontal eingesetzt werden. Die Funktionsweise ist dabei ähnlich der Trägerschalung, der Frischbetondruck wird von der Schalhaut in den Rahmen geleitet und von den Durchankerungen aufgenommen. Sowohl die Schalhaut als auch die Rahmenkonstruktion kann aus verschiedenen Materialien bestehen, sodass es leichte händische Rahmenschalungen ebenso wie schwere kranabhängige, großformatige auf dem Markt gibt. Das Rahmenmaterial kann sowohl aus Stahl als auch aus Aluminium oder in selteneren Fällen aus Kunststoff bestehen. Am leichtesten sind dabei die Kunststoffkonstruktionen. Hier gibt es Anbieter, die sehr kleinteilige Kunststofftafeln anbietet, die ausnahmslos händisch zusammengesteckt werden können. Bei wiederholenden Schalvorgängen können mehrere Elemente zusammenhängend mittels Hebewerkzeug umgesetzt werden. Dieses Stecksystem erfordert keine zusätzlichen Fachkenntnisse (Geoplast, o. J.). Aufgrund des Materials ist diese Rahmenschalung allerdings vergleichsweise instabil, sodass zum einen sehr viele Durchankerungen notwendig werden und zum anderen die Oberfläche leicht Unebenheiten abzeichnen kann. Diese Kunststoffrahmenschalung wird vor allem auf Baustellen eingesetzt, auf denen keine Hebezeuge zur Verfügung stehen oder die zu schalenden Bauteile schwer zugänglich sind. Für Rahmenschalungen mit Stahlrahmen ist aufgrund des Gewichtes immer ein Kran notwendig. Durch die hohe Materialsteifigkeit können allerdings Elementgrößen bis zu ca. 9 m^2 hergestellt werden. Weiterhin kommt die Stahlrahmenschalung mit deutlich weniger notwendigen Durchankerungen aus. Elemente aus Aluminiumrahmen sind etwa 50% leichter als Stahlrahmenelemente und mit diesen desselben Herstellers meist kombinierbar (Hofstadler, 2008). Zusätzlich werden auf dem

Markt Alupaneelschalungen für die händische Montage angeboten diese werden meist in schwerer zugänglichen Bereichen und somit kranunabhängig eingesetzt, wohingegen die Aluminiumrahmenschalung kranabhängig verwendet wird. Vom Konstruktionsprinzip entfällt bei der Rahmenschalung im Vergleich zur Trägerschalung eine Ebene, da die „Träger“ und „Gurte“ in derselben Ebene liegen. Dadurch fehlt dem Schalungssystem im Vergleich Stabilität, die durch die Materialwahl wieder gewonnen werden muss (Proporowitz, 2008).

Neben den Rahmenelementen und den weiteren Schalungselementen wie Durchankerungen, Verbindungsmittel, Eckelemente, Richtstützen und weiteres Zubehör werden seitens der Schalungshersteller meist ebenso Längenausgleichselemente, Aufstockungselemente und weitere Zusätze angeboten (Hofstadler, 2008). Im direkten Vergleich zur Trägerschalung entfällt der Arbeitsschritt der Elementmontage. Das gelieferte Schalungselement integriert bereits Anschlussmöglichkeiten für weitere Elemente, Richtstützen und Kran (Proporowitz, 2008).

Ein Element besteht neben der Schalhaut aus einem Außenrahmen und einer inneren Aussteifung. Bei der Verbindung zwischen Schalhaut und Außenrahmen sind unterschiedliche Faktoren, die nach erstmaliger Nutzung aufgefallen sind, mit in die Konstruktion integriert worden. So liegt die Schalhaut, um die Kanten zu schützen, in einer umlaufenden Einkerbung des Außenrahmens, von dem die äußere Kante etwas über die Schalhaut hinaussteht. Letzteres verhindert einen groben Abdruck der Schalungsstöße in der Betonoberfläche nach einem Quellen der Schalhaut. Auf der Rückseite der Rahmen befindet sich umlaufend eine Sicke um Elementverbindungen, -aufstockungen etc. anbringen zu können, ohne dass sich verschiedene Verbinder untereinander blockieren können. Für einen möglichst langen Einsatzzyklus hat sich der Rahmen so verändert, dass, je nach Hersteller, an den Elementstößen mittig leichte Einkerbungen oder eine leichte Innenwölbung entstanden sind um ein Verkleben durch eventuell eindringenden Frischbeton zu verringern und die Reinigung zu erleichtern. Weiterhin muss je nach Materialwahl für den Rahmen eine geeignete Methode zum Schutz vor Rost genutzt werden (Hofstadler, 2008).

Wird davon ausgegangen, dass die Kunststoffrahmenschalung eine Sonderstellung einnimmt, bietet die Rahmenschalung bei geringeren Elementhöhen eine große Stabilität, leichte Montage und geringeren Lagerbedarf. Auch können Großflächenelemente vor produziert werden. Die vorgegebenen Elemente haben zugleich allerdings auch vorgegebene Durchankerungspunkte und je nach Ausführung ist die Rahmenschalung kranabhängiger (Proporowitz, 2008). Die seitens der Hersteller angebotenen Elementgrößen und Rasterungen orientieren sich an übliche Geschosshöhen im Wohnungsbau. Hiervon abweichende, zu schalende Höhen können zum einen bauseits beigeschalt oder durch, je nach System angebotene, Ausgleichselemente hergestellt werden. Längenausgleiche werden am Rahmen des Schalungselementes mittels Spanner verbunden, während Höhenausgleiche an der Queraussteifung mittels spezieller Verbindungsmittel befestigt werden können. Die Anzahl der notwendigen Verbindungen wird jeweils vom Hersteller angegeben. Sofern kein Sichtbeton hergestellt wird bzw. keine besonderen Anforderungen an die Betonoberfläche gestellt werden, können kleinere Längenausgleiche mit Passhölzern bauseits hergestellt werden. Diese müssen von Stahlelementen gehalten werden, die den Frischbetondruck in die Rahmenkonstruktion der Schalungselemente leiten. Eine Alternative dazu, Längenausgleiche bis etwa 30 cm herzustellen, besteht in der Verwendung eines Bleches, das einen entsprechenden Abdruck in der Betonoberfläche hinterlässt. Alle größeren Ausgleiche in der Länge werden mit Schalhäuten und Kanthölzern bauseits angepasst (Hofstadler, 2008).

Bei leichten Unebenheiten in der Aufstandsfläche der Schalung reicht ein Abdichten mittels PU-Schaum. Handelt es sich bei dem Untergrund um ein größeres Gefälle oder eine Abstufung, muss am Fußpunkt der Schalung bauseits eine Schalung angepasst werden, auf die die Rahmenschalungselemente aufgesetzt werden können. Ecklösungen der Rahmensysteme reichen von spitzwinklig bis stumpfwinklig. Der Standardfall der 90° Ecke wird durch ein bereits fertiges, starres Systemelement ausgeführt. Für andere Winkel kommen gelenkige Elemente zum Einsatz, die an den jeweiligen Winkel angepasst werden können. Das Ausrichten der Schalung geschieht mittels Richtstützen, welche zudem die Standsicherheit gewährleisten und in vorgegebenen Konstruktionspunkten an der Schalung befestigt werden (Hofstadler, 2008).

Abbildung 2.3 Rahmenschalung für Wände - TRIO, PERI (Bildrechte: PERI Deutschland)

2.2.4 Rundschalung

Runde Wände können mit allen drei oben genannten Schalungsmethoden hergestellt werden. Mittels der konventionellen Schalung und der Rahmenschalung können diese Rundungen allerdings nur polygonal abgebildet werden. Dies erfordert immer die Zustimmung des Auftraggebers. Die konventionelle Schalung für Rundungen wird ebenso aus Holzbrettern und Kanthölzern hergestellt wie für gerade Wände. Die Bretter werden

dabei auf den Radius zugeschnitten und je schmaler die Bretter gewählt werden, desto näher kann die Rundung abgebildet werden, desto höher wird allerdings auch der Arbeitsaufwand. Gleiches gilt dabei für die Rahmenschalung, bei der Kanthölzer zugeschnitten und zwischen zwei Elementen montiert werden. Rückseits befinden sich bei der Rahmenschalung Stahlprofile statt Kanthölzer, die den Frischbetondruck in die Schalungselemente einleiten (s. Abbildung 2.4). Alternativ können Bleche eingesetzt werden, ähnlich wie beim Längenausgleich gerader Wände, welche mit den Rahmenelementen verbunden werden. In beiden Fällen befindet sich die Durchankerung in dem Zwischenelement und nicht im Rahmenelement (Hofstadler, 2008).
Die Trägerschalung kann Rundungen sowohl polygonal, als auch exakt schalen. In beiden Varianten kommt das Schalungssystem ohne zusätzliche, extra zugeschnittene Elemente aus. Für eine polygonale Abbildung werden die Trägerschalungselemente über Gelenke miteinander verbunden und auf den entsprechenden Radius eingestellt. Für eine exakte Abbildung stehen statt der starren Gurte rückseits spindelbare Gurte zur Verfügung. Diese können auf Radien bis minimal ca. 1 m sowohl bauseits, als auch werkseitig vormontiert, eingestellt werden. Je kleiner der Radius ist, desto dünner wird die Schalhaut. Dies entspricht etwa 9 mm bis 21 mm (Hofstadler, 2008).
Bei allen polygonalen Abbildungen der Rundung besteht weiterhin die Möglichkeit die Schalhaut durch Verspachteln und Schleifen auf die exakte Rundung anzupassen. Dieser Arbeitsvorgang ist sehr zeitaufwändig und wird in der Regel nur eingesetzt, wenn es sich um mehrfach gekrümmte Flächen handelt, die mit keiner etablierten Systemlösung anders dargestellt werden können und hohe Ansprüche an die Betonoberfläche stellen (Malpricht, 2010).

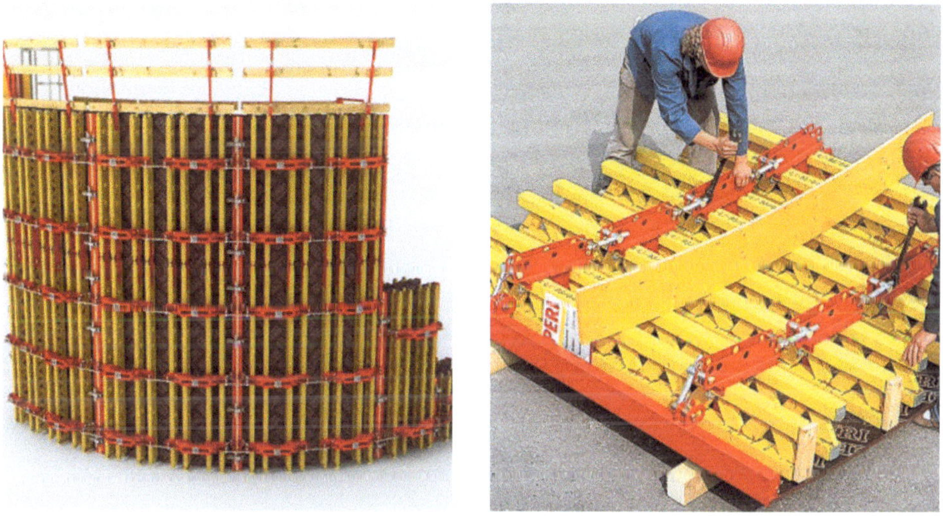

Abbildung 2.4 Rundschalung für Wände - Rundflex, PERI (Bildrechte: PERI Deutschland)

2.3 Historischer Überblick der textilen Wandschalung

Textile Schalungen allgemein werden in der Literatur bis auf den römischen Architekten Marcus Vitruvius Pollio (1. Jahrhundert v. Chr.) zurückgeführt, der aus Schilf eine Stützstruktur, ähnlich der heutigen Schalung, für Lehm errichtete (Passchier & Schramm, 2008). Die ersten bekannten Patente wurden im späten 18. Jahrhundert von dem Architekten Gustav Lilienthal (1849-1933) angemeldet. Die angemeldeten Erfindungen beziehen sich auf durch Gewebeschalungen hergestellte Deckenkonstruktionen (Lilienthal, 1898).

James Hardress de Warrenne Waller (1884-1968) war der erste, der sich mit raumbildenden Strukturen beschäftigte, hergestellt mit Hilfe textiler Schalungen. Ausschlaggebend für den Beginn der Forschungen des studierten Bauingenieurs war ein Einsatz im ersten Weltkrieg in Thessaloniki (GR). Hier beobachtete er wie ein Zelt mit Schlamm, Zement und Wasser bedeckt wurde. Er erkannte anschließend die Steifigkeit des Zeltes und entfernte den Stützpfosten. Resultierend entwickelte Waller ein System, bei dem er ein Gewebe über eine Holzstruktur spannte und mit Zementmörtel verputzte. Dieses System patentierte er unter dem Namen „Nofrango System". Waller nutzte das Gewebe zeitgleich als Bewehrung und stellte für verschiedene Bauteile eine Verarbeitungsmethode auf, bei der Wände und Dächer beispielsweise verputzt und Säulen gefüllt werden (Waller, 1934). Aufbauend auf diese Konstruktion entwickelte Waller das Ctesiphon System, inspiriert vom Taq-i-Kisra Bogen (s. Abbildung 2.5) in Ctesiphon (Bagdad, IQ) (Waller & Aston, 1953, Veenendaal, West & Block, 2011). Bei näherer Betrachtung seines Nofrango Systems bemerkte er, wie das Textil unter dem Gewicht des aufgebrachten Zementmörtels durchhing und erkannte die zusätzliche Stabilität, die diese Krümmung in die Konstruktion brachte. Um diesen Effekt zu nutzen, legte er ein Gewebe über eine Bogenkonstruktion, das anschließend mit Zementmörtel verputzt wurde. Die Höhe der Wölbungen ist dabei abhängig von dem Abstand der Bögen und dem aufgebrachten Gewicht. Während des zweiten Weltkrieges nahm die Nachfrage nach stützenfreien, überdachten Flächen wieder zu. Der Stahlmangel und die einfache Konstruktion, für die ungelernte Arbeiter nur Zeit benötigten, führten dazu, dass während des Krieges ca. 50 Betonschalen im Ctesiphon System gebaut wurden (s. Abbildung 2.6). Eingesetzt wurden diese Hallen als Lagerfläche oder als Flugzeughangar. In einem Patent von 1955 wird das Ctesiphon System für bis zu 150 m Spannweite, bei dem eine zusätzliche Bewehrung benötigt wird, festgehalten. Bei diesem System wurde erstmals der Einsatz einer Zementpistole empfohlen, was die Anfänge des Spritzbetons bedeutete (Billig, 1960). Verschiedene Ingenieure verwendeten die Ctesiphon Methode, sodass davon ausgegangen wird, dass etwa 500 Betonschalen auf diese Weise errichtet wurden. Bevor James Waller verstarb, verkaufte er seine Patente an Seagrams, die die Patente allerdings niemals nutzten (Williams, 1996). Im Laufe der folgenden Jahre verschwand diese Baumethode zum einen aufgrund eines allgemeinen Rückgangs an Neubauten zum anderen ergab sich im Lebensverlauf der Bauten Kritik an der Rissanfälligkeit am Hochpunkt der Rippen und der thermischen Qualität (Building in the Tropics, 1960).

Abbildung 2.5 Taq-i-Kisra Bogen, Ctesiphon

Abbildung 2.6 Ctesiphon System

Bekannt für seine hyperbolischen Paraboloide bzw. Hypars wurde der spanisch-mexikanisch-US-amerikanische Architekt Félix Candela (1910-1997). Zu seinen bekanntesten Bauwerken zählt das L'Oceanogràfic in Valencia (ES), das 2003 eröffnet wurde. Candela zog nach dem spanischen Bürgerkrieg nach Mexiko und stieß bei seinen Recherchen zum Thema Rohbau auf die Arbeiten von James Waller. Zunächst versuchte er die Methode Wallers nachzubauen und errichtete eine Schale mit 6 m Spannweite. Ab 1951 begann er, einen neuen Ansatz für Hypar Geometrien zu entwickeln. Candela nutzte hierfür zunächst Holzbretter als Schalungen, während Joseph Kersavage später die Holzbretter durch Kunststoffstreifen und folgend durch Textilien ersetzte (Kersavage, 1974). Aufgetragen wurde ein Betongemisch mit Latexanteilen und das Gewebe mit einer etwa 1 cm starken Schicht verklebt (Knott & Nez, 2005). Das Schalungssystem wurde in Zusammenarbeit mit George Nez und Albert Knott weiter entwickelt und in ca. 20 Projekten angewendet.
Der erste, der in der textilen Schalung gestalterisches Potenzial sah, war der spanische Architekt Miguel Fisac (1913-2006). Nach seinem Architekturstudium in Madrid (1942) ging Fisac nach Europa, Japan und Mexiko, um neue Inspirationen für seine Gestaltung zu finden. Aus einer Entdeckung von neuen Leichtziegeln heraus entwickelte er in Anlehnung an den Knochenaufbau seinen hohlen, nachgespannten Balken (s. Abbildung 2.7), der die erste individuelle Konstruktion Fisacs war. Seinem Anspruch an Gestaltung nach war es nicht angebracht die Struktur eines anderen Materials, in diesem Fall die Holzstruktur einer Betonschalung, auf das Material Beton zu prägen. Daher begann er über die flüssigen Materialeigenschaften von Beton nachzudenken und stellte sich den

Anspruch, die flüssige Eigenschaft in dem späteren Bauteil abzubilden und in der Oberfläche dabei keine Holzstruktur darzustellen (Fisac, 2007). Zu Beginn seiner Forschungen experimentierte er mit Gips und einer Schalung aus Textil und Schnüren, um dem Produkt eine weiche Optik zu verleihen (Fernández-Galiano, 2003). Etwa 10 Jahre später setzte er seine textile Schalung für das Centro de rehabilitación del MUPAG in Madrid ein (s. Abbildung 2.8). Er stellte Fassadentafeln als Fertigteile her, die er horizontal schalte. Dafür verwendete er ein Polyethylengewebe, das umlaufend auf einen Holzrahmen gespannt und von unten durch Schnüre gehalten wurde. Je nach Anordnung der Schnüre ergab sich eine vorbestimmte Optik (Fisac, 2007). Aufgrund der sich ergebenden Gestaltungsvielfalt entwickelte Fisac für jedes Gebäude eine neue Optik. So erhielt ein Wohngebäude eines Bauingenieurs (s. Abbildung 2.9), Casa Pascual de Juan in Madrid (ES), eine eher unregelmäßige Struktur, wohingegen die Parroquia de Nuestra Senora de Altamira (s. Abbildung 2.10), eine Kirche in Madrid (ES), eine sternförmige Struktur bekam. Vor allem in den 1970er und 1980er Jahren wendete Fisac diese Methode mehrfach an, sodass vor allem in Madrid und Umgebung heute noch einige seiner textil geschalten Gebäude zu sehen sind. Ende der 1980er Jahre baute er das Teatro Municipal in Castilblanco de los Arroyos und in Zusammenarbeit mit dem Architekturbüro TresMasUno Arquitectos ein Sportzentrum in Getafe. In Kooperation mit dem Bauunternehmen Posteléctrica Fabricación wurden textil geschalte, vorgefertigte Sandwichelemente entwickelt, die beide Unternehmen zusammen bis heute unter dem Namen Arquitectura Vertida verwenden (Gonzáles & Sánchez-Mora, 2006). In Spanien erlangte Fisac durch seine markante Architektur große Bekanntheit und wurde mehrfach ausgezeichnet, während er außerhalb Spaniens eher unbekannt blieb.

Abbildung 2.7 Hohlkörperträger von Fisac, Madrid

Abbildung 2.8 Centro de rehabilitatión MUPAG, Madrid

Abbildung 2.9 Casa Pascual de Juan, Madrid

Abbildung 2.10 Parroquia de Nuestra Senora de Altamira, Madrid

Ende der 1960er Jahr wurde eine Vielzahl an Patenten mit textiler Schalung eingereicht, was auf eine aufgekommene, breite Verfügbarkeit an Geotextilien zurückgeführt wird, die durch besonders feste Eigenschaften neue Möglichkeiten als Schalungshaut boten. In dieser Zeit wurde unter anderem zum ersten Mal das Füllen eines Gewebes mit trockenem Zement und der nachträglichen Zugabe von Wasser entwickelt. Heute wird diese Vorgehensweise weiterhin für das Produkt Concrete Canvas (s. Abbildung 2.11) genutzt (Concrete Canvas, o. J.).

Abbildung 2.11 Concrete Canvas

Weiterhin kamen in den 1960er Jahren flexible Schalenkonstruktionen vermehrt auf, die mit aufblasbaren Membranstrukturen hergestellt wurden (Sobek, 1986). Die Anfänge

gehen hier bis zu der Anmeldung eines Patents von James Boyle im Jahr 1907 zurück, der damals noch Flüssigkeitsdruck nutzte, um die Membran in die gewünschte Form zu bringen, da noch nicht ausreichend luftdichte Materialien zur Verfügung standen (Boyle, 1907). Karl Billner war der erste, der 1940 eine luftgefüllte, gummierte Gewebeschalung patentierte. Um diese in der gewünschten Geometrie zu halten, nutzte er flexible Bänder als Begrenzung. Eine weitere bekannte Erfindung Billners liegt in einem Verfahren zur Verkürzung des Aushärteprozesses von Beton durch den Einsatz von Vakuumtechnik. Beide Ideen kombinierte er, sodass er eine Betonschale durch luftgefüllte Schalung herstellte, die aufgrund seiner Vakuumtechnik in nur fünf Stunden aushärtete, da so das überschüssige Anmachwasser herausgedrückt werden konnte (Billner, 1943). Durch das Entfernen des überschüssigen Anmachwassers wird der Wasserzementwert gesenkt und die Anzahl der Luftblasen reduziert. Dieses Konzept wurde mehrfach weiter entwickelt und auch heute noch werden bei besonderen Anforderungen an die Betonoberfläche textile Schalungseinlagen eingesetzt, welche dieses Konzept nutzen. Weiterhin beschäftigte sich Prof. Dr. Dr. E.h. Dr. H.c. Werner Sobek in seiner Dissertation mit der Entwicklung von Algorithmen zur Formfindung und einem Rechenmodell für rotationssymmetrische Schalen, hergestellt mittels pneumatischer Schalung (Sobek, 1987).
Eine der Ctesiphon Methode von Waller optisch ähnelnde Konstruktion wurde von Walter Bird entwickelt, der halbrunde Rohre mit Luft füllte und diese als Schalung für eine gewellte Schale nutzte (Bird, Rongved, Strobel & Zamore, 1964). Mit diesen raumbildenden Schalenkonstruktionen konnte das erste Mal ein langfristiger Einsatz der textilen Schalung generiert werden. Als Lösung für die Wohnungskrise in den 1940er Jahren wurden luftgefüllte Schalungen aufgrund ihres geringen Zeit- und Materialaufwandes von Wallace Neff als sogenannte Betonblasenhäuser eingesetzt. Neff nannte es die Airform Methode und nutzte hierfür ein neoimprägniertes Nylongewebe (Neff, 1941). Die Abwesenheit jeglicher zusätzlicher Stützstruktur des späteren Gebäudes veranlasste ihn dazu, den, seiner Meinung nach, ästhetischen Reiz mitunter in den Vordergrund zu stellen. Während dieser Zeit errichtete er ca. 2.500 dieser Häuser, von denen nur sehr wenige noch existieren (West, 2017). Auf Basis der luftgefüllten Membranen entwickelte Dante Bini eine neue Methode zur Herstellung von Betonschalen (s. Abbildung 2.12). In Binis Verfahren wird der Beton zunächst segmentiert auf einer unbefüllten Membran aufgetragen und die Schalung anschließend gefüllt und somit der Beton angehoben. Damit der Beton weiterhin die Geometrie annehmen kann, geschieht der Hebevorgang im noch nicht vollständig ausgehärteten Zustand des Betons. Dies erleichtert beispielsweise den Bewehrungsvorgang ebenso wie den Betoniervorgang (Tekos, o. J.). Bekanntheit auf dem Gebiet der Schalenkonstruktionen, vor allem aufgrund seiner Formfindungsmethode, erlangte außerdem Heinz Isler (1926-2009). Isler nutzte die Umkehrung der Kettenlinie, um die optimale Geometrie seiner Schalen zu generieren und experimentierte mit hängenden Geweben, die er versteifte und umdrehte. Mit dieser Methode errichtete er 7-8 m hohe Kuppeln, hergestellt durch pneumatische Schalungen. 1976 gründete er zusammen mit Francois Prouvost das Unternehmen Bubble System AG (Ramm & Schunck, 1986).

Abbildung 2.12 Binishell. Eingangsbereich der Killarney Heights Public School, Australien, 1970 (Bildrechte Bob Meade, Lizenz CC BY 2.0)

Aktuell mit der Herstellung von antiklastisch geformten Flächen aus Beton beschäftigt ist die Philippe Block Research Group der ETH Zürich. Die Tragstruktur bildet ein Seilnetz, auf dem ein Textil die Schalhaut bildet. Der Vorteil hierbei ist der freie Arbeitsraum unterhalb der Schalenkonstruktion während der Bauzeit. Die Methode ermöglicht es, die Konstruktion auf weit spannende Dächer und Brücken zu übertragen. Durch die individuell gefertigte Seilnetztopografie und die Berechnung der notwendigen Vorspannkräfte kann die Herstellung von Hypars um eine Vielzahl von antiklastischen Geometrien erweitert werden (Veenendaal & Block, 2014). Das aktuelle Projekt erweitert das Konzept um eine eigens gestrickte Schalhaut und wird im Folgekapitel vorgestellt.

Ab den 1990er Jahren beschäftigten sich Rick Fearn, Kenzo Unno und Mark West unabhängig voneinander mit der Entwicklung von textilen Schalungen. Rick Fearn begann mit der experimentellen Herstellung von textil geschalten Fundamenten (s. Abbildung 2.13), welche er 1993 patentieren konnte. Es folgten weitere Patente, z.B. für eine textile Säulenschalung (s. Abbildung 2.14), sodass sein Unternehmen von Fab-Foot in Fab-Form umbenannt wurde. Es ist heute noch aktiv auf diesem Gebiet, vor allem in den USA und Kanada (Fearn, 1993, 1998, 2002, 2012). Der japanische Architekt Kenzo Unno entwickelte auf der Suche nach alternativen Schalungstechniken zwei verschiedene Methoden der textilen Schalung für Wände. Zum einen die Rahmenmethode, bei der das Textil beidseitig von senkrecht stehenden Holzlatten in Form gehalten wird und zum anderen die Quilt-Point Methode, bei der die Textilien punktuell, gegenüberliegend miteinander verbunden werden. Bei letzterem entsteht eine kissenartige Struktur der Optik, bei der Rahmenmethode eher eine Wellenform. Er gründete Ummi Architectural Ateliers und nannte seine Methode URC, Unno Reinforced Concrete. Auf diese Weise baute er mehrere Gebäude, von denen die Mitsushi Turu Residenz in Kawasaki City Kanagawa (JP) 1997 das erste war. In diesem Projekt nutzte er eine Zero-Waste Schalung, bei der alle Bestandteile der Schalung verblieben und weiterhin genutzt werden konnten (West, 2008). Mark West gründete in den 1990er Jahren das CAST, Center for Architectural and Structural Technology an der University of Manitoba (CA). Diese Einrichtung diente der Erforschung textiler Schalungen für alle Bauteile und künstlerische Projekte (s. Abbildung 2.15). Durch die Gründung von CAST lernte er Rick Fearn und Kenzo Unno kennen und die ISOFF, International Society of Fabric Formwork, wurde gegründet. Hieraus entstand die erste gemeinsame Publikation zum Thema der textilen Schalung (Abdelgader, West & Górski, 2008). In vielen experimentellen Arbeiten, unter anderem Studentenprojekten, stand anfänglich noch vor allem der gestalterische Aspekt im Vordergrund, wohingegen im weiteren Verlauf optimierte Betontraversen und doppelt gekrümmte Dünnschalen hergestellt wurden (West, 2017).

Abbildung 2.13 Fastfoot, fab-form Industries (Bildrechte: fab-form industries)

Abbildung 2.14 Fast-Tube, fab-form Industries (Bildrechte: fab-form industries)

Abbildung 2.15 Textile Schalungsbeispiele von Mark West

Mit den architektonischen Potenzialen beschäftigte sich Anne-Mette Manelius Greisen, damals noch Anne-Mette Manelius, die 2012 ihre Doktorarbeit an der Royal Danish Academy of Fine Arts erfolgreich zum Thema textile Schalungen abschloss. Während ihrer Arbeit realisierte sie etwa 40 größere Projekte, sowohl Möbelstücke, als auch Bauteile (s. Abbildung 2.16). Im Vordergrund der Arbeit stand die Nutzbarkeit von Textilien als Schalungsmaterial, um neues architektonisches Potenzial zu erschließen (Manelius, 2012). Weitere Akteure auf dem Gebiet der textilen Schalung sind Prof. Remo Pedreschi von der University of Edinburgh und Dr. John Orr von der University of Bath sowie Mitarbeiter der TU Eindhoven.

Statt für Beton setzt Alan Chandler von der University of East London die textile Schalung für Stampflehm ein. Anfänglich nutzte Chandler eine Holzkonstruktion mit vertikalen Lattungen. Diese notwendige Aussteifung erschwerte allerdings das Stampfen des Lehms und führt nur zu etwa 40% Gewichtseinsparung im Vergleich zu etablierten Methoden. Dies reichte Chandler nicht aus, sodass er im weiteren Verlauf eine Kletterschalung aus Textilien entwickelte. Final wurde das Textil am oberen Rand über einen Holzrahmen gespannt, der an den jeweils darunterliegenden Lagen mit Schraubdurchankerungen gehalten wurde. So konnte abschnittsweise der Lehm gestampft und die Kopfpunktbefestigung eine Lage Durchankerungen weiter nach oben verschoben werden. Dies wäre mit Beton als Füllmaterial nicht möglich gewesen, da dieser zunächst aushärten muss, um eine Standsicherheit zu garantieren. Der Prozess wäre daher zum einen sehr langwierig und zum anderen wären die Schichten keinen festen Verbund miteinander eingegangen. Das Gesamtgewicht dieser Schalung betrug 4 kg für 2 m² Wandfläche mit einer Stärke von 35 cm (Chandler & Keable, 2009).

Abbildung 2.16 Textile Schalungsbeispiele von Anne-Mette Manelius Greisen

2.4 Gebaute Beispiele der textilen Wandschalung

Viele der historischen, mit textiler Schalung gebauten Gebäude sind heute nicht mehr erhalten. Allerdings gibt es einige Beispiele in der jüngeren Vergangenheit, neben den Projekten, die sich mit einzelnen Bauteilen oder Kleinprojekten beschäftigen, in denen die textile Schalung für Gebäude oder größere Konstruktionen eingesetzt wurde. Teilweise beschäftigen sich die Architekten bzw. Designer der folgenden Projekte langfristig mit dem Einsatz von Textilien als Betonschalung, teilweise handelt es sich um Einzelprojekte.

2.4.1 Hanil Visitor Center and Guest House

Der Architekt Byoung Soo Cho plante für einen Inhaber eines Betonwerks mit seinem Architekturbüro BCHO Architects in Seoul (KR) ein Informationscenter zum Thema Recycling von Beton und welche Technologien und Potenziale dafür vorhanden sind. Da Beton in Südkorea einer der meist verwendeten Baustoffe ist, war es dem Bauherrn ein besonderes Anliegen das negative Image von Beton zu verbessern (Hanil Visitor Center & Guest House / BCHO Architects, 2010).

Das Baugrundstück liegt in der Nähe des Betonwerks, neben einem Nationalpark. Von der Aussicht auf die viele Bäume ließ sich der Architekt inspirieren, um die Fassade optisch in die Landschaft einzugliedern, vor allem da für den Bau aus logistischen Gründen einige Bäume entfernt werden mussten. In Zusammenarbeit mit CAST (Mark West) wurden für die Ostfassade textil geschalte Betonfertigteile im Betonwerk des Bauherrn hergestellt (s. Abbildung 2.17). Die Fassadenelemente wurden horizontal betoniert. Hierfür wurde umlaufend ein Holzrahmen erstellt, in den PVC Rohre mit unterschiedlichen Durchmessern befestigt wurden. Das über die Rohre gelegte Polyethylengewebe legte sich unter dem Frischbetondruck um die Rohre und zeichnet diese später ab. So entstanden ca. 1 m breite und 7 m hohe Betonelemente mit der Optik eines hängenden Vorhangs, angelehnt an die organische Natur der Umgebung (Informations- und Gästezentrum in Danyang, 2010). Zwischen den nichttragenden Betonelementen befinden sich vertikale Fensterbänder, durch die die Betonproduktion beobachtet werden kann (Hanil Visitor Center & Guest House / BCHO Architects, 2010).

Für die Südfassade wurden Gabionenkörbe mit Betonresten gefüllt, die sich ebenso als thermischer Schutz auf dem Dach des Gebäudes befinden. Anhand dieses Gebäudes wird so die Vielfältigkeit von Betonnutzung und Betonrecycling dargestellt (BCHO Architects, o. J.).

Abbildung 2.17 Hanil Visitor Center and Guest House, Byoung Cho, BCHO Architects, Seoul, Korea (Bildrechte: Young Kwan Kim)

2.4.2 Haus Rohner

Herr Rohner ist Inhaber eines Betonwerks in Lauterrach (AT) und beauftragte die damals noch studierenden Georg Bechter und Jürgen Stoppel mit dem Bau seines Wohnhauses, das in Anlehnung an seine Arbeit aus Beton gebaut werden sollte (s. Abbildung 2.18). Da das Baugrundstück an einer lauten Straßenkreuzung liegt, entwickelten Bechter und Stoppel einen L-förmigen Grundriss, der zur Straße hin geschlossen und somit abgeschottet sein sollte und sich Richtung Süden öffnet (Pfeiffer Steiner, 2009). Das Ziel lag darin, eine Fassadenhülle zu entwerfen, die bautechnisch Schallschutz bietet (Bechter, o. J.).

Während Herr Rohner in seinem Betonwerk täglich Betonsteine und Kanalrohre fertigte, wurden in der Nebensaison die Fassadenelemente hergestellt, wobei er selber half. Entsprechend dem Entwurf wurden drei verschieden große Fassadenelemente, in Abhängigkeit der Öffnungen, betoniert. Die Schalung bestand aus einem umlaufenden Holzrahmen, in den nach einem zuvor generierten Muster Holzleisten angeordnet wurden. Über diese kam anschließend ein Gewebe, das bei Aufbringen des Frischbetondrucks zwischen den Holzleisten durchhing, sodass eine wellenartige Musterung entstand. Die fertigen Elemente werden wie Standardvorhangfassaden befestigt und zeigen eine Optik, die stark von der gewohnten abweicht (Pfeifer Steiner, 2009).

Abbildung 2.18 Haus Rohner, Georg Bechter und Jürgen Stoppel, Österreich (Bildrechte: Jürgen Stoppel, Georg Bechter)

2.4.3 Crushedwall

Bei diesem Projekt handelt es sich nicht um ein Gebäude, sondern um eine Wand am Eingang des Heartland-Projekts in Cornwall (UK). Diese wurde vom Künstler Walter Jack von Walter Jack Studio entworfen und ist ca. 40 m lang und 3 m hoch (Bring Concrete to life-Crushedwall | Walter Jack, o. J.).

Für den Schalungsbau wurde eine 40 m lange und 4 m hohe Gummimatte verwendet, die auf ca. 1,5 m herunter gestaucht wurde (s. Abbildung 2.19). Diese Form wurde mit PU-Schaum abgebildet und in sechs Abschnitte geteilt, die die spätere Schalung für den Beton bildeten. Die einzelnen Elemente kamen als Fertigteil auf die Baustelle und mussten sehr genau montiert werden, um eine homogene Struktur der Knitteroptik zu gewährleisten (s. Abbildung 2.20) (Bring Concrete to life-Crushedwall | Walter Jack, o. J.).

Abbildung 2.19 Schalungsbau der Crushedwall, Cornwall (UK) (Bildrechte: Walter Jack Studio)

Abbildung 2.20 Crushedwall, Walter Jack, Cornwall (UK) (Bildrechte: Walter Jack Studio)

2.4.4 Treehouse

Alexander „Sandy“ Lawton von Arro Design wurde von den Bauherren Black damit beauftragt, auf ihrem Grundstück in Warren, Vermont (US) eine Sonnenterrasse zu bauen, die den schönen Blick aus ihrem Haus auf die Berge nicht beeinträchtigte (Searls, 2008). Sandy Lawton schlug vor, ein kleines Haus zu errichten, das sich in die Landschaft integrierte. Dafür setzte er aufgrund schwerer Zugänglichkeit und starkem Gefälle des Geländes Textilien als Schalung ein. Das Textil der Wandschalung ist mit Holzlatten in Form gehalten worden, sodass eine markante Kissenstruktur entstand (s. Abbildung 2.21). Das Textil konnte für den Bau des gesamten Gebäudes wiederverwendet werden (Miller-Johnson, 2013). Die ca. 9 m hohen Säulen (Searls, 2008) sind mit der Fast-Tube von Fab-Form Industries hergestellt worden. Das gesamte Gebäude hat drei Etagen (Miller-Johnson, 2013) und wird über einen ca. 18 m langen Steg vom Haupthaus aus erschlossen (s. Abbildung 2.22) (Searls, 2008).

Abbildung 2.21 Schalungsbau vom Treehouse, Vermont (US) (Bildrechte: Alexander Lawton)

Abbildung 2.22 Treehouse, Vermont (US) (Bildrechte: Alexander Lawton)

2.4.5 Riverwalk Stairs

Alexander Lawton entwarf als Teil eines Projektes, bei dem ein öffentlich zugängliches Flussufer erschlossen werden sollte, eine Treppenkonstruktion aus Beton (s. Abbildung 2.23). Anfänglich sollte gemäß der Ausschreibung eine Stahlkonstruktion gebaut werden, die aus Kostengründen wieder verworfen wurde. Mit Hilfe von textilen Schalungen gelang es Alexander Lawton eine kosteneffektive und zugleich ästhetisch neuartige Brücken-Treppenkonstruktion zu bauen. Ebenso konnte auf diese Weise eine höhere Oberflächenbeständigkeit erreicht werden, was aufgrund der dauerhaft feuchten Umgebung von besonderer Bedeutung war (Miller-Johnson, 2013).

Für die Ränder der Konstruktion sowie die Trittflächen der Stufen und teilweise als Stützsystem für das entstehende Gewölbe wurden starre Schalungen eingesetzt. Alles weitere konnte durch textile Schalungen hergestellt werden. Aufgrund des geringen Schalungsgewichtes konnte auf einen Kran verzichtet werden, was die Bauarbeiten an dem Flussufer stark vereinfachte. Ein weiterer Vorteil lag in der Anpassbarkeit des flexiblen Schalungsmaterials an die geneigte Umgebung. Neben den technischen Einsätzen schöpfte Lawton die mögliche Formgebung der Textilien in zusätzlichen Details aus (Miller-Johnson, 2013).

Abbildung 2.23 Riverwalk Stairs, Alexander Lawton (US) (Bildrechte: Alexander Lawton)

2.4.6 KnitCandela

In Zusammenarbeit mit der Computational Design Group of Zaha Hadid Architects (ZHCODE) errichtete die Block Research Group (BRG) der ETH Zürich einen doppeltgekrümmten Pavillon in Anlehnung an Felix Candela. Die Ausführung des Projektes wurde von Architecture Extrapolated vor Ort geleitet. Die Schalung für den Pavillon wurde eigens digital entworfen und 3D gestrickt (s. Abbildung 2.24). Insgesamt waren aufgrund der Technik nur vier Textilstreifen nötig, die zwischen 15 und 26 m lang waren (Block Research Group, 2018) und innerhalb von 36 Stunden gestrickt wurden (Zaha Hadid Architects, o. J.). Die gesamte Schalung wurde in Zürich hergestellt und konnte in Koffern nach Mexiko Stadt geflogen werden, wo der Pavillon im Museo Universitario Arte Contemporáneo (MUAC) errichtet wurde. Vor Ort wurde zunächst ein Holzgerüst gebaut, in dem das Gewebe mit einem Spannkabelnetz aufgehängt wurde. Um Material zu sparen und eine bessere Tragfähigkeit zu erreichen sind in vorgefertigte Taschen Luftballons als Hohlkörper eingelassen worden, sodass eine Struktur ähnlich der Kassettendecke entstand. Von oben wurde zunächst eine Zementpaste aufgetragen, um die Schalung auszusteifen, bevor der Beton händisch aufgebracht wurde (s. Abbildung 2.25, 2.26 und 2.27). Auf der unteren Seite ist das Gewebe aus gestalterischen Gründen sichtbar geblieben (s. Abbildung 2.28) (Block Research Group, 2018). Das Textil wog ca. 25 kg und das Kabelnetz 30 kg, sodass die Schalung für ca. 5 t Beton insgesamt 55 kg wog. Dabei betrug die zu betonierende Fläche ca. 47,5 m² für einen Pavillon mit den Maßen 5,8 m x 5,8 m x 4,1 m (Zaha Hadid Architects, o. J.). Entstanden ist ein Pavillon gefertigt mit digitaler Innovation und traditioneller Handwerkskunst (s. Abbildung 2.29) (Block Research Group, 2018).

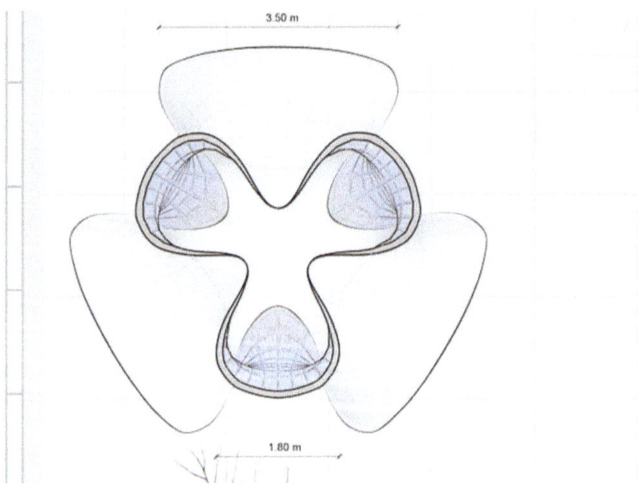

Abbildung 2.24 Planungszeichnung KnitCandela (Bildrechte: ZHCODE / BRG, ETH Zürich)

Abbildung 2.25 Schalungsbau KnitCandela (Bildrechte: Mariana Propescu)

Abbildung 2.26 Aufbringen der ersten Aussteifungsschicht (Bildrechte: Mariana Propescu)

Abbildung 2.27 Betonieren in zwei Richtungen (Bildrechte: Mariana Propescu)

Abbildung 2.28 Innenansicht KnitCandela (Bildrechte: Philippe Block)

Abbildung 2.29 Draufsicht KnitCandela, Zaha Hadid Architekten und Block Research Group, Mexiko Stadt (Bildrechte: Mariana Propescu)

3 Anforderungen an Wände

3.1 Anforderungen an Wandschalungen

Für Betonschalungen gelten, ebenso wie für alle Arbeitsvorgänge im Bauwesen, die anerkannten Regeln der Technik sowie die relevanten Anforderungen des Deutschen Instituts für Normung. Für vertikale Schalungen, zu denen die Wandschalungen zählen, ist dies vor allem die DIN EN 15113-1 Entwurf: Vertikale Schalungen.
Die Aufgaben einer Schalung liegen neben der Formgebung und der Oberflächengestaltung des Frischbetons vor allem in der Kraftableitung. Sie dienen zusätzlich als Arbeitsebene für Einbau-, Bewehrungs- und Betonierarbeiten (Proporowitz, 2008). Die grundlegenden Anforderungen an eine Betonschalung sind die Standsicherheit bzw. Festigkeit der Schalung und die zulässigen Toleranzen (DIN EN 15113-1 Entwurf, 2005). Zu beachten sind dabei immer die vom Bauherrn zuvor festgelegten Qualitäten und Toleranzen, sofern vorhanden. Diese Anforderungen sind insbesondere bei der Verarbeitung von Sichtbeton von Bedeutung, sodass genau festgelegt wird, welche Beschaffenheit und Optik der späteren Betonfläche haben muss und darf (Proporowitz, 2008).
Die einzuhaltenden Toleranzen bestehen zum einen aus Toleranzen, die dem gewählten Material zu Grunde liegen, und zum anderen aus entstehenden Toleranzen bei der Herstellung der Schalungselemente und der Montage dieser. Zusätzlich können ggf. Toleranzen durch Formabweichung aufgrund von Belastungen entstehen, die ebenso berücksichtigt werden müssen. Die zulässigen Toleranzen sind von der DIN festgelegt und gehen bis maximal 30 mm für ungeputzte Decken im belasteten Zustand. Je nach Entfernung von Messpunkt, Bauteil und ggf. erhöhter Anforderungen verringert sich die maximal zulässige Ebenheitstoleranz. Abhängig ist die zulässige Toleranz von der Anforderungsgruppe. Je nachdem, ob nicht endbehandelte Betonwände bzw. auch Decken oder endbehandelte betrachtet werden, werden verschiedene Anforderungen geltend gemacht. Alle Bauaufgaben die strenger gehandhabt werden müssen, bedürfen einer individuellen Absprache und Festlegung. Weitere Anforderungen gelten den Fugen und Verbindungsmitteln, bei welchen es vor allem um die einzuhaltenden Toleranzen und Leckagen geht. Je nach Anforderung an die Betonqualität müssen Leckagen entsprechend vermieden werden. Für die Handhabung auf der Baustelle sind bei einem Kraneinsatz weiterhin Umsetzbügel vorgeschrieben, sowie das Vorhandensein von Ausgleichsvorrichtungen und Sicherungen gegen Kippen (DIN EN 15113-1 Entwurf, 2005).
Neben den konstruktiven Anforderungen sind die Lasteinwirkungen maßgeblich für das

C. Kisker, *Rolled Wall*, Mechanik, Werkstoffe und Konstruktion im Bauwesen 76,
https://doi.org/10.1007/978-3-658-47179-8_3

Erstellen einer Schalung. Neben dem Eigengewicht der Schalung und des Betons sind vor allem der Frischbetondruck und Witterungsbelastungen (vor allem Windlasten) die zu berücksichtigen Lasten. Hinzu kommt die Nutzung als Arbeitsebene und ggf. weitere Zusatzlasten. Dabei wirken die beiden zu berücksichtigenden Eigengewichte zusammen mit den Zusatzlasten aus Arbeitsvorgängen vertikal, wohingegen der Frischbetondruck und Windkraft horizontal auf die Wandschalung einwirken (Proporowitz, 2008). Die Schalung muss allen Lasten, sowohl den konstanten (z.B. Eigengewicht), als auch den sich verändernden (z.B. Windlast) in den unterschiedlichen Situationen, Lagerung, Montage und Betonieren, standhalten. Weiterhin sind je nach Material äußere Bedingungen wie Temperaturschwankungen einzubeziehen (DIN EN 15113-1 Entwurf, 2005).
Zu jeder etablierten Schalung besteht ein Handbuch, das mindestens Montageanweisungen, Detailzeichnungen inkl. Angaben zu Gewicht und Abmessung der Schalungselemente und insbesondere Grenzwerte zu jedem bestehendem Element, bezogen auf die Maße und Belastung, angibt. Ein wichtiger Arbeitsschritt bei der Montage von Schalungen ist der Hebevorgang. Hierzu müssen, neben Beschreibung und Illustration der Arbeitsschritte, vor allem Informationen zur Verwendung und Instandhaltung sowie der zulässigen Spannung vorhanden sein. Dies liegt vor allem im Unfallrisiko und dem damit verbundenen Arbeitsschutz begründet. Um die Risiken für die Ausführenden zu minimieren, müssen unter anderem angemessene Arbeitsflächen und Absturzsicherungen vorgesehen werden, sowie die Fluchtmöglichkeit bei Feuer und der Abtransport verletzter Personen gewährleistet werden (DIN EN 15113-1 Entwurf, 2005).
Zur Beurteilung der Eignung eines ausgewählten Schalungssystems muss dieses auf die einwirkenden Lasten bemessen werden, wofür viele Hersteller von Systemschalungen bereits eigene Bemessungshilfen bereitstellen (Proporowitz, 2008). Die eingesetzte Wandschalung darf weder unter der Last zerstört werden, noch von den vorgegebenen Toleranzen abweichen und auch nicht verschiebbar sein oder kippen können. Um eine wirtschaftliche Entscheidung zu treffen, werden die Dauerhaftigkeit der Schalung sowie die Montage und Demontage und die damit verbundene Arbeitszeit mit einbezogen (DIN EN 15113-1 Entwurf, 2005).

3.2 Anforderungen an die Dauerhaftigkeit

Neben der Standsicherheit und der Gebrauchstauglichkeit ist die Dauerhaftigkeit eines Gebäudes die wichtigste Anforderung (Zilch, 2010). Die vorgesehene Nutzungsdauer, für die unter anderem auch die Dauerhaftigkeit nachgewiesen sein muss, beträgt in Deutschland 50 Jahre. Berücksichtigt werden müssen dabei die einwirkenden chemischen und physikalischen Umwelteinflüsse, mechanischer Verschleiß und Instandhaltungsmaßnahmen (Zilch & Zehetmaier, 2010; Fingerloos, Hegger & Zilch, 2012).

Die einwirkenden Einflüsse auf die Dauerhaftigkeit von Stahlbeton können sowohl von außen, als auch von innen kommen. Äußere Einflüsse entstehen unter anderem aus Wettereinflüssen wie Feuchtigkeit und Temperatur (z.B. Temperaturschwankungen, Frost, Frost-Taumittel), können allerdings auch in Form von chemischen Angriffen (z.B. Saurer Regen, Meerwasser), Verunreinigungen von Luft, Wasser und Boden, biologischem Angriff (z.B. Stoffwechselprodukte von Mikroorganismen) oder mechanischem Angriff (z.B. Abrieb, Verschleiß) vorliegen. Innere Einflüsse können aus dem Zement oder der Gesteinskörnung (z.B. Alkali-Kieselsäure-Reaktion) selbst kommen (Stark & Wicht, 2013).
Sollte die Dauerhaftigkeit eines Bauwerks aus Beton bzw. Stahlbeton nicht ausreichend sein, kann dies optische Mängel, Abplatzungen oder Risse im Beton oder Korrosion des Bewehrungsstahls zur Folge haben. Im schlimmsten Fall kann die Tragfähigkeit des Gebäudes soweit geschädigt werden, dass es zur Zerstörung des Bauwerks kommt (Stark & Wicht, 2013). Die vorhandene Schädigung wird in Schädigungen am Baustoff Beton und Schädigung an der Bewehrung unterteilt. Eine Korrosion der Bewehrung verursacht eine Minderung des Querschnittes des Stabstahls, wodurch dieser an Duktilität und Ermüdungswiderstand verliert. Vor dem Versagen der Bewehrung äußert sich die Korrosion ggf. durch optisch sichtbare Roststreifen an der Betonoberfläche oder Abplatzungen des Betons. Bei Schädigungen am Beton wird von Betonkorrosion gesprochen. Hier wird das Betongefüge zerstört und somit die Festigkeit gemindert. Weiterhin kann eine Betonkorrosion eine Bewehrungskorrosion zur Folge haben, da der Korrosionsschutz der Bewehrung aufgrund der Zerstörung des Betongefüges beeinträchtigt wird (Zilch, 2010).
Die Umgebungsbedingungen, denen das Bauteil oder Tragwerk ausgesetzt ist, werden im Eurocode 2 in Übereinstimmung mit DIN EN 206 und DIN 1045-2 in Expositionsklassen eingeteilt. Diese werden nach den einwirkenden Einflüssen und zu erwartenden Schädigungen in 7 Gruppen gegliedert (Fingerloos, Hegger & Zilch, 2012):

1. Kein Korrosions- oder Angriffsrisiko
2. Bewehrungskorrosion, ausgelöst durch Carbonatisierung
3. Bewehrungskorrosion, ausgelöst durch Chloride, ausgenommen Meerwasser
4. Bewehrungskorrosion, ausgelöst durch Chloride aus Meerwasser
5. Frostangriff mit und ohne Taumittel
6. Betonkorrosion durch chemischen Angriff
7. Betonkorrosion durch Verschleißbeanspruchung

Für das Einhalten der Dauerhaftigkeit gibt es keinen messbaren Wert oder allgemeines Berechnungsverfahren. Es muss für jedes Bauprojekt entschieden werden, welche Einflüsse auf das spätere Bauwerk wirken und welche Maßnahmen getroffen werden müssen. So müssen Bauwerke des Wasserbaus z.B. deutlich höheren Wasserbelastungen standhalten als Wohngebäude oder Verkehrsbauten und besonders vor der Einwirkung von Frost und Taumitteln geschützt werden (Stark & Wicht, 2013). Einzig Einfluss auf die Bemessung eines Beton- bzw. Stahlbetonbauteils haben die in Normen festgelegten Werte zu Rissbreitengrenzen, Mindestbewehrung, Betonüberdeckung der Bewehrung und Betondruckfestigkeit. Die Stärke und Dichtigkeit der Betonüberdeckung beeinflusst den Schutz der Bewehrung vor Korrosion und wird ebenso wie die Betondruckfestigkeit mit dem w/z-Wert beeinflusst (Zilch & Zehetmaier, 2010). Die Dauerhaftigkeit von Bauwerken wird weiterhin durch eine anwendungsorientierte Betonzusammensetzung sowie Nachbehandlung und insbesondere durch den Schutz vor negativ beeinflussenden Umweltbedingungen gewährleistet. Auch passive Maßnahmen wie Beschichtungen können ggf. notwendig sein (Stark & Wicht, 2013).

Die notwendige Mindestbetondeckung wird für die Expositionsklassen angegeben und mit einem Zuschlag, dem sogenannten Vorhaltemaß, versehen. Das Vorhaltemaß wird eingesetzt, um zulässige Abweichungen in der Bauausführung mit einzubeziehen. Außenbauteile mit direkter Beregnung werden z.B. in die Expositionsklasse XC4 – Kategorie 2 Korrosion, ausgelöst durch Carbonatisierung – eingeteilt. Stahlbetonbauteile dieser Expositionsklasse benötigen eine Mindestbetonüberdeckung von 25 mm und ein Vorhaltemaß von 15 mm, sodass die gesamte Betonüberdeckung bei 40 mm liegen muss. Bauteile mit Spannstahl werden separat betrachtet (Fingerloos, Hegger & Zilch, 2012).

Eine hohe Dauerhaftigkeit kann neben dem Einhalten der Vorschriften durch einen niedrigen w/z-Wert, eine gute Auswahl der Gesteinskörnung in der Betonzusammensetzung, ggf. der Verwendung von Betonzusatzstoffen, einen optimierten Verarbeitungsprozess, insbesondere des Verdichtens, und eine ggf. notwendige Nachbehandlung erreicht werden. Oftmals sind w/z-Werte von $\leq 0{,}55$ notwendig, sodass die Festigkeit, die sich daraus ergibt, nicht selten höher ist als die statisch notwendige (Stark & Wicht, 2013).

Zusammenfassend sind die Nutzung des Bauwerks, geforderte Entwurfskriterien, die einwirkenden Umweltbedingungen, die Betonzusammensetzung, die Qualität der Bauausführung und die geplanten Instandhaltungsmaßnahmen die ausschlaggebenden Aspekte für eine hohe Dauerhaftigkeit des Bauwerks (Fingerloos, Hegger & Zilch, 2012). Die Betonzusammensetzung wird in DIN 1045-2 bzw. DIN EN 206 geregelt, die Verarbeitung und Nachbehandlung in DIN 1045-3 bzw. DIN EN 13670 und die Bemessung der Konstruktion in Eurocode 2, DIN EN 1992-1-1. Grundsätzlich kann gesagt werden, dass dichter Beton dauerhafter ist und dichter Beton durch einen niedrigen w/z-Wert, ausreichendes Rütteln und eine sachgerechte Nachbehandlung erreicht werden kann (Stark & Wicht, 2013).

3.3 Bauphysikalische Anforderungen

Für den Nutzer eines Gebäudes ist neben der Sicherheit die Behaglichkeit in den Aufenthaltsräumen die wichtigste Größe. Ausschlaggebend sind hier die bauphysikalischen Bereiche des Wärmeschutzes, winterlicher und sommerlicher, des Feuchteschutzes, der Belichtung, der Lüftung und des Schallschutzes. Für jeden Bereich gelten entsprechende Normen, Richtlinien und anerkannte Regeln der Technik, wobei letzteres nicht schriftlich festgehalten werden muss. Die einzige gesetzliche Vorgabe stellt das Gebäudeenergiegesetz (kurz GEG) dar, das dazu dienen soll, die energiepolitischen Ziele, insbesondere des klimaneutralen Gebäudebestandes, der Bundesregierung zu verwirklichen.
Der Wärmeschutz eines Raumes hängt im Wesentlichen davon ab, wie wärmedurchlässig ein Bauteil bzw. Material ist, welche äußeren Randbedingungen herrschen und wie groß die wärmeübertragende Fläche ist. Angegeben wird dies durch den Wärmedurchgangskoeffizienten oder auch U-Wert, der den Wärmedurchgang eines Bauteils zwischen Innen- und Außenluft in W/(m²*K), also in Bezug auf die Fläche und dem Temperaturunterschied in Kelvin, angibt. Weitere Faktoren für einen guten Wärmeschutz sind die Vermeidung von konstruktiven Wärmebrücken bzw. der erhöhte Wärmeschutz in diesen Bereichen, der Gesamtenergiedurchlassgrad der Gläser, der Vermeidung von ungewolltem Luftzug und der Möglichkeit der Lüftung. Die Orientierung und die äußere Hüllfläche eines Gebäudes können maßgeblich zu einem besseren Wärmeschutz bzw. geringerem Heizwärmebedarf beitragen, ebenso wie die Anordnung ständig genutzter Räume. Je größer die Hüllfläche eines Gebäudes, desto größer der Wärmeverlust. Bei der Orientierung der Verglasungen ist zu beachten, dass über den Sonneneintrag Wärme gewonnen werden kann, die im Sommer allerdings entsprechend dem sommerlichen Wärmeschutz begrenzt werden muss. Die Speicherfähigkeit des dem Innenraum zugewandten Materials kann dabei ein schnelles Aufheizen, aber auch ein schnelles Auskühlen des Raumes verhindern (DIN 4108-2, 2013).
Im GEG geht es um den Gesamtenergiebedarf eines Gebäudes. Relevant für die bauphysikalischen Anforderungen an Wände sind hier vor allem die Mindestanforderungen an den Wärmedurchgangskoeffizienten die im GEG festgelegt sind. Der Mindestwärmeschutz muss für alle Bauteile eingehalten werden, die einen beheizten Innenraum gegenüber Außenluft bzw. Erdreich oder deutlich kühleren Räumen abgrenzt. Konstruktive Wärmebrücken sind dabei auf ein Minimum zu reduzieren und ggf. in Berechnungsverfahren mit zu berücksichtigen. Für Neubauten, sowohl Wohngebäude als auch Nichtwohngebäude, sofern diese eine Raum-Soll-Temperatur von mindestens 19°C besitzen, gilt die Mindestanforderung von U = 0,28 W/(m²*K) an den U-Wert einer Außenwand gegen Außenluft. Für eine Außenwand gegen Erdreich gilt die Mindestanforderung U = 0,35 W/(m²*K). Sollte es sich um ein Nichtwohngebäude mit einer Raum-Soll-Temperatur zwischen 12°C und 19°C handeln, beträgt der minimal zulässige U-Wert 0,35 W/(m²*K) für

eine Außenwand gegen Außenluft (GEG, 2020).
Für die wärmedämmende Wirksamkeit, ebenso wie für die Tragfähigkeit einer Wand ist die anfallende Feuchtigkeit im Bauteil oder an der Bauteiloberfläche von entscheidender Bedeutung. Mögliche Schädigungen sind Schimmelpilzbefall oder, je nach Material, Korrosion (DIN 4108-3, 2018). Um dies zu vermeiden, muss über das Jahr gesehen die anfallende Menge Feuchtigkeit wieder vollständig austrocknen können. Je größer das Austrocknungsvermögen eines Bauteils, desto besser. Einwirkende Feuchtigkeit von außen sind z.B. Niederschlag, Luftfeuchte oder Kondenswasser. Von innen sind dies Luftfeuchte, Wasserdampfdruck und Taubildung (Pech & Kolbitsch, 2005). Für den Punkt, an dem eine schädigende Wirkung eintreten kann, wird in DIN 4108-3 die relative Luftfeuchte an der raumseitigen Oberfläche angegeben, die nicht überschritten werden darf. Tauwasser entsteht bei 100% r.F. ($\varphi_{si,cr}$=1) und Schimmelpilz bei 80% r.F. ($\varphi_{si,cr}$=0,8). Die Entstehung von Korrosion ist materialabhängig, sie beginnt bei einigen metallischen Materialien bereits bei 60% r.F. ($\varphi_{si,cr}$=0,6). Welche minimale Oberflächentemperatur dafür innenseitig eingehalten werden muss, ist abhängig von den Klimarandbedingungen. Wird die Feuchte innerhalb eines Baustoffes zu hoch, entsteht Tauwasser in der Konstruktion. Dieses gilt nur als unschädlich, wenn keine Baustoffschäden wie Schimmel oder Korrosion entstehen können und die anfallende Feuchtigkeit in der Verdunstungsperiode wieder vollständig abgegeben werden kann. Die Tauwassermenge, die in Bauteilen gegen Außenluft anfallen darf, ist im Allgemeinen auf 1,0 kg/m² laut DIN 4108-3 begrenzt. Entsteht Tauwasser an Flächen, von denen mindestens eine Fläche nicht kapillar wasseraufnahmefähig ist, wie z.B. Metall oder Folien, reduziert sich der Wert auf 0,5 kg/m². Da Holz ein Werkstoff ist, der bereits Feuchtigkeit enthält, gelten hier andere Bedingungen, sodass sich der massebezogene Feuchtegehalt je nachdem, ob es sich um Holz oder einen Holzwerkstoff handelt, nicht um 5% bzw. 3% erhöhen darf. Ausgenommen hiervon sind Holzwolle-Leichtbauplatten und Mehrschicht-Leichtbauplatten (DIN 4108-3, 2018).
Neben den klimatischen Raumbedingungen ist der Schallschutz von Gebäuden von größter Bedeutung. Das Verhindern von Schallentstehung steht dabei im Vordergrund, während die Verhinderung von Schallübertragung als Sekundär-Maßnahmen genannt wird. Sofern die Schallquelle und der Empfänger sich im selben Raum befinden, werden Maßnahmen zur Schallabsorption vorgenommen, wohingegen bei einer Ausgangssituation in unterschiedlichen Räumen eine Schalldämmung bedacht werden muss. Konzertsäle und ähnliches sind ein spezieller Fall. Unterschieden wird zwischen Luftschall und Körperschall, je nachdem wie das Bauteil angeregt wird. Beim Körperschall handelt es sich insbesondere um Trittschall bei Geschossdecken oder Schall von Sanitärgegenständen. Wichtig ist hierbei die Entkopplung möglicher schallübertragender Bauteile. In der DIN 4109: Schallschutz im Hochbau, geht es dabei nicht darum Schallbelastungen vollständig zu vermeiden, sondern Grenzwerte festzusetzen, die für Nutzer unterschiedlicher Gebäude zumutbar sind. Die für die Anforderungen an Wände relevanten Schallbelastungen ergeben sich aus Luftschall und Schall von Installationen in den Wänden. Für die Luftschallübertragung horizontal zwischen Räumen gilt für Wohn- und Arbeitsgebäude ein

bewertetes Schalldämmmaß R'w = 53 dB, das nicht unterschritten werden darf. Für Gebäude, in denen mit erhöhtem Schall gerechnet werden kann, wie Gastronomie oder Diskotheken erhöhen sich die Grenzwerte entsprechend. Für Einfamilienreihenhäuser bzw. Doppelhäuser gilt ein etwas erhöhter Luftschallschutz von R'w = 57 dB. Die angegebenen Luftschallschutzwerte gelten für Wohnungs- bzw. Haustrennwände und nicht innerhalb von Wohnungen bzw. Häusern. Für Zweckbauten gelten separate Werte. Der maximal zulässige Schalldruckpegel in Wohn- und Schlafräumen, der sowohl von Wasserinstallationen, als auch von sonstigen haustechnischen Anlagen ausgehen darf, beträgt LAFmax,n ≤ 30 dB. Bei Unterrichts- und Arbeitsräumen gilt der Grenzwert von LAFmax,n ≤ 35 dB. Die Grenzwerte gelten nicht für den Zeitraum der Betätigung von Armaturen und für lüftungstechnische Anlagen, sofern es sich um Dauergeräusche handelt. Die notwendige Standard-Schallpegeldifferenz einer Außenwand ist maßgeblich abhängig von der äußeren Lärmbelastung und wird als resultierendes Schalldämmmaß für die Außenwand inkl. Fenster usw. festgelegt. Die äußere Geräuschbelastung wird in DIN 4109 in sieben Pegelbereiche von ≤ 55 dB bis >80 dB eingeteilt und Grenzwerte für Bettenräume in Krankenanstalten und Sanatorien, Wohn- und Schlafräume sowie für Unterrichts- und Arbeitsräume werden separat angegeben. Die erforderliche Standard-Schallpegeldifferenz für Wohn- und Schlafräume liegt je nach Pegelbereich zwischen 30 dB und 50 dB (DIN 4109-1, 2018).

Zusätzlich zu diesen Anforderungen ist eine Luftdichtheit nach GEG bzw. DIN 4108-7, die Planungs- und Ausführungsempfehlungen darlegt, zu garantieren, wodurch so konstruiert wird, dass keine oder nur sehr wenig Luft durch die Wand hindurch gelangen kann (DIN 4108-7, 2011). Dies gilt ebenso für Fugen, außer funktionsbedingten Fugen. Der notwendige Mindestluftwfechsel für die Gesundheit und Beheizung muss sichergestellt sein (GEG, 2020).

4 Grundlagen

4.1 Textilien

Textile Werkstoffe lassen sich durch eine Vielzahl von Ausgangsmaterialien und Bearbeitungsmöglichkeiten während und nach dem Herstellungsprozess stark in ihren Eigenschaften beeinflussen. Dadurch vergrößert sich das Anwendungsgebiet von textilen Werkstoffen stetig, wobei ein Großteil der Anwendung weiterhin im Bekleidungssektor liegt und sich somit viele Angaben der textilen Eigenschaften hierauf beziehen.
Ein wichtiger Faktor für die Eigenschaften des textilen Werkstoffes sind die gewählten Ausgangsfasern. Kenngrößen sind hier die Länge, die Feinheit und die Dichte der gewählten Fasern. Neben der Festigkeit, der Dehnung und der Elastizität sind für die Bekleidungsindustrie die biologische und die chemische Beständigkeit von Bedeutung. Die Faserfeinheit wird in Tex angegeben, der Fasermasse in Gramm (g) auf einer Länge von einem Kilometer (km). Unterschieden wird nach Grob-, Fein- und Feinstfasern. Besonders feine Fasern werden Mikrofasern genannt und besitzen eine Faserfeinheit von weniger als 1 dtex (Decitex – Bezugslänge 10 km). Aus diesen Fasern können hochdichte Textilwerkstoffe hergestellt werden, die undurchlässig für Gase und teilweise wasserabweisend sind. Für den technischen Einsatz werden zusätzlich das Elastizitätsmodul und ggf. der Schmelzpunkt als Information benötigt (Kalweit et al.,2012).
Um einen textilen Werkstoff herstellen zu können, wird zunächst aus dem Rohmaterial Fasern ein Faden oder weiterhin Garn bzw. Zwirn produziert. Aus diesem Erzeugnis können anschließend textile Flächen oder dreidimensionale Werkstoffe erzeugt werden. Die Fasern können sowohl als Filament, sprich Endlosfaser, als auch als lose Fasern, sprich Spinnfasern, vorliegen, wodurch sich der weitere Verarbeitungsprozess bestimmt. Seide und die meisten Chemiefasern liegen in Form von Filamenten vor, wohingegen Naturfasern als Spinnfasern vorliegen. Zur Anwendung kommen das Nass-, Trocken- oder Schmelzspinnverfahren. In allen Verfahren wird die Masse der Fasern durch eine Düse gepresst, sodass ein Spinnstrahl entsteht, der in Abhängigkeit des gewählten Verfahrens auf verschiedene Weisen härtet. Dies geschieht durch Chemikalien oder durch heiße bzw. kalte Luft. Zusätzlich hierzu gibt es für vereinzelte Fasern Sonderverfahren, die angewendet werden müssen: das Viskoseverfahren, Lösemittelverfahren, Kupferverfah ren oder Acetatverfahren. Nach der Herstellung des Fadens können aus mehreren Fäden durch miteinander Verdrehen Zwirne produziert werden. Diese weisen höhere Festigkei-

C. Kisker, *Rolled Wall*, Mechanik, Werkstoffe und Konstruktion im Bauwesen 76,
https://doi.org/10.1007/978-3-658-47179-8_4

ten als der einzelne Faden auf. Für klassische Näharbeiten bestehen Zwirne in der Regel aus Baumwolle, Polyamid oder Polyester (Kalweit et al.,2012).
Im Anschluss an die Herstellung textiler Erzeugnisse können diese veredelt und somit bestimmte Eigenschaften zusätzlich erzeugt werden. An dieser Stelle wird eine kleine Auswahl im Hinblick auf einen eventuellen Nutzen für die Verwendung als Betonschalung vorgestellt. Durch eine Vielzahl von Beschichtungsmöglichkeiten, z.B. durch eine Streichmasse oder Schaum, können bestimmte Eigenschaften wie z.B. wasserabweisend oder schmutzabweisend erzeugt werden. Ebenso können durch antistatische Ausrüstung, eine Fleckenschutzausrüstung oder Imprägnieren wasser- oder schmutzabweisende Eigenschaften erzielt werden. Textilien, die aus Chemiefasern bestehen, haben grundsätzlich die Eigenschaft zu schmelzen oder zu brennen. Dies kann nachträglich durch eine flammfeste Ausrüstung unterbunden werden, sodass die ggf. gewollten Eigenschaften bestimmter Chemiefasern trotzdem genutzt werden können. Textilien aus Baumwolle können hingegen durch Merzerisieren eine höhere Reißfestigkeit erlangen. Außerdem können verschiedene textile Flächen kaschiert – aufeinander geklebt – werden (Kalweit et al., 2012).

4.1.1 Textilfasern

Die Einteilung von Fasern erfolgt in die Hauptgruppen Naturfasern und Chemiefasern, die in weitere Untergruppen untergliedert werden. Naturfasern können sowohl aus pflanzlichen, als auch aus tierischen oder mineralischen Ausgangsstoffen entstehen. Chemiefasern hingegen bestehen aus Polymeren oder organischen Stoffen, wobei die Polymere sowohl natürlichen, als auch synthetischen Ursprungs sein können (Eberle et al., 2017). Nachfolgend werden aus jeder Fasergruppe beispielhaft einige Fasern mit Fokus auf ggf. bedeutende Eigenschaften für den Einsatz als Betonschalung vorgestellt.
Den pflanzlichen Naturfasern werden vor allem Baumwolle und z.B. Leinen (Flachs) und Hanf zugeordnet. Baumwollfasern (CO) sind eine sehr preisgünstige Faservariante, die aus Samen der Bauwollpflanze gewonnen werden. Zu den Vorteilen der Baumwollfasern gehört die Widerstandsfähigkeit gegen mechanische und chemische Einflüsse. Außerdem sind sie reißfest sowie kochfest und elastisch. Nachteilig wirkt sich die geringe Formbeständigkeit aus, welche bei längerer Belastung schnell zu Ausbeulungen führt. Weiterhin sind Baumwollfasern gut in der Lage Feuchtigkeit aufzunehmen und neigen etwas zum Fusseln. Eingesetzt werden sie insbesondere im Bekleidungssektor (Kalweit et al., 2012).
Leinenfasern (LI) werden aus den Stielen der einjährigen Pflanze Flachs gewonnen. Reißfest und widerstandsfähig sind die Leinenfasern ebenso wie Baumwollfasern, allerdings flusen sie weniger und sind weniger elastisch. Die typischerweise sehr glatte Oberfläche sorgt für eine abweisende Wirkung gegenüber Schmutz. Dadurch, dass Leinenfasern Feuchtigkeit leicht auf, aber auch schnell wieder abgeben, sind sie besonders

für heißes Klima geeignet. Das Einsatzgebiet der Leinenfasern liegt ebenfalls im Bekleidungssektor, aber auch für Möbel oder Tapeten und im Automobilbereich finden sie Anwendung. Auf dem Bausektor finden sie bereits als Dämmmaterial oder in Mörtel, Putz, Ziegeln oder Faserzementplatten Anwendung. Zukünftig wird ein vermehrter Einsatz als Faserverstärkung in Kunststoff- oder Betonbauteilen (Textilbeton) erwartet (Kalweit et al., 2012).

Von der Naturfaser Hanf (HA) dürfen nur bestimmte Sorten für die Fasergewinnung angepflanzt werden. Hanffasern zeichnen sich durch eine besonders hohe Festigkeit aus und ähneln den Leinenfasern in der Dehnbarkeit und Elastizität. Sie verrotten nur sehr langsam, sind widerstandsfähig gegen Salzwasser und nehmen nur sehr wenig Wasser auf. Im Vergleich zu Baumwollfasern oder Leinenfasern werden sie eher weniger für Bekleidung eingesetzt. Das Einsatzgebiet der Hanffasern liegt im Bereich von Tüchern, vor allem Segeltücher, Seilen oder auch im Automobilsektor. Im Baugewerbe finden sie bereits Anwendung als Dämmmaterial z.B. in Baustoffplatten in Kombination mit Lehm und Hohlraumziegeln (Kalweit et al., 2012).

Bei tierischen Naturfasern handelt es sich um Wolle. Am meisten wird Schafswolle (WO) eingesetzt. Alternativen sind Ziegen – Kaschmir und Mohair, Kaninchen – Angora oder Kamele – Kamelhaar. Da Wolle zu etwa 85% aus Luft besteht, ist sie besonders elastisch, knittert wenig und weist insbesondere isolierende Eigenschaften auf. Die Oberfläche der Wollfasern ist stark wasserabweisend, wohingegen das Faserinnere große Feuchtigkeitsmengen aufnehmen kann. Neben dem Einsatz im Bekleidungssektor finden Wollfasern z.B. für Decken, Polsterungen und Teppiche Anwendung. Aufgrund der hervorragenden Wärmeisolierung und der geringen Entflammbarkeit werden sie im Baugewerbe auch als Dämm- oder Brandschutzmaterial eingesetzt (Kalweit et al., 2012).

Viskose (CV) und Modal (CMD) zählen zu den Zellulosefasern und weisen ähnliche Eigenschaften wie Baumwollfasern auf. Beide Fasern können sehr gut Flüssigkeiten aufnehmen und speichern und eignen sich aufgrund des Quellvermögens für die Produktion von Hygieneprodukten. Modalfasern sind dabei etwas elastischer und formbeständiger und weisen eine bessere Nassfestigkeit auf. Neben Hygieneprodukten finden diese Zellulosefasern Anwendung für Bekleidung, Tischdecken oder Bettwäsche und sind ein wichtiges Grundmaterial für das Beflocken (Kalweit et al., 2012).

Zu den Synthesefasern gehören unter anderem Polyamid (PA), Aramid (AR), Polyacryl (PAN), Polytetraflourethylen (PTFE) und Polyolefine (PO). Bei Polyamidfasern handelt es sich um hochfeste Synthesefasern, die auch unter dem Markennamen „Nylon“ bekannt sind. Sie zeichnen sich durch eine sehr hohe Reiß- und Scheuerfestigkeit sowie eine sehr gute chemische Beständigkeit aus. Sie können nur wenig Feuchtigkeit aufnehmen und trocknen sehr schnell. Die Nassfestigkeit liegt bei etwa 80% der Trockenfestigkeit und sie sind hochelastisch. Eingesetzt werden sie vor allem als Nylonstrümpfe und Sportbekleidung, aber auch als Angelschnüre oder Tennisschlägerbespannung finden sie Anwendung (Kalweit et al., 2012).

Aramidfasern (AR) zeichnen sich durch eine extrem hohe Festigkeit aus, die z.B. doppelt so hoch ist wie die von Glasfasern. Weiterhin sind sie gegen sehr viele Chemikalien beständig und halten besonders hohen Temperaturen stand. Die Dichte von Aramidfasern liegt etwa bei einem 16tel von Stahl, weshalb sie z.B. für schusssichere Westen eingesetzt werden. Aufgrund der hohen Temperaturbeständigkeit liegt ein weiteres Einsatzgebiet bei flammbeständiger Schutzbekleidung z.B. für die Feuerwehr. Weiterhin werden Aramidfasern z.B. für Airbags, die Herstellung von technischen Geweben oder als Verstärkung von Reifen eingesetzt (Kalweit et al., 2012).

Polyacrylfasern (PAN) sind synthetische Chemiefasern, die annähernd die Weichheit von Wolle besitzen und besonders leicht sind. Außerdem sind sie licht- und wetterbeständig sowie gegen Chemikalien resistent. Polyacrylfasern nehmen weiterhin wenig Feuchtigkeit auf und trocknen zügig. Neben z.B. Bekleidung, Markisen oder auch Möbelbezüge werden die Fasern auch auf dem Bausektor zur Herstellung von Faserzement genutzt (Kalweit et al., 2012).

Für technische Textilien kommen häufig Polytetrafluorethylenfasern (PTFE) zum Einsatz. Von allen Chemiefasern weisen sie die größte Chemiekalienbeständigkeit auf, sind vollständig wasserabstoßend, hoch temperaturbeständig sowie gegen UV-Strahlen resistent. Weitere Eigenschaften sind die sehr gute elektrische Isolation und der niedrigste Reibungskoeffizient aller Fasern. Einsatzgebiete sind neben Outdoorbekleidung z.B. die Filtration, Gurte oder Zahnseide. In der Architektur findet sich PTFE in verschiedenen Formen der textilen Architektur wieder (Kalweit et al., 2012).

Die geringste Dichte aller etablierten textilen Werkstoffe weisen Polyolefinfasern auf, welche zu min. 85% aus Polypropylen (PP) oder Polyethylen (PE) bestehen. Sie nehmen nur sehr geringe Mengen Feuchtigkeit auf, sind sehr leicht und weisen sehr gute elastische Eigenschaften auf. Polypropylen besitzt eine hohe elektrische Isolationseigenschaft sowie eine gute Chemikalienbeständigkeit. Aus Polyethylenfasern lassen sich hochfeste Fasern (HPPE) herstellen, die zu den stärksten Fasermaterialien gehören und eine mehr als zehnfache höhere spezifische Festigkeit von Stahl erzielen. Verwendung finden Polyolefinfasern z.B. für Folien oder Sportartikel. HPPE wird für kugelsichere Westen oder Fechtanzüge eingesetzt. Auch im militärischen Bereich findet PE als Faserverstärkung Anwendung zur Panzerung von Fahrzeugen oder für Schutzhelme (Kalweit et al., 2012).

Weiterhin gibt es die anorganischen Chemiefasern, zu welchen Glas-, Kohlenstoff-, Keramik- und Metallfasern gezählt werden. Hierbei handelt es sich um Hochleistungsfasern. Anorganische Chemiefasern weisen eine geringe Dichte von etwa 2,6 g/cm³, eine sehr hohe Zugfestigkeit bis zu 2.400 N/mm² und eine geringe Faserdehnung auf. Sie sind nicht brennbar und nehmen nur sehr geringe Mengen Feuchtigkeit auf. Kohlenstoff- bzw. Grafitfasern sind bis ca. 4.000°C temperaturbeständig und besitzen eine Zugfestigkeit von bis zu 3.600 N/mm². Weitere Eigenschaften sind eine geringe Wärmedehnung, keine Feuchtigkeitsaufnahme, elektrische Leitfähigkeit und Schwingungsdämpfung. Sie sind weitestgehend resistent gegen chemische Einflüsse und etwas spröde. Insgesamt sind die Kohlenstoff- bzw. Grafitfasern vergleichsweise teuer und werden daher als Kunststoffverstärkung nur hohen Festigkeitsanforderungen eingesetzt. Anwendung finden sie z.B. im

Flugzeugbau, in der Automobilbranche, für Boote, Sportgeräte oder Prothesen. Glasfasern hingegen zeichnen sich durch ein sehr gutes Verhältnis von Eigenschaften zu Kosten aus und sind hier die wichtigsten Fasern. Auch sie dienen der Verstärkung von Kunststoffen (GFK) in Leichtbaukonstruktionen für den Flugzeugbau, dem Automobilbereich oder Sportgeräten. Weitere Anwendungsgebiete sind die Schall- oder Wärmedämmung auf dem Bausektor oder als Filtermaterial in der chemischen Industrie. Keramikfasern bieten eine hohe thermische Beständigkeit und werden aufgrund dieser als Filtermaterial für Hochtemperaturentstaubungen oder als Füllstoff für hitzebeständige Schutzbekleidung eingesetzt. Weiterhin weisen sie ein sehr gutes Isolationsvermögen, eine gute Resistenz gegen chemische Einflüsse und eine hohe mechanische Widerstandsfähigkeit auf. Aufgrund ihres Isolationsvermögen werden Keramikfasern als Zwirne für Dichtungen und Isolierungen eingesetzt, ebenso wie als isolierender Teil in Polymeren, die zu Vakuumformteilen verarbeitet werden. Transluzente Keramikfasern finden außerdem in Form von Membranen in der Architektur Anwendung. Metallfasern werden als sehr feine Drähte in Bekleidung eingesetzt oder dienen der Ableitung elektrostatischer Aufladung (Kalweit et al., 2012).

4.1.2 Textile Flächen

Aus dem Ausgangsmaterial Fasern werden Garne o.Ä. hergestellt, welche im Anschluss zu textilen Flächen verarbeitet werden können. Die Herstellung dieser ist vielfältig, sodass hier einige verschiedene, für diese Arbeit relevante, vorgestellt werden.

Die ursprünglichste Variante von textilen Flächen ist das Geflecht (s. Abbildung 4.1), das heutzutage technische Anwendung als Rund- oder Schlauchgeflecht sowie immer mehr als komplexes 3D-Geflecht findet, ebenso wie als Kabelummantelung in der Elektroinstallation. Im medizinischen Bereich werden Geflechte als Sehnenprothesen eingesetzt (Kalweit et. al., 2012).

Abbildung 4.1 Geflecht

Sehr weit verbreitet finden gewebte textile Flächen Anwendung (s. Abbildung 4.2). Diese bestehen aus zwei Fadensystemen, die im 90° Winkel zueinander stehen. Dabei wird der Kettfaden eingespannt und der Schussfaden hindurch geführt. Meistens weist der Kettfaden eine höhere Festigkeit auf als der Schussfaden, sodass Gewebe in verschiedene Richtungen verschiedene Dehnbarkeiten besitzen. Das Muster, in dem der Schussfaden durch die Kette hindurchgeführt wird, wird Bindung genannt. Unterschieden wird hier in Leinwand-, Köper- oder Atlasbindung, wobei weitere Abwandlungen existieren (Meyer zur Capellen, 2016). Die kleinste Einheit der Bindung, die sich wiederholt, wird als Rapport bezeichnet. Weitere Abwandlungen von klassischen Geweben, insbesondere für den technischen Einsatz, sind Abstandsgewebe, bei denen zwei Gewebe miteinander verbunden sind, dreidimensionale Gewebe, bei denen es sich um Flächenstrukturen handelt, die direkt dreidimensional gewebt werden, und Mehrlagengewebe zur Verstärkung von Kunststoffen. Die Anwendung von Gewebe ist vielfältig und reicht von z.B. Bekleidung, Tüchern oder Teppichen bis in den technischen Bereich als Verstärkung von Kunststoff- oder Betonbauteilen sowie als Böschungsschutz oder auch im Karosserie- und Flugzeugbau (Kalweit et al., 2012).

Abbildung 4.2 Gewebe

Für die Herstellung von Vliesen oder Filzen (s. Abbildung 4.3) – Filz gehört zu den Vliesstoffen – werden Fasern miteinander verklebt, vernäht, verschweißt oder mechanisch miteinander verbunden. Die Fasern können dabei sowohl ungeordnet, als auch geordnet verarbeitet werden. Für die Herstellung von Vliesen können das Nass-, Trocken- oder Spinnvliesverfahren zum Einsatz kommen. Filze werden in Walk- und Nadelfilze unterschieden. Für die Herstellung von Walkfilz wird Wasser, Dampf und Druck benötigt, wohingegen Nadelfilze mechanisch produziert werden. Ausgangsfasern für Walkfilze sind tierische Naturfasern, während Nadelfilze auch aus Chemiefasern bestehen können. Je nach gewählten Verfahren können sich die Eigenschaften unterscheiden. Vliesstoffe sind luftdurchlässig und formstabil und weisen wärmeisolierende Eigenschaften auf. Vlies wird vor allem in der Bekleidungsbranche, inklusive Schuhen, eingesetzt. Als Windeln oder Reinigungstücher u.ä. finden sie aber auch Anwendung im medizinischem Bereich, sowie als z.B. Filtermaterial oder Verstärkung von Kunststoffen im technischen Bereich. Filze hingegen sind dichter und damit weniger luftdurchlässig und werden z.B. für Hüte, Bodenbeläge, Dämmmaterial oder Transportbänder in der Papierindustrie eingesetzt. Beides findet sich im Möbeldesign wieder (Kalweit et al., 2012).

Abbildung 4.3 Vlies unter einem Mikroskop

Den Maschenwaren werden Gestricke (s. Abbildung 4.4), Gewirke, Kulier- und Kettenwaren (s. Abbildung 4.5) zugeordnet. Alle Maschenwaren werden aus ineinander liegenden Schlaufen gebildet und sind daher luftdurchlässig, dehnbar und knittern kaum. Technische Anwendung finden nur runde Maschenstrukturen und Abstandsgewirke. Gestricke und Kulierwaren unterscheiden sich ausschließlich im Herstellungsprozess, wobei Gestricke im Gegensatz zu Kulierwaren auch händisch hergestellt werden können. Für Gestricke werden die Maschen mit Hilfe einer sich bewegenden Nadel nacheinander gefertigt. Bei Kulierwaren wird eine komplette Reihe durch mehrere Nadeln am Stück hergestellt. Kettengewirke werden, statt mit einem, durch mehrere Fäden gebildet. Für jede einzelne Masche wird ein einzelner Faden benötigt. Dadurch, dass die Maschen diagonal miteinander verbunden sind entstehen keine Laufmaschen und Kettengewirke sind fester als Gestricke. Das Einsatzgebiet der Gestricke und Gewirke liegt insbesondere im Bekleidungsbereich, Polsterung und Automobilbereich. In letzterem unterstützen sie Kunststoffkonstruktionen oder beispielsweise Stoßfänger. Unter Verwendung metallischer Ausgangswerkstoffen können sie z.B. auch für Schutzbekleidung eingesetzt werden. Weiterhin finden Rundgestricke Anwendung für Schlauchfilter oder Sportgeräte und Abstandsgewirke bei Matratzen oder auch in Leichtbaukonstruktionen im Flugzeug-, Boots- oder Behälterbau. Kettenwaren werden neben der Bekleidungsindustrie auch zur Herstellung von Geotextilien, Verpackungsmaterial oder in der Architektur als Fassadenverkleidung genutzt (Kalweit et al., 2012).

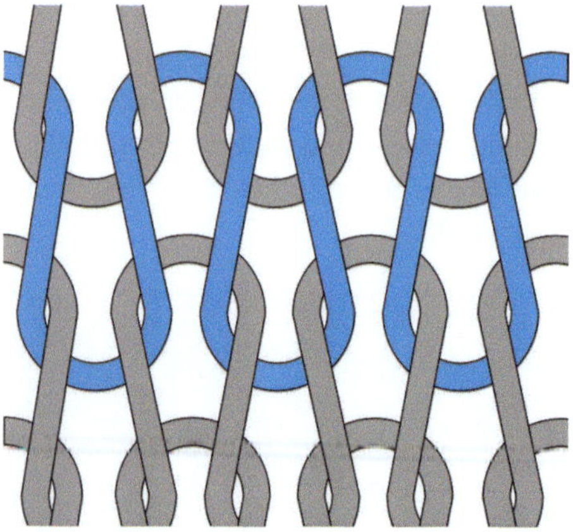

Abbildung 4.4 Gestrick

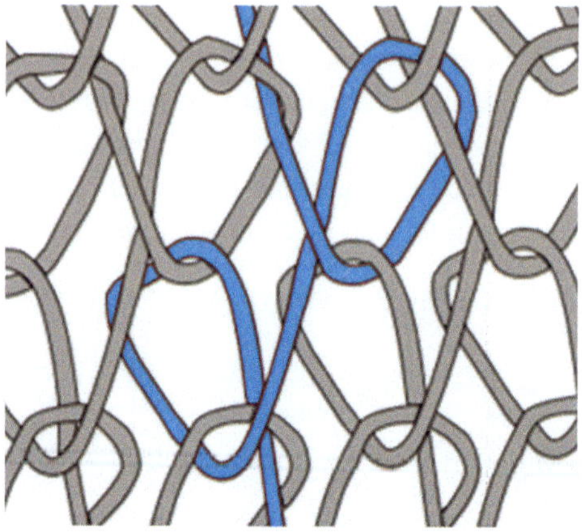

Abbildung 4.5 Kettengewirk

Durch eine Kombination verschiedener textiler Flächen können deren Eigenschaften genutzt und beeinflusst werden. Bei diesen Verbundstoffen handelt es sich um Nähwirkwaren, Tuftig und Laminate. Nähwirkwaren entstehen durch das Verbinden mit einem dritten Fadensystem von Vlies, Gewebe oder Fadenflächen. Für die Malimotechnik werden mehrere Gewebe versetzt aufeinander gelegt und durch einen Faden miteinander verbunden. Bei der Maliwatttechnik wird Vlies verstärkt und mit einem Faden übernäht, sodass ein robusteres und aufgerautes Vlies mit voluminöser Oberfläche entsteht. Frottierähnliche Stoffe werden durch das Einarbeiten von Polfäden in Gewebe oder Vlies in der Malipoltechnik produziert. In der Tuftingtechnik werden zwei textile Flächen mit einem Faden miteinander vernäht. Laminate entstehen durch Verkleben oder Verschweißen mehrerer Faserlagen und mit Hilfe einer mittig liegenden Folie. Daher finden vor allem thermoplastische Chemiefasern Anwendung, die unter Wärmeeinfluss schmelzen. Laminate werden durch die Witterungsbeständigkeit insbesondere für Outdoorbekleidung und Zelte eingesetzt, Tuftinggewebe hingegen für wärmende Oberbekleidung oder in der Teppichindustrie. Nähwirkwaren finden im Baugewerbe Anwendung als Verstärkung von Beton oder in Kombination mit Glasfasern auch als Wandverkleidung (Kalweit et al., 2012).

4.1.3 Technische Textilien

Werden Textilien vorrangig wegen ihrer funktionellen und weniger aufgrund ihrer ästhetischen Eigenschaften eingesetzt, handelt es sich um technische Textilien. Oftmals werden für den spezifischen Einsatz Hochleistungsfasern entwickelt, die besondere Eigenschaften des späteren Textilproduktes erzeugen. Beispielhafte Eigenschaften, die besonders hervorgehoben werden, sind außergewöhnliche Festigkeit, Steifigkeit oder

Dehnbarkeit sowie Resistenz gegen bestimmte Stoffe oder Hitze- und Flammbeständigkeit. Hohe Festigkeiten können z.B. durch den Einsatz von Polyvinylalkoholfasern (PVA) oder Polyethylenfasern (HPPE) erreicht werden. Für Flammschutzbekleidung u.Ä. bieten z.B. Polybenzimidazolfasern (PBI) oder Melamin/Formaldehydharzfasern (MF) die besten Eigenschaften und für eine hohe thermische oder chemische Widerstandsfähigkeit werden häufig Polytetryfuorethylenfasern (PTFE) oder Polyphenylensulfidfasern (PPS) eingesetzt (Kalweit et al., 2012).
Die Anwendungsgebiete von technischen Textilien sind je nach hervorzuhebender Eigenschaft sehr vielfältig. Sie finden Anwendung in Flugzeug-, Automobil- und Schiffsbau, Medizin- und Hygienebereich aber auch in der Architektur oder im Maschinenbau als Reibbeläge, Schläuche oder Fördermatten in der Papierindustrie. Auch für die Tragfähigkeit von Reifen, Panzerungen oder Bewehrung von Beton werden technische Textilien eingesetzt. Vermehrt kommen ebenso intelligente Textilien, smart textiles, die mit elektronischen Geräten bzw. Funktionen ausgestattet sind, auf. Im weiteren Verlauf wird aufgrund der Relevanz für diese Arbeit auf Bautextilien näher eingegangen (Kalweit et al., 2012).
Den Bautextilien werden Textilien für die Architektur, Geo- und Agrartextilien zugeordnet. In der Architektur lassen sich technische Textilien als Wand- bzw. Fassadenbekleidung (s. Abbildung 4.6 - 4.7), aber auch für ganze Hallenkonstruktionen, Dach- oder Zeltkonstruktionen einsetzten. Vor allem als Betonbewehrung entweder in Form von Fasern, Gewebe oder 3D-Gewebe finden Textilien in Wand- oder Deckenkonstruktionen Anwendung. Die Vorteile von textiler Bewehrung im Vergleich zu klassischer Stahlbewehrung liegen zum einen im geringen Eigengewicht und zum anderen in der Korrosionsbeständigkeit. Um sich verändernden Gegebenheiten anpassen zu können, steigt der Trend zu flexiblen Konstruktionen ebenso wie zu leichten Dächern an. Hierfür können beschichtete Textilien eingesetzt werden, welche die notwendige Steifigkeit durch Vorspannen durch Rahmenkonstruktionen und Seile oder pneumatischen Innendruck erhalten. Bei Geotextilien handelt es sich um die, auf die Masse gesehen, wichtigste Textilgruppe der Bautextilien. Neben dem Einsatz als Bewehrung finden sie beispielsweise Anwendung als Trennung verschiedener Bodenschichten im Straßen- und Kanalbau. Weitere Einsatzgebiete sind der Erosionsschutz von Hängen oder Flussufern sowie Entwässerung in Form von wasserdurchlässigen textilen Flächen. Im Garten- und Landschaftsbau finden Agrartextilien Anwendung als Trennung von Wegen und Bepflanzungen, ebenso wie als Pflanzträger für begrünte Bedachungen. Weiterhin werden Agrartextilien für Stallungen und Gewächshäusern als Witterungsschutz eingesetzt (Kalweit et al., 2012).

Abbildung 4.6 Textile Fassade Fit X, Gütersloh

Abbildung 4.7 Textile Fassade Schüco Parkhaus, Bielefeld

4.1.4 Permeabilität

Der Begriff Permeabilität kann, je nachdem in welchem Bereich er verwendet wird, unterschiedliche Definitionen haben. In der Physik wird Permeabilität z.B. als Maß der Magnetisierbarkeit verwendet und gibt das Verhältnis von magnetischer Induktion zur magnetischen Feldstärke an. Im Schiffsbau hingegen wird mit der Permeabilität das Verhältnis der theoretisch eintretenden Wassermenge im Falle eines Lecks zum theoretischen Rauminhalt angegeben. Allgemein wird mit dem Begriff aber die Durchlässigkeit eines Materials gegenüber anderen Stoffen benannt. Für diese Arbeit relevant ist die Durchlässigkeit von textilen Erzeugnissen (Membranen) gegenüber Luft, Wasser und ggf. Zementleim. Sind die Membrane nur teilweise durchlässig, handelt es sich um Semipermeabilität und sofern nur bestimmte Stoffe hindurch gelassen werden um selektive Permeabilität (Nelson, Cox & Lehninger, 2001).

Für die Bestimmung der Permeabilität von Textilien müssen der Durchgang zwischen den Garnen und der Durchgang durch das Garn hindurch betrachtet werden, sodass in der Simulation verschiedene Gesetzte zur Anwendung kommen. Dabei wird das Darcy-Gesetzt meist zur Bestimmung des Fließens im Garn genutzt und über Navier-Stokes das Fließen zwischen den Garnen beschrieben. Das Fließen im Garn kann beispielsweise auch durch das Brinkmann-Fließen beschrieben werden. Wird letzteres verwendet, kann durch die Lattice-Boltzmann-Methode dies mit dem Navier-Stokes-Fließen gleichzeitig berechnet werden (Rieber, 2011).

Auf dem Bekleidungssektor, insbesondere für Outdoorbekleidung oder beispielsweise für Zelte, wird hingegen oftmals das Maß der Wassersäule angegeben. Diese gibt einen maximalen Wasserdruck an, bei welchem das Textil dicht ist, bzw. den Wasserdruck ab dem Wasser durch das Textil hindurch dringt. Die Wassersäule wird meist in Millimetern angegeben, wobei 1.000 mm Wassersäule dabei 0,1 bar entsprechen (Hackinger, 2018).

Aufgrund des Wassergehalts (Anmachwasser) des Betons wird die Wechselwirkung der als Schalhaut verwendeten Textilien (Permeabilität) im weiteren Verlauf dieser Arbeit untersucht, um die Auswirkungen auf die Betoneigenschaften, sowohl Frischbeton als auch Festbeton, evaluieren zu können.

4.2 Schalungsanker

Der horizontal auf die Wandschalung wirkende Frischbetondruck wird über die Schalhaut auf die Rahmen bzw. Träger und Riegel der Schalung und von dort wiederum auf die Schalungsanker übertragen. Bei zweihäuptigen Schalungen wirkt der Druck in zwei entgegengesetzte Richtungen und der Schalungsanker wirkt als Zugglied zwischen den beiden Schalungsseiten (Schmitt, 2001). Je nach verwendeter Schalung sind die Anzahl und die Position der Schalungsanker wählbar oder vorgegeben. Bei der Verwendung von konventionellen Schalungen und Trägerschalungen können, in Abhängigkeit des Frischbetondrucks, die Schalungsanker selbstständig gesetzt werden. Rahmentafeln hingegen weisen ein vorgegebenes Ankerraster auf, von welchem nicht immer alle Punkte benötigt werden. Die nicht genutzten Ankerlöcher müssen vor Betonierbeginn mit einem Kunststoffstopfen verschlossen werden. Aufgrund dieses Rasters ist es von großer Bedeutung, dass die sich gegenüberliegende Schalungselemente exakt ausgerichtet werden (Hofstadler, 2008).
Die Schalungsanker bestehen aus einem Ankerstab, dem Ankerverschluss, der Ankerplatte und dem Abstandshalter (s. Abbildung 4.8 - 4.9). Um möglichst viele Elemente mehrfach verwenden zu können, werden die Ankerstäbe oftmals durch sogenannte Hüllrohre davor geschützt einen Verbund mit dem Beton einzugehen. Diese bestehen entweder aus Faserbeton oder aus Kunststoff und können gleichzeitig als Abstandshalter fungieren. Das hieraus anschließend resultierende Loch muss final durch Mörtel oder einen vorgefertigten Stopfen verschlossen werden (Schmitt, 2001). Zur Anwendung kommen sowohl Flachstahl, als auch Rundstahl und auch Spannstahl unterschiedlicher Güten (Malpricht, 2010).
Unterschieden werden können Schalungsanker in solche mit Schraubverschluss oder solche mit Klemmverschlüssen, entweder als Keilverschluss oder als Exzenterverschluss ausgeführt. Der Klemmverschluss wird eher selten eingesetzt, da es aufgrund der Krafteinleitung durch Reibung zu starkem Verschleiß und Deformationen des Ankerstabes kommen kann. Vor allem durch die Entwicklung der Systemschalungen kommen nahezu nur noch Schalungsanker mit Schraubverschluss zum Einsatz. Hierbei besitzt der Ankerstab beidseitig ein Gewinde, sodass der Schalungsanker mittels Unterlegplatte und meist Flügelmutter zum leichten festschlagen befestigt werden kann. Je nach aufzunehmenden Druckkräften werden Ankerstäbe mit einem Durchmesser von 15 mm (standardmäßig), in Sonderfällen auch bis zu 20 mm oder 26,5 mm verwendet (Schmitt, 2001).

Für Schalungsanker kommt die DIN 18216 „Schalungsanker für Betonschalungen; Anforderungen, Prüfung, Verwendung“ zum Einsatz, in der auch die Ankerstäbe in Belastungsklassen eingeordnet werden. Der hier verwendete Sicherheitsfaktor liegt höher als der in vielen Ländern genutzte Sicherheitsfaktor von 1,6, sodass sich folgende Einsatztabelle ergibt (s. Tabelle 4.1) (Schmitt, 2001).

Ankerstabdurchmesser	Zul. Belastung nach DIN 18216	Zul. Belastung bei 1,6-facher Sicherheit
15 mm	90 kN	120 kN
20 mm	150 kN	220 kN
26,5 mm	250 kN	350 kN

Tabelle 4.1 Verschiedene Ankerstabdurchmesser und deren maximale Belastung nach Sicherheitsbeiwerten der DIN 18216 im Vergleich zu 1,6-facher Sicherheit (nach Schmitt, 2001)

Zusätzlich ergeben sich Spezialanwendungen, die andere Schalungsankerlösungen erfordern. Ein Beispiel sind einhäuptige Schalungen und der Einsatz von Kletter- oder Sperrenschalungen. Hierbei ist es notwendig, den Ankerstab einzubetonieren. Im Falle der einhäuptigen Schalung, da er auf der nicht einzuschalenden Seite, z.B. Fels oder Bestandsbeton, befestigt werden muss und im Fall der Kletter- bzw. Sperrenschalung, um Schalungelemente für weitere Betonierabschnitte befestigen zu können (Schmitt, 2001). Um eine, ggf. notwendige, wasserdichte Ankerstelle zu erzielen, ist ein nachträgliches Verschließen des entstehenden Lochs nicht ausreichend und es werden Ankerstäbe mit einem Sperrelement eingesetzt. Hierbei wird der Ankerstab in drei Teile untergliedert. Mittig befindet sich ein Sperrblech oder alternativ ein Faserbetonstopfen, welcher beidseitig mit Gewindestäben versehen wird. Zu beachten ist, dass die spätere Betonüberdeckung gewährleistet sein muss, sodass dieses Teilstück entsprechend kürzer als die spätere Wandstärke sein muss. Anschließend werden beidseitig Konen als Verbindungsmuffe für die jeweils außen liegenden Ankerstabelemente aufgeschraubt. Während das Sperrelement im Beton verbleibt, sodass kein durchgehendes Ankerloch entsteht, können die Außenanker und die Verbindungskonen wiedergewonnen werden, sofern sie durch ein Hüllrohr vor dem eingegebenen Beton geschützt wurden. Auch hierbei müssen anschließend die Löcher der Außenankerstäbe verschlossen werden (Schmitt, 2001).

Abbildung 4.8 Schalungsanker außen

Abbildung 4.9 Schalungsanker innen

4.3 Beton

Es gibt vielfältige Merkmale, nach denen Beton unterschieden und klassifiziert wird, z.B. die Trockenrohdichte, der Ort der Herstellung, der Ort des Einbringens, der Erhärtungszustand oder die Bewehrung (s. Tabelle 4.2) (Neroth & Vollenschaar, 2011).

Art der Unterscheidung	Begriffe
Trockenrohdichte	Leichtbeton Normalbeton Schwerbeton
Ort der Herstellung	Baustellenbeton Transportbeton
Ort des Einbringens	Ortbeton Fertigteilbeton
Erhärtungszustand	Frischbeton Grüner Beton Junger Beton Festbeton
Bewehrung	Unbewehrter Beton Stahlbeton Spannbeton Faserbeton Textilbeton

Tabelle 4.2 Unterscheidungsmöglichkeiten von Betonsorten nach Neroth & Vollenschaar

Die Druckfestigkeit von Beton wird nach DIN EN 206 / DIN 1045-2 anhand 28 Tage alter Probekörper nachgewiesen. Dabei setzt sich die klassifizierte Druckfestigkeitsklasse aus der charakteristischen Festigkeit von Zylindern mit 150 mm Durchmesser und 300 mm Länge, sowie der von Würfeln mit einer Kantenlänge von 150 mm. Für Normal- und Schwerbeton gelten die Druckfestigkeitsklassen der folgenden Tabelle 4.3. Für Leichtbeton werden separate Werte geführt, bei welchen vor allem die charakteristische Festigkeit der Würfel abweicht (Küchlin & Hersel, 2017).

Druckfestigkeitsklassen	Charakteristische Mindestdruckfestigkeit von Zylindern fck, cyl N/mm²	Charakteristische Mindestdruckfestigkeit von Würfeln fck, cube N/mm²
C8/10	8	10
C12/15	12	15
C16/20	16	20
C20/25	20	25
C25/30	25	30
C30/37	30	37
C35/45	35	45
C40/50	40	50
C45/55	45	55
C50/60	50	60
C55/67	55	67
C60/75	60	75
C70/85	70	85
C80/95	80	95
C90/105	90	105
C100/115	100	115

Tabelle 4.3 Druckfestigkeitsklassen von Beton nach DIN EN 206 / DIN 1045-2

Ein weiteres wichtiges Kriterium für die Einteilung und Verwendung von Beton ist der Konsistenzbereich, welcher anhand des Ausbreitmaßes geprüft wird. Untergliedert wird hier in sechs verschiedene Klassen von „steif" bis „sehr fließfähig", siehe nachfolgende Tabelle 4.4 (Küchlin & Hersel, 2017).

Klasse	Ausbreitmaß [mm]	Konsistenzbereich
F1	≤ 340	steif
F2	350 - 410	plastisch
F3	420 - 480	weich
F4	490 - 550	sehr weich
F5	560 - 620	fließfähig
F6, SVB	≥ 630	sehr fließfähig

Tabelle 4.4 Konsistenzbereiche von Beton nach DIN EN 206 / DIN 1045-2

Die Einflüsse, denen Beton später seitens seiner Umgebung ausgesetzt ist, werden nach DIN EN 206-1 / DIN 1045-2 in Expositionsklassen eingeteilt (s. Tabelle 4.5). Sie werden angewendet, um die Dauerhaftigkeit des Betonbauteils zu gewährleisten. Dabei werden jeweils die Umgebungen beschrieben und Beispiele für die entsprechende Expositionsklasse gegeben. Unterschieden wird dabei in (Küchlin & Hersel, 2017):

Risiko	Klassenbezeichnung	Arten
Kein Korrosions- oder Angriffsrisiko	XO	
Expositionsklasse für Bewehrungskorrosion	XC	Bewehrungskorrosion durch Karbonatisierung
	XD	Bewehrungskorrosion durch Chloride (außer Meerwasser)
	XS	Bewehrungskorrosion durch Chloride aus Meerwasser
Expositionsklasse für Betonkorrosion	XF	Betonkorrosion durch Frostangriff mit und ohne Taumittel
	XA	Betonkorrosion durch chemischen Angriff
	XM	Betonkorrosion durch Verschleißbeanspruchung
Feuchtigkeitsklasse für Betonkorrosion	W	Betonkorrosion infolge Alkali-Kieselsäure-Reaktion

Tabelle 4.5 Expositionsklassen von Beton nach DIN EN 206 / DIN 1045-2

Aufgrund seiner besonders fließfähigen Eigenschaften nimmt der Selbstverdichtende Beton (SVB) bzw. self compacting concrete (SCC) eine besondere Position ein (s. Abbil-

dung 4.10). Mithilfe von speziellen Fließmitteln und einem besonder hohen Feinkornanteil ist SVB so fließfähig, dass er besonders gut für geometrisch komplizierte Bauteile sowie für enge Bewehrungszwischenräume geeignet ist. Außerdem ist er in der Lage allein aufgrund der Schwerkraft zu entlüften, sodass kein nachträgliches Verdichten notwendig ist. Der Nachteil von selbstverdichtendem Beton liegt darin, dass die Schalung besonders dicht sein muss und sich jede kleine Schadstelle der Schalungshaut deutlich im späteren Bauteil abzeichnet. Wird auf schadstellenarme bzw. –freie Schaloberflächen geachtet, kann durch den Einsatz von SVB eine besonders ebene Sichtbetonoberfläche generiert werden, da Poren und Lunker aufgrund der Eigenschaften minimiert werden. Die Verwendung von selbstverdichtendem Beton, der ein Ausbreitmaß von über 700 mm aufweist, ist nicht über die geltenden DIN Normen geregelt, sodass die entsprechenden DAfStb-Richtlinie „Selbstverdichtender Beton" zu beachten ist. Es bestehen weiterhin Unklarheiten, z.B. bezüglich des einwirkenden Frischbetondrucks (Schmitt, 2001).
Für den weiteren Verlauf dieser Arbeit spielen die Pumpbarkeit und die Spritzbarkeit von Beton eine große Rolle, sodass hierauf an dieser Stelle kurz eingegangen wird. Beton der zum Einbauort über Rohrleitungen gepumpt wird, wird Pumpbeton genannt. Um Verstopfungen zu verhindern, muss der Beton hierbei eine besonders gute Gleitfähigkeit vorweisen. Die größte Gefahr stellt dabei das Entmischen des Betons dar, das meist durch Absondern von Anmachwasser entsteht. Daher muss pumpbarer Beton ein besonders gutes Wasserrückhaltevermögen aufweisen. Eine Schmierschicht aus Zementleim an der Rohrwandung sorgt für eine gute Gleitfähigkeit. Bei der Mischung ist somit eine geeignete Menge Zementgehalt von mehr als 300 kg/m³ wichtig (Neroth & Vollenschaar, 2011).
Spritzbeton (s. Abbildung 4.11) wird insbesondere für Bauteile benötigt, die nur mit enormem Aufwand geschalt werden könnten, z.B. aufgrund von räumlichen Krümmungen, oder auch zur Absicherung von steilem Erdreich, z.B. in Baugruben oder im Tunnelbau (Schmitt, 2011). Ebenso kann Spritzbeton für Instandsetzungsmaßnahmen eingesetzt werden. Möglich sind dabei sowohl unbewehrte, als auch bewehrte Ausführungen. Spritzbeton wird ähnlich wie Pumpbeton über Leitungen zur Einbaustelle gefördert und dort durch Spritzen aufgetragen. Unterschieden werden dabei das Trocken- und das Nassspritzverfahren. Beim Nassspritzverfahren wird der Beton inklusive Anmachwasser als fertiges Gemisch durch die Rohre gepumpt, sodass der Beton bei diesem Verfahren eine tendenziell eher plastischere, weiche Konsistenzeigenschaft aufweisen muss. Beim Trockenspritzverfahren hingegen wird das Wasser erst an der Spritzdüse beigemischt, sodass hier mit einer eher steifen Konsistenzklasse des Betons gearbeitet werden kann. Der Wasser-Zement-Wert sollte bei Spritzbeton etwa bei 0,60 liegen. Gegebenenfalls kann der Einsatz von Flugasche die Pumpbarkeit verbessern (Neroth & Vollenschaar, 2011).

Abbildung 4.10 Selbstverdichtender Beton

Abbildung 4.11 Spritzbeton

4.3.1 Frischbetondruck auf lotrechte Schalungen

Wird von lotrechten Schalungen gesprochen, dürfen diese maximal +/- 5° von der Lotrechten abweichen. Bei großen Abweichungen des Neigungswinkels nimmt der Frischbetondruck stark zu und kann nicht weiterhin wie folgend erläutert ermittelt werden, ebenso wie bei der Verwendung von Spezialbetonen wie z.B. selbstverdichtendem Beton (Hofstadler, 2008). Nach M. Specht wirken folgende Einflüsse auf den Frischbetondruck (s. Tabelle 4.6) (Specht, 1973):

Erstrangige Einflüsse	Zweitrangige Einflüsse	Drittrangige Einflüsse
Steiggeschwindigkeit	Erstarrungszeit	Art des Einbringens
Frischbetonrohwichte	Betonzusatzmittel	Zuschlagstoffe, Größtkorn
Art der Verdichtung	Porenwasserdruck	Zementart
Rütteltiefe (Innenrüttler)	Rütteldauer	Umgebungstemperatur
Frischbetonkonsistenz	Konstruktion der Schalung	Schütthöhe, Gesamthöhe
Frischbetontemperatur	Dichtheit der Schalungshaut	Bewehrungsführung

Tabelle 4.6 Einflüsse auf den Frischbetondruck nach Specht

In der DIN 18218 „Frischbetondruck auf lotrechte Schalungen“ werden die erstrangigen Einflüsse sowie die Erstarrungszeit und Betonzusatzmittel in der Ermittlung des Frischbetondrucks berücksichtigt. In dieser DIN werden zwei verschiedene Diagramme für den maximalen Frischbetondruck und die Verteilung des Frischbetondrucks aufgeführt, das Grunddiagramm und das Verteilungsdiagramm. In dem Grunddiagramm kann auf Basis der Steiggeschwindigkeit und der Frischbetonkonsistenz der maximale Frischbetondruck entnommen werden. Für etablierte Systemschalungen wird seitens der Hersteller ein maximal zulässiger Frischbetondruck angegeben, auf dessen Grundlage aus dem Grunddiagramm umgekehrt die maximale Steiggeschwindigkeit entnommen werden kann. Da es sich bei lotrechten Bauteilen um Wände oder Stützen handelt werden im Grunddiagramm zwei separate Grenzen für den Frischbetondruck angegeben, für Wände 80 kN/m² und für Stützen 100 kN/m². Im Grunddiagramm sind die Steiggeschwindigkeit der maximale Frischbetondruck sowie das Verdichtungsmaß und die hydrostatische Druckhöhe angegeben. Dies unter folgenden Voraussetzungen (Hofstadler, 2008):

- Frischbetonrohwichte von 25 kN/m³
- Erstarrungsende des Betons 5 h
- Dichte Schalung
- Verdichtung mittels Innenrüttler
- Frischbetontemperatur +15 °C
- Der Beton wird gegen die Steigrichtung eingebracht

Wird die Frischbetontemperatur überschritten, darf der Frischbetondruck für je 1 K Temperaturdifferenz um 3% gemindert werden. Umgekehrt muss er für die Konsistenzklassen F1 – F4 für je 1 K Temperaturdifferenz um 3% und für die Konsistenzklassen F5 – SVB um 5% erhöht werden (Malpricht, 2010).

Der Verlauf des Frischbetondrucks wird über das Verteilungsdiagramm angegeben. Über die Steiggeschwindigkeit und die Erstarrungszeit von 5 h, Grundlage der DIN 18218, des Betons kann die Erstarrungstiefe ermittelt werden. Die angegebene Höhe (hs) gibt den Höhenunterschied zwischen dem Frischbetonspiegel und der Stelle des maximalen Frischbetondrucks an (Hofstadler, 2008).

Der Berechnung des maximal auftretenden Frischbetondrucks liegt in Abhängigkeit der Konsistenzklassen und verschiedener Steiggeschwindigkeiten folgende Tabelle 4.7 nach DIN 18218 zu Grunde:

Konsistenzklasse	Maximaler horizontaler Frischbetondruck bei Einbau gegen die Steigrichtung (von oben) σhk,max = (An * v * Bn) * K1 [kN/m²]
F1 (steif)	(5 * v + 21) * K1 ≥ 25
F2 (plastisch)	(10 * v + 19) * K1 ≥ 25
F3 (weich)	(14 * v + 18) * K1 ≥ 25
F4 (sehr weich)	(17 * v + 17) * K1 ≥ 25
	σhk,max = Cn * v * K1 [kN/m²]
F5 (fließfähig)	25 + 30 * v * K1 ≥ 30
F6 (sehr fließfähig)	25 + 38 * v * K1 ≥ 30
SVB	25 + 33 * v * K1 ≥ 30

v Steiggeschwindigkeit (Betoniergeschwindigkeit [m/h]

K1 Faktor zur Berücksichtigung des Erstarrungsverhaltens

Tabelle 4.7 Berechnung des Frischbetondrucks nach DIN 18218

Der Faktor zur Berücksichtigung des Erstarrungsverhaltens K1 wiederum kann folgender Tabelle 4.8 nach DIN 18218 entnommen werden:

	Faktoren K1			
	Erstarrungsende			Allgemein[b)]
	t_E = 5h	t_E = 10h	t_E = 20h	
F1[a)]	1,0	1,15	1,45	1 + 0,03 * (t_E – 5)
F2[a)]	1,0	1,25	1,80	1 + 0,053 * (t_E – 5)
F3[a)]	1,0	1,40	2,15	1 + 0,077 * (t_E – 5)
F4[a)]	1,0	1,70	3,10	1 + 0,14 * (t_E – 5)
F5, F6, SVB	1,0	2,00	4,00	t_E / 5

a) gilt für Betonierhöhen bis 10 m

b) gilt für 5 h ≤ t_E V 20 h; t_E in Stunden

Tabelle 4.8 Erstarrungsverhalten K1 nach DIN 18218

Zur Berechnung des auftretenden Frischbetondrucks muss zunächst der maßgebliche Betonierabschnitt festgelegt werden, damit die Betonmenge ermittelt werden kann. Anschließend kann die Betonierleistung festgelegt und auf dieser Grundlage die Betonierdauer für den entsprechenden Betonierabschnitt berechnet werden. Durch die Höhe des Bauteils und die Betonierdauer kann die Steiggeschwindigkeit ermittelt werden und final die Betonkonsistenz festgelegt werden. Somit liegen alle Grundlagen vor, um den

Frischbetondruck nach den vorangegangenen Tabellen aus der DIN 18218 zu ermitteln (Malpricht, 2010).

4.4 Bewehrung

Da es sich bei Beton um einen auf Druck zu belastenden Baustoff handelt, müssen insbesondere tragende Bauteile oftmals mit einer Bewehrung versehen werden, die die Zugbelastung für den Beton übernimmt bzw. den Beton dabei unterstützt und dabei die Rissbildung am Bauteil minimiert. Zumeist geschieht dies in Form von Stabstahl, sodass der Verbundbaustoff Stahlbeton heißt. Der Beton übernimmt zum Großteil die Aufnahme der auftretenden Druckkräfte und die optische sowie statische Abbildung der Bauteilgeometrie. Weitere Aufgabe des Betons im Verbund mit Stahl ist die Betonüberdeckung zum Korrosionsschutz des Bewehrungsstahls sowie die Verbesserung des Brandschutzes des Bauteils. Den Verbund beeinträchtigen können dabei z.B. loser Rost, Eis oder Fettrückstände. Unterschieden wird die etablierte Stahlbewehrung in Betonstahl für Stahlbetonbauwerke (schlaffe Bewehrung) und Spannbetonbauteile (Spannstahl). Wie bei jedem Verbundwerkstoff ist es von größter Bedeutung den Verbund der Materialien langfristig gewährleisten zu können. Dafür notwendig ist eine annähernd gleich große Temperaturdehnung, eine möglichst gleiche Verformung unter Beanspruchung und die ausreichende Betondeckung. Die Lage und Art der Bewehrung sollte an den Kraftfluss angepasst werden und ergibt sich aus der Statik und der Betongüte (Proporowitz, 2008).
Die Art des Betonstahls unterscheidet sich in Einzelstabbewehrung (Betonstahl S) (s. Abbildung 4.12) und vorgefertigte Bewehrungsmatten (Betonstahl M) (s. Abbildung 4.13). Bei Betonstahl handelt es sich um profilierten Stahl zur Verbesserung der Reibung und somit des Verbundes mit dem Beton, mit eine Durchmesser von 6 mm – 28 mm. In Sonderfällen kann der Durchmesser auch größer sein. Die Länge ist abhängig vom Durchmesser und beträgt zwischen 12 m und 16 m (Proporowitz, 2008).
Bewehrungsmatten werden serienmäßig vorgefertigt und weisen meist eine Breite von 2,15 m bei einer Länge von 5 m oder 6 m auf. Unterschieden werden kann hier zwischen Q-Matten und R-Matten. Die Q-Matten weisen sowohl in Längs- als auch in Querrichtung einen identischen Stahlquerschnitt auf, wohingegen die R-Matten eine Hauptbewehrungsrichtung (Längsrichtung) und eine Verteilerrichtung (Querrichtung) haben. Die Verteilerrichtung muss dabei mindestens 20% Bewehrungsanteil der Hauptrichtung aufweisen. Eingesetzt werden die Matten entsprechend für einachsige Decken, R-Matten, oder für zweiachsig gespannte, Q-Matten (Proporowitz, 2008).

Abbildung 4.12 Einzelstabbewehrung

Abbildung 4.13 Bewehrungsmatten

Bei der Verlegung der Bewehrung ist, unabhängig von der Art, unabdingbar darauf zu achten, dass sie allseitig in Beton eingebunden ist. Nur auf diese Weise kann ein Verbund hergestellt und die Kraftübertragung gewährleistet werden. Je nach Expositionsklasse muss dabei eine unterschiedliche Betondeckung vorhanden sein, zwischen 2 cm und 5,5 cm. In Sonderfällen kann diese auch noch höher nachgewiesen werden müssen. Mehrere Bewehrungselemente müssen mittels Rödeldraht fest miteinander verbunden werden, sodass ein steifes Gerippe entsteht. Außerdem muss die Lage und Position der Bewehrung durch Zusatzelemente wie z.B. Abstandhalter gewährleistet werde (Proporowitz, 2008).

4.4.1 Faser- und Textilbeton

Ziel der Entwicklung von Faserbeton ist es dünnwandige, ressourcensparende Konstruktionen mit hoher Leistungsfähigkeit zu generieren. Eingesetzt werden Stahl-, Polymer-, Glasfasern oder andere Arten, z.B. Hochleistungsfasern. Durch den Einsatz von Fasern anstelle von Stabstahlbewehrung können weiterhin geometrisch komplexe Bauteile entstehen. Eingesetzt wird Faserbeton bisher für experimentelle Bauten, Fassaden oder Instandsetzungsmaßnahmen (Peck, 2013).
Trotz des identischen Ausgangsmaterials können Stahlfasern (s. Abbildung 4.14) eine etablierte Stahlbewehrung nicht ersetzten. Um die optimale Wirkung zu erzielen, müssen die Fasern genau dort liegen, wo sie aufgrund der Belastung benötigt werden und zudem die richtige Ausrichtung aufweisen. Bisher liegt das Problem darin, dass sich die Fasern eher zufällig verteilen und nur statistisch abgeschätzt werden kann, wie die Verteilung ist. Hierzu laufen vielfältige Forschungsarbeiten. Aufgrund dessen gelten hohe Sicherheitsbeiwerte für die Verwendung von Faserbeton. Oftmals werden Stahlfasern als

zusätzliche Bewehrung zur etablierten Stahlbewehrung eingesetzt. Soll Stahlfaserbeton für tragende Bauteile eingesetzt werden, gilt seit 2010 die DAfStb-Richtlinie „Stahlfaserbeton - Ergänzungen und Änderungen zu DIN EN 1992-1-1 in Verbindung mit DIN EN 1992-1-1/NA, DIN EN 206-1 in Verbindung mit DIN 1045-2 und DIN 1045-3, Teil 1-3". Hier wird in die beiden Leistungsklassen L1 für kleine Verformungen und L2 für große Verformungen und in Kombination mit Betonstahlbewehrung unterschieden. Diese Richtlinie gilt bis zu einer maximalen Druckfestigkeitsklasse C50/60. Grundlage ist die Verwendung von gewellten oder gekröpften Stahlfasern oder solchen mit gestauchtem Kopf, da diese eine formschlüssige, mechanische Verankerung bieten (Peck, 2013).
In dem Bemessungsmodell für Stahlfasern, das in der DAfStb-Richtlinie angewendet wird, wird davon ausgegangen, dass die Stahlfasern erst beginnen zu wirken, wenn der Beton bereits gerissen ist. Voraussetzung hierbei ist, dass die Fasern diesen Riss überbrücken und beidseitig weiterhin im Beton verankert sind. Je breiter der Riss, desto geringer ist die aufgenommene Zugkraft der Stahlfasern. Aus der Summe der Wirkung aller Fasern kann die Nachrisszugfestigkeit ermittelt werden. Sofern weiterhin Verformungskräfte auf den entstandenen Riss wirken, können die Stahlfasern im Gegenteil zur Betonstahlbewehrung ein weiteres Reißen nicht verhindern. Dadurch, dass Stahlfaserbewehrung kostengünstiger ist, lassen sich durch kombinierte Bewehrungen gute wirtschaftliche Konstruktionen errichten. Praktische, experimentelle Anwendungen haben gezeigt, dass die Wirkung der Stahlfasern bereits vor der Rissbildung beginnt und sich sogar die Duktilität des Bauteils erhöht. Dies gilt es weiter zu erforschen (Peck, 2013).

Abbildung 4.14 Stahlfasern

Kunststofffasern bestehen aus organischen Polymeren und neben dem gewählten Material wirkt sich das mechanische Verfahren der Faserherstellung auf die Eigenschaften der Kunststofffasern aus. Das Einsatzgebiet dieser Fasern liegt in spritzbaren Mörtelsystemen, Estrichen und Putzen. Konstruktiv werden Kunststofffasern bisher sehr selten

eingesetzt, obwohl sie teilweise vergleichbare Eigenschaften zu Stahlfasern aufweisen. Der Einsatz von Polypropylenfasern (PP) kann zu einem höheren Brandwiderstand des Bauteils führen, da sie bereits bei 130 °C schmelzen und somit die entstehende Flüssigkeit in den Lagerkanal der Fasern und in die Porenräume gedrückt wird. Dies führt dazu, dass der entstehende Wasserdampfdruck aufgrund der Brandeinwirkung, der zum Abplatzen der Betondeckung führen kann, entspannt wird. Das Abplatzen würde zu einer direkten Einwirkung des Brandes auf die Bewehrung und somit zu einem schnelleren Versagen des Bauteils führen. Der Nachteil von Polypropylenfasern liegt in einer eher geringen Zugfestigkeit sowie in einem geringen E-Modul, wodurch die Bewehrungswirkung tendenziell gering ist. Eine doppelt so hohe Zugfestigkeit sowie E-Modul weisen hingegen Polyamid- und Polyacrylnitrilfasern auf. In Japan wird an einer Polyacrylfaser geforscht, die eine größere Zugfestigkeit als Stahlfasern und dabei die halbe Bruchdehnung aufweist. Eine weitere Sondergruppe nehmen die Carbon- bzw. Kohlenstofffasern ein. Diese zeichnen sich durch besonders große Festigkeitseigenschaften, einer guten Alkalibeständigkeit, die im alkalischen Milieu des Betons besonders wichtig ist, und einem doppelt so hohem E-Modul wie dem von Bewehrungsstahl aus. Sie entstehen durch das Verstrecken und Verkohlen von Polyacrylnitril- oder hochfesten Viskosefasern (Peck, 2013).
Glasfasern werden aus fein ausgesponnener Glasschmelze gewonnen und können sowohl als einzelne Fasern (s. Abbildung 4.15), als auch als Fäden gesponnen werden (s. Abbildung 4.16). Da die Glasfasern beim Einmischen in den Beton durch die Gesteinskörnung beschädigt werden können, werden sie kaum in Konstruktionsbeton eingesetzt. Anwendung finden Glasfasern insbesondere als Glasfaserspritzbeton und Faserzementplatten. Aus Glasfaserspritzbeton werden Geometrien mit räumlichen Krümmungen, z.B. Skateranlagen, als sehr dünne und tragfähige Elemente hergestellt. Faserzementplatten bergen den Vorteil, dass sie nachträglich zugeschnitten und gebohrt werden können. Aufgrund der Fasern sind sie trotz einer Materialstärke von ca. 1 cm sehr stabil und können sowohl im Innen- als auch im Außenraum, z.B. als Fassadenelement, eingesetzt werden (Peck, 2013).

Abbildung 4.15 Glasfasern

Abbildung 4.16 Glasfasergewebe

Aus Glasfaserfäden (s. Abbildung 4.17) oder Carbonfasern (s. Abbildung 4.18) können sogenannte Rovings gesponnen werden, die zu einem zweidimensionalen oder auch dreidimensionalen Gewebe verarbeitet werden können. Diese fungieren ebenso als Bewehrung und das entstehende Produkt wird Textilbeton genannt. Der Vorteil der Nutzung eines Gewebes liegt darin, dass die Position, Anzahl und Ausrichtung der Fasern genau bekannt ist und die Verteilung nicht zufällig ist, sodass die Leistung des Bauteils genau bemessen werden kann. Auch hiermit lassen sich leistungsfähige Bauteile bei vergleichsweise dünnen und leichten Materialstärken herstellen. Bisher existiert noch kein bauordnungsrechtliches Sicherheits- und Bemessungskonzept für Textilbeton mit Glasfasern (Peck, 2013).

Abbildung 4.17 3D-Glasfasergewebe

Abbildung 4.18 Carbongewebe

4.5 Carbonatisierung

Unter Carbonatisierung, oder auch Karbonatisierung (in der Literatur gleichermaßen verwendet), wird die Reaktion zwischen den Zementsteinphasen und Kohlendioxid (CO^2) verstanden. Dieser Prozess kann im Allgemeinen als die chemische Alterung des Betons bezeichnet werden und beeinflusst maßgeblich die Dauerhaftigkeit von Stahlbeton, da eine zu weit fortgeschrittene Carbonatisierung in der Korrosion der Bewehrung resultiert. Chemisch entstehen Carbonate und weitere Reaktionsprodukte, welche zu einer Minderung des pH-Werts des Betons führen. Frischbeton weist einen pH-Wert von ca. 13,0 auf und ist somit zunächst hoch alkalisch. Dies ist auf die in Lösung gehenden Alkalien im Anmachwasser zurückzuführen (Stark & Wicht, 2013). Das in unserer Erdatmosphäre vorliegende Kohlendioxid (CO^2) und Schwefeldioxid (SO^2) versuchen dies zu neutralisieren, weshalb im Zusammenhang mit der Carbonatisierung oftmals auch von Neutralisation gesprochen wird (Knöfel & Scholl, 1991). Das alkalische Milieu schützt den Bewehrungsstahl allerdings vor den Einwirkungen von Luftfeuchtigkeit und Sauerstoff, die zur Korrosion führen, und ist somit notwendig, um eine intakte Bewehrung zu gewährleisten (Stark & Wicht, 2013).

Der Carbonatisierungsprozess kann in mehrere Phasen untergliedert werden, wobei die drei wichtigsten die Diffusion von CO^2, die Reaktion bzw. das Lösen des CO^2 und das Neutralisieren von Calciumhydroxid – $Ca(OH)^2$ – sind. In der ersten Phase finden reine Diffusionsvorgänge in Form eines Stofftransports des CO^2 in den Poren des Zementsteins statt. In einem Feuchtigkeitsfilm an der Porenwandung wird gleichzeitig kristallines $Ca(OH)^2$ dissoziiert. In der zweiten Phase reagiert zuvor gelöstes CO^2 in dem Feuchtigkeitsfilm der Porenoberfläche mit einem Teil Wasser zu Kohlensäure – $H2CO^3$, die wiederum zu Wasserstoffionen und Carbonationen dissoziiert. In der letzten Phase wird $Ca(OH)^2$ durch $H2CO^3$ neutralisiert, was die charakteristische Reaktion der Carbonatisierung ist. Hierbei entstehen Alkalicarbonate. Diese reagieren mit dem in Phase 1 gelösten $Ca(OH)^2$ zu Calciumcarbonat und Alkalihydroxiden, welche erst carbonatisieren, wenn kein $Ca(OH)^2$ mehr in der Porenlösung vorhanden ist. Da aufgrund der Carbonatisierung ein Mangel an $Ca(OH)^2$ entsteht, lösen sich die kristallinen Bestandteile, das Portlandit, sodass ein ständiger Nachschub $Ca(OH)^2$ entsteht. Der hohe, alkalische pH-Wert besteht allerdings nur so lange, wie kristallines $Ca(OH)^2$ und Alkalien vorhanden sind (Stark & Wicht, 2013).

Diese chemischen Prozesse sind weitestgehend unerwünscht, können allerdings auch positive Effekte bieten. Aufgrund des gebildeten und nahezu unlöslichen Calciumcarbonat ($CaCO^3$) gewinnt der Beton an Dichtigkeit. Dies liegt an der Volumenzunahme im Betongefüge und der Abnahme des Gesamtporenvolumens um bis zu 28%. Der große Nachteil der Carbonatisierung liegt in der Senkung des pH-Werts in der Porenlösung, was die Gefahr der Korrosion des Bewehrungsstahls birgt. Dies wiederum führt mit der Zeit zu einem Abplatzen der Betonüberdeckung. Weiterhin kann es während des Carbonatisierungsprozesses zum Schwinden kommen, das sich mit dem Trocknungsschwinden überlagert. Dieses Carbonatisierungsschwinden ist im wesentlichem auf das Mindern der vorhandenen Wassermenge infolge der Carbonatisierung zurückzuführen. Die so entstehenden Mikrorisse können dazu führen, dass sich die Carbonatisierung beschleunigt (Stark & Wicht, 2013).

Betonschäden sind neben unsachgemäßer Betonherstellung und einer zu geringen Betonüberdeckung insbesondere auf einen hohen w/z-Wert zurückzuführen. Aus Kostengründen wird teilweise ein günstigerer, aber weicherer Zement verwendet, von dem größere Mengen benötigt werden, um die geforderten Festigkeiten zu erreichen. Das Resultat ist ein weniger fließfähiger Beton, was im schlechtesten Fall durch einen höheren w/z-Wert statt durch Fließmittel oder Betonverflüssiger ausgeglichen wird. Der höhere w/z-Wert wiederum fördert die Porosität des Betons und somit die Durchlässigkeit. Dadurch wird der Beton weniger beständig und Betonschäden häufen sich bzw. treten früher auf. Die Folge einer zu geringen Betonüberdeckung ist ein zu schnelles Erreichen der Bewehrung von der Carbonatisierungsfront und somit ein Korrodieren der Bewehrung. Das liegt insbesondere daran, dass das alkalische Milieu der Porenflüssigkeit den notwendigen Korrosionsschutz für Bewehrungsstahl liefert. Die alkalische Porenflüssigkeit umhüllt den Betonstahl, sodass ein Oxidfilm als Deckschicht entsteht. Durch die Carbonatisierung, sprich der Neutralisierung der Alkalität, wird dieser Schutz zerstört. Weiterer Korrosionsschutz wird mit einer ausreichend dichten und hohen Betondeckschicht erreicht, sodass diese und das Minimieren der Rissbreiten wichtige Maßnahmen zur Einschränkung der Korrosion stellen (Stark & Wicht, 2013).

4.5.1 Einflussfaktoren auf die Carbonatisierung

Bei der Carbonatisierung handelt es sich um eine chemische Reaktion zwischen dem oberflächennahem Beton und der Umwelt. Die Einflüsse auf diesen Prozess haben ihren Ursprung daher in der Herstellung und Zusammensetzung der Betonmischung und den Umgebungseigenschaften Feuchtigkeit, Temperatur, CO^2 Konzentration sowie der vorhandenen Luftschadstoffe (Stark & Wicht, 2013).
Die Wahl der Gesteinskörnung beispielsweise beeinflusst die Dichtigkeit bzw. Porosität des Betons, was wiederum Einfluss auf den Carbonatisierungsfortschritt hat. Eine leichte Gesteinskörnung führt zu einem porösen Beton, der dem Eindringen von CO^2 und Feuchtigkeit weniger standhält (Kidokoro & Tomita, 1984). Die Carbonatisierung schreitet bei Leichtbeton so schneller voran als bei Normalbeton. Die Sieblinie und auch das gewählte Größtkorn hingegen beeinflusst die Carbonatisierungstiefe. Betonzusatzmittel haben unterschiedliche Wirkungen. Verflüssiger sollen beispielsweise den Fortschritt der Carbonatisierung verlangsamen, was in direktem Zusammenhang mit dem gewähltem w/z-Wert steht. Luftporenbildner wirken sich eher negativ aus, wobei hier widersprüchliche Erfahrungen gemacht wurden. Generell muss der Beton sachgerecht hergestellt und ausreichend nachbearbeitet werden, um der Carbonatisierung positiv entgegen zu wirken (Stark & Wicht, 2013).
Weiterhin kann der Carbonatisierungsfortschritt maßgeblich durch die verwendete Zementmenge und -art beeinflusst werden. Je mehr $Ca(OH)^2$ vorhanden ist, desto mehr CO^2 kann in kurzer Zeit gebunden werden. Ein höherer Klinkeranteil des Zements führt ebenso zu einem verminderten Carbonatisierungsfortschritt, sodass sich CEM I im Gegensatz zu CEM II und CEM III besser eignet, um dem Carbonatisierungsprozess entgegen zu wirken (Stark & Wicht, 2013). Da die Alkalität des Betons die Ausgangssituation der Carbonatisierung ist, sinkt die Carbonatisierungstiefe mit höherem Alkaligehalt des Zements. Eine hohe Alkalität führt zu einer schnelleren Hydration zu Beginn, wodurch das Gefüge schneller dichter wird und den Carbonatisierungsfortschritt von Anfang an verlangsamt (Reschke & Gräf, 1997). Wird für die Herstellung des Betons Zement auf Basis von Tonerde verwendet statt Portlandzement, wird sich die Carbonatisierungstiefe im gleichen Zeitraum mehr als verdoppeln (Nürnberger, 1990).
Der wichtigstes Einflussfaktor bei der Herstellung des Betons stellt der w/z-Wert dar. Je

größer der verwendete w/z-Wert ist, desto größer wird die Gasdurchlässigkeit aufgrund der Vergrößerung des Kapillarporenraum. Zwischen der Carbonatisierungstiefe und dem w/z-Wert besteht eine lineare Abhängigkeit. Ab einem w/z-Wert, der kleiner als 0,4 ist, findet nahezu keine Carbonatisierung statt, was gleichzeitig bedeutet, dass UHPC mit einem w/z-Wert von 0,2 durch seine Dichtigkeit die Aufnahme von CO^2 und Feuchtigkeit nahezu vollständig verhindert (Stark & Wicht, 2013).
Die Einflussfaktoren der Umwelt sind die CO^2 Konzentration, die Temperatur und die Feuchtigkeit. Im Zusammenhang mit der umgebenden CO^2 Konzentration gewinnen die Art des Betonbauteils bzw. Bauwerks sowie der Standort an Bedeutung. Die CO^2 Konzentration unserer Atmosphäre ist mit ca. 800 mg/m³, was ca. 0,04% entspricht, sehr konstant und wird maßgeblich von Abgasen beeinflusst. Hieraus ergibt sich eine höhere Konzentration für z.B. Tierstallungen, Lagerhallen für Obst und Gemüse und insbesondere Tunnel oder Garagen, sprich Gebäude bzw. Bauten in welchen motorisierter Verkehr auftritt. Wie aufgrund des Klimawandels bekannt, steigt die CO^2 Konzentration aufgrund von Abgasvorkommen seit langem an, sodass theoretisch davon ausgegangen werden kann, dass sich die Carbonatisierungsgeschwindigkeit langzeitig erhöhen wird (Stark & Wicht, 2013).
Ein Einfluss der Temperatur auf die Carbonatisierung findet nur im geringen Temperaturbereich statt und ist abhängig von der zu dem Zeitpunkt stattfindenden Phase der Carbonatisierung. Der mittlere Temperaturbereich hat keinen Einfluss auf die Carbonatisierungsgeschwindigkeit. In der ersten Phase, der Diffusion von CO^2, ist der Temperatureinfluss eher positiv. Dies liegt an der verlangsamten Molekülbewegung, die die CO^2 Diffusion behindert. Die mit der niedrigen Temperatur oftmals einhergehende, höhere relative Luftfeuchte sorgt in den Poren des Zementsteins außerdem für mehr Wasser und weniger Luft, wodurch die CO^2 Diffusion ebenfalls gemindert wird. In der zweiten Phase der Carbonatisierung, dem Lösen von $Ca(OH)^2$, findet ebenfalls ein Temperatureinfluss statt. Die $Ca(OH)^2$ Konzentration der Porenlösung steigt bei geringeren Temperaturen an, sodass die Carbonatisierung begünstigt wird. Dies liegt an der besseren Löslichkeit bei niedrigen Temperaturen (Stark & Wicht, 2013).
Der Einfluss der Betonnachbehandlung liegt insbesondere in der Regulierung des Feuchtegehalts. Sowohl nahezu wassergesättigter Beton, als auch komplett trockener Zementstein nehmen nahezu kein CO^2 auf, sodass bereits die erste Carbonatisierungsphase verhindert bzw. gemindert wird. Die höchste Carbonatisierungsgeschwindigkeit tritt bei einer Luftfeuchte zwischen 60% und 80% auf. Da der Beton einem Trocknungsprozess unterzogen ist, beinhaltet er allein durch die Herstellung immer zunächst Feuchtigkeit. Dadurch kann gesagt werden, dass in Beton, der Niederschlag ausgesetzt ist, ein deutlich langsamerer Carbonatisierungsprozess stattfindet als in Beton, der im Innenraum verbaut wird. Im geschützten Außenbereich vermindert sich die Carbonatisierung bereits um die Hälfte, bei dem Niederschlag ausgesetztem sogar noch mehr. Bietet die Witterung allerdings keinen Niederschlag, müssen Maßnahmen der Nachbehandlung getroffen werden, die im Folgenden erläutert werden (Stark & Wicht, 2013).

4.5.2 Nachbehandlung

Eine ausreichende Nachbehandlung des ausgeschalten Betonbauteils ist essentiell wichtig für die Bereitstellung der notwendigen Menge Wasser für den Hydrationsprozess. Ein zu schnelles Austrocknen des Betons kann durch eine zu geringe relative Luftfeuchte und/ oder zu hohe Windgeschwindigkeiten verursacht werden und führt oftmals zum Schwinden und somit zu Rissbildungen. Ebenso fördert ein zu hoher Temperaturunterschied zwischen der Betonoberfläche und der Umgebung das Verdunsten von Wasser und führt zu schnellem Austrocknen. Je langsamer der verwendete Zement aushärtet, desto größer ist der Einfluss einer ausreichenden Nachbehandlung. Die größte Bedeutung besitzt die Betonrandzone, sprich die Betondeckung der Bewehrung, die im Gegensatz zum Betonkern direkt der Witterung und den Umgebungsbedingungen ausgesetzt ist. Eine Möglichkeit, die Qualität der Betondeckung zu verbessern, ist der Einsatz einer zusätzlichen textilen Schalungseinlage, die durch eine besondere Saugfähigkeit und Wasserführung den w/z-Wert der Betonrandzone senkt, sodass die Carbonatisierung deutlich gehemmt wird (Stark & Wicht, 2013).
Auf eine Nachbehandlung des jungen Betons kann nur bei mindestens 85% relativer Luftfeuchte verzichtet werden (DAfStb-Heft 526, 2011). Ansonsten muss der Beton vor zu schnellem Austrocknen durch Abdecken mit einer dampfdichten Folie, Auflegen einer wasserspeichernden Schicht, flüssige Nachbehandlungsmittel, Besprühen mit Wasser, Verzögerung des Ausschalens oder Kombinationen verschiedener Verfahren geschützt werden. In der Regel wird die frische Betonoberfläche mit Hilfe einer Kunststofffolie abgedeckt. Wenn diese reißfest genug ist und intakt bleibt, kann sie mehrfach verwendet werden. Dabei muss darauf geachtet werden, dass die Folie dauerhaft in Position gehalten wird. Da diese Methode vollständig ohne Zusatzmittel auskommt und kontaktlos zur Oberfläche des jungen Betons ausgeführt werden kann, eignet sie sich besonders für die Herstellung von Sichtbetonoberflächen. Zwischen der Folie und der Betonoberfläche darf in diesem Fall allerdings kein Berührungspunkt entstehen, damit sich kein Kondenswasser bilden kann. Alternativ zur Kunststofffolie können Textilien oder andere Materialien mit wasserspeichernden Eigenschaften eingesetzt werden, wobei auch hierbei darauf geachtet werden muss, dass diese verwendeten Materialien nicht zu schnell austrocknen und sie ggf. feucht gehalten werden müssen (Pickhardt & Schäfer, 2014).
Eine andere Methode ist das Nachbehandeln mittels verschiedener Nachbehandlungsmittel. Diese werden in der Regel aufgesprüht, was so zeitnah wie möglich geschehen sollte. Bei horizontalen Bauteilen, bei denen eine Seite direkt frei liegt, muss das Nachbehandlungsmittel direkt nach verschwinden des Wasserfilms geschehen, wohingegen bei vertikalen Bauteilen, wie Wände und Stützen, das Aufbringen direkt nach dem Ausschalen vorgenommen wird. Um gewährleisten zu können, dass die gesamte Fläche vollständig, lückenlos und in ausreichender Menge behandelt wurde, ist den Mitteln meistens ein heller Farbstoff beigemischt. Je nachdem auf welcher Basis das verwendete Nachbe-

handlungsmittel hergestellt wurde, kann es sein, dass nachfolgende Arbeitsschritte, wie z.B. Beschichtungen, nachteilig beeinflusst werden, sodass die Rückstände der Nachbehandlungsmittel zuvor entfernt werden müssen. Allgemein gilt, dass die aufzutragenden Nachbehandlungsmittel bei sehr heißer oder sehr kalter Witterung oder starken Windgeschwindigkeiten nicht ausreichen und zusätzlich unterstützt werden müssen (Pickhardt & Schäfer, 2014).

Bei dem direkten Bearbeiten der Betonoberfläche mit Wasser muss darauf geachtet werden, dass die Betonoberfläche nicht zu schnell auskühlt, da dies zu Rissbildung führen kann. Daher eignet sich ein leichtes besprühen besser als der direkte Einsatz eines harten Wasserstrahls. Handelt es sich bei den nachzubehandelnden Flächen um horizontale, wie z.B. Decken, so können diese alternativ vollständig mit Wasser geflutet werden. Bei besonders kalten Temperaturen von unter 5°C muss auf eine Feuchtigkeitsbehandlung verzichtet werden und der Beton stattdessen wärmedämmend abgedeckt werden, da hier die Festigkeitsentwicklung des jungen Betons stark verzögert wird. Bei noch niedrigeren Temperaturen kann es außerdem zu Gefrieren kommen, da Beton erst bei einer Druckfestigkeit von 5 N/mm² als gefrierbeständig gilt, was wenigstens drei Tage benötigt. Wenn als Nachbehandlungsverfahren das Belassen in der Schalung gewählt wird, sind je nach verwendetem Schalungsmaterial ebenfalls gewisse Vorkehrungen zu treffen. Je nach Witterung muss beispielsweise eine konventionelle Holzschalung vor zu schnellem Austrocknen und eine Stahlschalung vor zu starkem Aufheizen geschützt werden (Pickhardt & Schäfer, 2014).

Die Dauer der notwendigen Nachbehandlung wird in der DIN 1045-3 festgelegt und richtet sich nach der vorhandenen Expositionsklasse. Für die Expositionsklassen X0, XC1 und XM gilt allgemein, dass die Nachbehandlung so lange erfolgen muss, bis der Beton 50% seiner Festigkeit erreicht hat (Stark & Wicht, 2013). Da hierfür ein Nachweis erbracht werden muss, wird in der DIN 1045-3 folgende Mindestzeit festgelegt (s. Tabelle 4.9):

Oberflächentemperatur t in °C[b]	Mindestdauer der Nachbehandlung in Tagen			
	Festigkeitsentwicklung des Betons			
	$r = f_{cm2}/f_{cm28}$ [a]			
	schnell	mittel	langsam	sehr langsam
	$r \geq 0,50$	$r \geq 0,30$	$r \geq 0,15$	$r < 0,15$
$t \geq 25$	1	2	2	3
$25 > t \geq 15$	1	2	4	5
$15 > t \geq 10$	2	4	7	10
$10 > t \geq 5$	3	6	10	15

[a] Zwischenwerte dürfen eingeschaltet werden

[b] Anstelle der Oberflächentemperatur des Betons darf die Lufttemperatur angesetzt werden (s. auch DAfStb, Heft 526)

Tabelle 4.9 Nachbehandlungszeit von Beton (gültig für alle Expositionsklassen außer X0, XC1 und XM nach DIN 1045-2) nach DIN 1045-3

In Abhängigkeit der Verarbeitungszeit muss die Nachbehandlungszeit für die Expositionsklassen X0 und XC1 mindestens einen halben Tag betragen. Verlängert sich die Verarbeitungszeit auf mehr als 5 Stunden insgesamt oder sinkt die Temperatur der Betonoberfläche unter 5°C, muss die Dauer der Nachbehandlung um die Dauer der Verlängerung der Verarbeitungszeit bzw. Temperaturunterschreitung verlängert werden. Eine Unterschreitung von einem halben Tag Nachbehandlung, kann nur für die Expositionsklassen X0 und XC1 unter speziellen Bedingungen und Erbringung besonderer Nachweise erfolgen. Für die Expositionsklasse XM muss die Nachbehandlungszeit bis Erreichen von 70% der Festigkeit angelegt werden. Sofern kein Nachweis erbracht wird müssen die Zeiten der Tabelle 4.9 verdoppelt werden (Stark & Wicht, 2013).
Auf die Expositionsklassen XC 2-4 und XF1 können die Werte der Tabelle 4.9 nicht mehr angewendet werden und es gelten die Angaben aus folgender Tabelle 4.10:

Frischbetontemperatur θ_{fb} zum Einbauzeitpunkt in °C	Festigkeitsentwicklung des Betons $r = f_{cm2}/f_{cm28}$ [a]		
	schnell	mittel	langsam
	$r \geq 0{,}50$	$r \geq 0{,}30$	$r \geq 0{,}15$
$\theta_{fb} \geq 15$ °C	1	2	4
$15 > \theta_{fb} \geq 10$ °C	2	4	7
$10 > \theta_{fb} \geq 5$ °C	4	8	14
[a] Zwischenwerte dürfen ermittelt werden			

Tabelle 4.10 Nachbehandlungszeit von Beton (für die Expositionsklassen XC2, XC3, XC4 und XF1 nach DIN 1045-2) nach DIN 1045-3

4.5.3 Methoden zur Bestimmung der Carbonatisierungstiefe

Das einfachste Verfahren zur Bestimmung der Carbonatisierungstiefe ist die indikative Bestimmung. Der Nachweis wird bei dieser Methode über die Veränderung des pH-Wertes geführt (Grube & Krell, 1986). Etabliert hat sich eine 1-prozentige Phenolphtaleinlösung in 70-prozentigem Alkohol, die bei pH-Werten unter 9 farblos ist und bei pH-Werten über 9 violett erscheint. Im Zusammenhang mit der Carbonatisierung zeigt der farblose Bereich unter pH 9 den carbonatisierten Bereich und der violette Bereich über pH 9 den nicht carbonatisierten Bereich. Die Carbonatisierungstiefe kann anhand der Farbumschlagsgrenze und deren Abstand zur Betonoberfläche ermittelt werden (Stark & Wicht, 2013).
Zur Herstellung der Probekörper werden in der Regel 10 cm x 10 cm große Balken hergestellt, je nach vorhandenem Größtkorn auch 15 cm x 15 cm große. Für Messungen im Bestand wird ein Bohrkern mit einem Durchmesser von 10 cm - 15 cm entnommen. Da geschnittene Oberflächen für die Messung der Carbonatisierungstiefe nicht geeignet sind, werden jeweils zu verschiedenen Prüfzeiten einzelne Scheiben abgespalten. Bei Bohrkernen muss dies zeitnah geschehen, um den Einfluss einer ggf. weiteren Carbonatisierung der Mantelfläche zu minimieren. Beim Schneidprozess kann $Ca(OH)^2$ aus dem nicht carbonatisierten Bereich ausgewaschen werden. Außerdem kann sich der Zustand angeschnittener Klinkerkörner, carbonatisiert oder nicht, verändern und das Ergebnis der Messung verfälschen. Für die Messung ist es von enormer Bedeutung, dass die Indikatorlösung gleichmäßig auf die Bruchfläche aufgetragen wird, bis die Farbumschlagsgrenze deutlich zu sehen ist. Bis zur Messung werden die vorbereiteten Probekörper ca. einen Tag an Raumluft gelagert. Ebenso kann für die Vorbereitung der Probekörper eine ent-

sprechende Nachbehandlung des Betons simuliert und diese für die entsprechende Zeit beispielsweise in ein Wasserbad gelegt werden (Stark & Wicht, 2013).
In der Berechnung des Carbonatisierungsfortschritts wird das Wurzel-Zeit-Gesetz herangezogen. Dies ist eine Annäherung. In der Realität ist der Carbonatisierungsfortschritt etwas geringer. Allgemein kann gesagt werden, je dicker und dichter die Betonüberdeckung, desto mehr Zeit benötigt die Carbonatisierungsfront um den Bewehrungsstahl zu erreichen. Ausgehend von einer intakten Oberfläche mit maximal geringen Rissen kann bei einer doppelt so großen Betonüberdeckung eine viermal so hohe Lebenserwartung des Betonbauteils erreicht werden (Stark & Wicht, 2013).

4.6 Bauphysik

Die gesetzlichen Bestimmungen bzw. Verordnungen für die bauphysikalischen bzw. thermischen Anforderungen beziehen sich hauptsächlich auf die Hüllflächen, die Fassade, von Gebäuden. Ausnahmen stellen hier u.a. die Teilbereiche Brandschutz sowie Schallschutz dar. Die gesetzlichen Anforderungen werden in dem von der Bundesrepublik Deutschland erlassenen Bundesgesetz vom 08.08.2020, GEG - Gebäudeenergiegesetz (GEG, 2020) beschrieben (s. Abbildung 4.19). Die Fassade ist die Kontaktfläche eines Gebäudes mit der Umwelt. An dieser Schnittstelle treten die grundlegenden bauphysikalischen Parameter, die zur Standsicherheit und ökonomischen bzw. energetischen Nutzung eines Gebäudes wesentlich beitragen, auf.

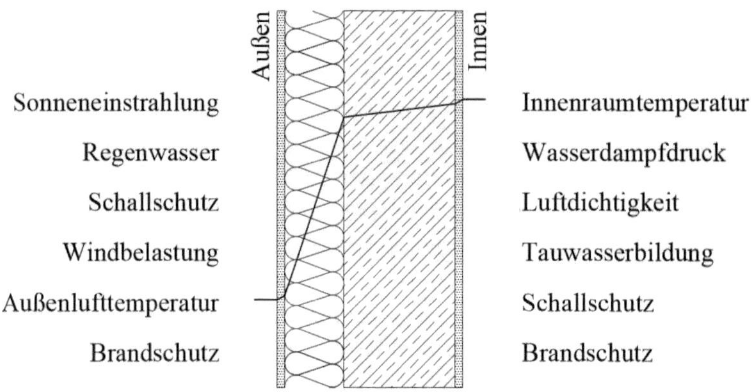

Abbildung 4.19 Bauphysikalische Beanspruchung von Wänden

Diese Schnittstelle weist nach Knaack und Koenders den direkten und maßgeblichen Einfluss auf den Energiehaushalt und die Funktionalität eines Gebäudes im Hinblick auf Energieströme (Wärmeschutz) und Feuchtetransport (Feuchteschutz) auf (Knaack & Koenders, 2018).

Es gibt nur wenige Werkstoffe, die die Anforderungen an den Wärmeschutz und den Feuchteschutz alleine leisten können, sodass Wände in der Regel aus mehreren Schichten bestehen, die verschiedene Funktionen übernehmen und zusammen ein Bauteil, entsprechend allen Anforderungen, ergeben (s. Abbildung 4.20). Es gibt Mauerwerksteine, die durch einen hohen Hohlraumgehalt und speziellen Mörtelputz alle Anforderungen einhalten können. Zumeist wird der Wärmeschutz mit Hilfe einer Schicht Wärmedämmung realisiert, die sowohl auf der Außenseite, als auch auf der Innenseite oder als Kerndämmung im Zwischenraum angeordnet sein kann. Für Räume, die häufig genutzt werden, wie z.B. im Wohnungsbau, wird eine möglichst konstante Raumtemperatur angestrebt. Daher ist eine hohe Speicherfähigkeit der umgebenden Wände vorteilhaft, die zwar lange Aufheizzeiten, aber auch lange Abkühlzeiten mit sich bringt. Eine Außendämmung, die eine lückenlose Dämmschicht um die Hüllfläche eines Gebäudes schafft, sodass auch Wärmebrücken minimiert werden können, ist hierfür am besten geeignet. Wenn es sich um temporär genutzte Gebäude, wie z.B. Häuser in Ferienparks handelt, kann ein schnelles Aufheizen gewünscht sein, sodass weniger Speicherfähigkeit der Wände vorteilhaft ist. Hier kann eine Innendämmung gut eingesetzt werden, ebenso wie für nachträgliches Dämmen von Bestandsgebäuden, die nicht immer oder nur mit sehr hohem Aufwand von außen nachträglich gedämmt werden können. Konstruktive Wärmebrücken, wie z.B. Geschoßdecken, können mit einer Innendämmung nicht berücksichtigt werden. Je nachdem welche Schicht die tragende Schicht ist, kann auch eine lückenlose Dämmung durch eine Kerndämmung realisiert werden.

Der Vorteil einer Kerndämmung liegt darin, dass die Dämmschicht vor Witterungseinflüssen geschützt wird und gleichzeitig die Speichermasse der Tragschale im Innenbereich weiterhin wirken kann. Allerdings muss bei einer kerngedämmten Wand besonders darauf geachtet werden, dass ins Bauteil eintretende Feuchtigkeit wieder ausdiffundieren kann. Dies kann in mitteleuropäischen Gebieten beispielsweise durch eine dampfbremsende Schicht auf der zum Innenraumhin gewandten Seite der Dämmung geschehen. Die Ausbildung und die Anordnung von Schichten zum Bremsen oder Sperren von Feuchtigkeit sind dabei abhängig vom jeweiligen Klima der Bauregion (Pech & Kolbitsch, 2005).

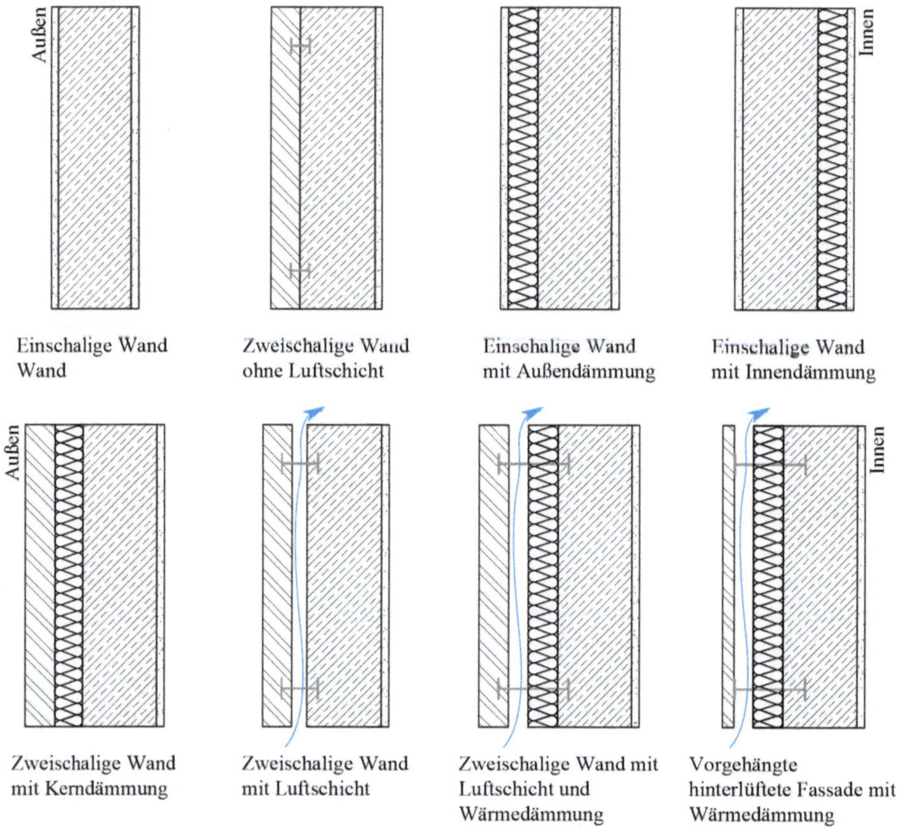

Abbildung 4.20 Mögliche Wandaufbauten

4.6.1 Feuchteschutz

Die Anforderungen an den Feuchteschutz bestehen darin, die Einwirkung der Feuchtigkeit auf das Bauteil in einer zyklischen Regelmäßigkeit über das Jahr gesehen in Einklang zu bringen, sodass das Bauteil keinen Schaden nimmt. Die Feuchtelast, die das Bauteil z.B. durch Niederschlag, Spritzwasser, Baufeuchte, Tauwasser oder Wasserdampf aufgenommen hat (s. Abbildung 4.21), muss über das Jahr gesehen wieder soweit ausdiffundieren können, dass das Bauteil bzw. das Material nicht gesättigt ist oder es in Folge von Temperaturänderungen an kühlen Bauteiloberflächen zu Tauwasserausfall kommt (Pech & Kolbitsch, 2005).

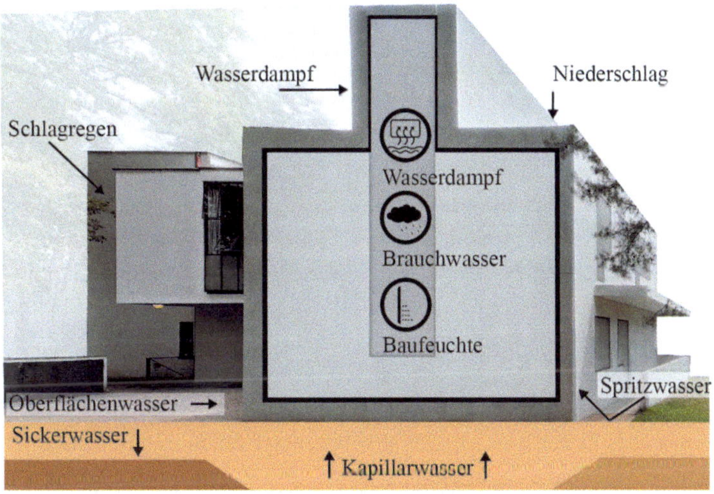

Abbildung 4.21 Bauwerksrelevante Wasserarten

Somit ist der Wärme- und Feuchteschutz, unter Anwendung der anerkannten Regeln der Technik, ebenfalls ein wesentliches Kriterium des Bautenschutzes, Sicherung der Dauerhaftigkeit, Hygiene sowie der Gebrauchstauglichkeit von Gebäuden (Fouad, 2013).
Wasser in oder auf Materialen beeinflusst deren mechanischen Eigenschaften. Wasser bewirkt Korrosion bzw. Quellen, steigert die Wärmeleitfähigkeit, bildet Nährboden für Schädlinge und beschleunigt somit ebenfalls Alterungsprozesse der Materialien. Relevant für die Wasseraufnahmefähigkeit und Wärmeleitfähigkeit bzw. Wärmespeicherung ist das Gefüge der Materialien. Grundsätzlich kann festgehalten werden, dass sich diese Faktoren i.d.R. von der Rohdichte (Masse im Verhältnis zum Volumen) eines Materials ableiten lassen können. Material mit hoher Dichte weist eine geringere Wasserspeicherfähigkeit, eine höhere Wärmespeicherkapazität und eine größere Wärmeleitfähigkeit auf. Im Gegensatz dazu stehen die porösen, weichen Baustoffe mit geringerer Rohdichte. Hier verhalten sich die Materialeigenschaften i.d.R. konträr zu den Dichten. Zu beachten ist, dass Materialien zur Wärmedämmung hydrophobe Eigenschaften aufweisen, was bewirkt, dass die Wärmeleitfähigkeit, also die Dämmwirkung von Materialen, infolge von Feuchtigkeit stark nachlässt. Materialien mit hoher Dichte und hoher Wärmespeicherfähigkeit, wie z.B. Beton, nehmen Wärme schneller auf und können somit Temperaturspitzen besser dämpfen als Baustoffe geringerer Dichte. Gezielt eingesetzt kann

dieses Materialverhalten die Behaglichkeit von Gebäuden steigern, als Beispiel ist die Bauteilaktivierung zu nennen (Reinhardt, 2010). Das Prinzip beruht auf der Tatsache, dass Temperaturspitzen über den Tag absorbiert werden und diese über eine Nachlüftung, geringere Außentemperaturen, wieder ausgeglichen werden.
Eine Außenwand stellt im Idealfall ein einheitliches System aus Tragwerk und Dämmschicht dar. Dieses System kann einschalig sowie mehrschalig aufgebaut sein. Um den Feuchteausgleich der inneren und äußeren Feuchtelasten zu erfüllen, ist ein über den Gesamtwandaufbau erforderlicher Feuchteschutz, Nachweis nach DIN 4108-3, erforderlich. Wie eingangs beschrieben, fallen unterschiedliche Feuchtelasten in unterschiedlichen Aggregatzuständen in und an einem Gebäude an. Die innere Feuchtelast entsteht u.a. durch die Anwesenheit von Personen, Kochen, Duschen oder das Trocknen von Wäsche in den Innenräumen, meist in Form von Wasserdampf, und die äußere Feuchtelast durch Spritzwasser, Oberflächenwasser, Niederschlag und ebenfalls Wasserdampf. Wasserdampf vermischt sich mit der Luft, was dazu führt, dass sich dessen Dichte verringert. Dieses Vermischen führt dazu, dass sich die Konzentration von Wasser in der Luft verändert und deren Druck (Wasserdampfpartialdruck) steigt. Angegeben und ermittelt wird der Anteil des Wassers in der Luft mit der absoluten Luftfeuchte (g/m^3) oder der relativen Luftfeuchtigkeit (%) (Knaack & Koenders, 2018). Wasser kann bis zu einer begrenzten Menge von der Luft in Form von Wasserdampf in Abhängigkeit der Temperatur aufgenommen werden (Sättigung). Steigt die Wasserdampfkonzentration in der Luft an, steigt somit auch der Wasserdampfpartialdruck bis zum Erreichen des Sättigungsdampfdrucks. Ist dieser Sättigungsdampfdrucks erreicht bzw. überschritten, fällt das Wasser wieder in flüssiger Form aus. Wärmere Luft kann absolut gesehen mehr Feuchtigkeit aufnehmen als kühlere Luft, was dazu führen kann, dass Wasser in Form von Tauwasser auf kühlere Bauteiloberflächen ausfällt (Häupl, Kölzow & Riese, 2013). Kühlt sich beispielsweise 30°C warme Luft mit einer relativen Luftfeuchtigkeit von etwa 40% um 12 Kelvin ab, bleibt die absolute Feuchte zwar gleich, siehe Abbildung 4.22, aber die relative Feuchte steigt um 40% auf insgesamt 80% relative Feuchtigkeit an. Genau diese 80% relative Luftfeuchte gilt als kritische Feuchte, die über eine längere Einwirkzeit unweigerlich zu Schimmelbildung führt. Als typischen Grenztemperaturen für die Schimmelpilzbildung gelten 12,6°C Oberflächentemperatur sowie eine relative Feuchte von 80% (Knaack & Koenders, 2018).

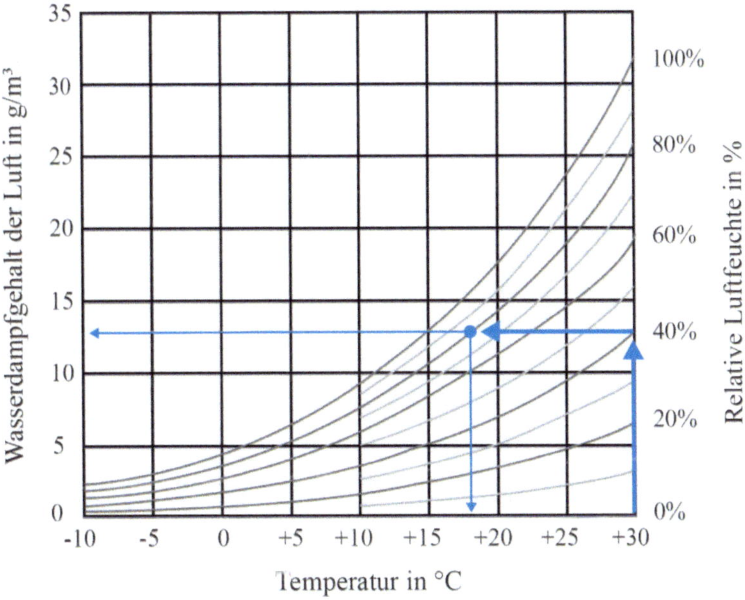

Abbildung 4.22 Carrier-Diagramm mit eingetragenem Anwendungsbeispiel nach DIN 4108

Feuchte Luft weist einen höheren Partialdruck auf als trockene Luft. Dieser Umstand führt dazu, dass es insbesondere zu kalten Jahreszeiten mit kalter und trockener Außenluft gegenüber der wärmeren und feuchten Innenluft zu unterschiedlichen Partialdruckverhältnissen kommt. Dieses vorherrschende Dampfdruckgefälle kann bei dampfdurchlässigen Bauteilen zur Feuchteerhöhung bis hin zur Sättigung (Tauwasserausfall, 100% r.F.) führen. Geschieht dieser Druckausgleich nicht ausreichend, z.B. durch Fensterlüftung, diffundiert der Wasserdampf in das Bauteil ein. Je poröser ein Baustoffe ist, desto feuchtedurchlässiger ist dieser, was dazu führt, dass mehr Feuchtigkeit in den Baustoff eindiffundieren kann. Entsprechend wird jeder Baustoff mit einer Wasserdampfdiffusionswiderstandszahl μ klassifiziert. Dieser μ-Wert beschreibt den Diffusionswiderstand eines Stoffes im Verhältnis zu einem Wassermolekül, das eine Luftschicht durchquert. Wird dieses Verhältnis mit einer Bauteil-Schichtdicke multipliziert, erhält man die wasserdampfdiffusionsäquivalente Luftschichtdicke (sd-Wert) (Knaack & Koenders, 2018). Wird diese wasserdampfdiffusionsäquivalente Luftschichtdicke verglichen, wird erkenntlich, das verschieden Baustoffe, im Verhältnis zu einer Luftschicht, gezielt eingesetzt werden können, um den Feuchteschutz im Bauteil zu beeinflussen (siehe Tabelle 1). Beton hat z.B. eine Wasserdampfdiffusionswiderstandszahl (μ) von ca. 60; multipliziert mit einer Wanddicke von 15 cm erhält man eine wasserdampfdiffusionsäquivalente Luftschichtdicke von 9 m. Im Vergleich dazu weist eine Dampfbremsfolie (Polyethylen) eine

Wasserdampfdiffusionswiderstandszahl (μ) von ca. 100.000 auf. Bei einer üblichen Materialstärke von 0,1 mm ergibt sich somit eine wasserdampfdiffusionsäquivalente Luftschichtdicke von 10 m. Somit weist eine 0,1 mm dünne Folie gegenüber einem 15 cm starken Beton einen größeren Widerstand gegenüber Feuchte auf.

Baustoffe	Rohdichte	Wärmeleitfähigkeit λ	Schichtdicke	μ - Wert		S_d-Wert
	[kg/m³]	[W/(m*K)]	[m]	trocken	feucht	[m]
Gipsputz	1200	0,51	0,015	10	10	0,15
Kalkzementputz	1800	1	0,015	15	35	0,225
Wärmedämmputz	200	0,07	0,015	5	20	0,075
Beton	2000	1,35	0,365	60	100	21,9
Leichtbeton	700	0,23	0,365	5	15	1,825
Hochlochziegel	750	0,22	0,365	5	10	1,825
Kalksandstein	2000	1,1	0,365	15	15	5,475
Porenbeton	550	0,18	0,365	5	10	1,825
Bitumenbahn	1200	0,17	0,005	10000	80000	50
Dampfsperre			0,0001	100000	100000	10
PTFE-Folie			0,0001	10000	10000	1
PA Folie			0,0001	50000	50000	5
PP Folie			0,0001	1000	1000	0,1
Spanplatte	600	0,14	0,021	15	50	0,315
Konstruktionsholz	700	0,18	0,1	50	200	5
Floatglas	2500	2	0,003	Dampfdicht	Dampfdicht	∞

Tabelle 4.11 Beispiele unterschiedlicher S_d-Werte

Diese Materialkennwerte (s. Tabelle 4.11) sind essentiell, um den geforderten Feuchteschutznachweis zu erbringen. Etabliert haben sich zwei Nachweisverfahren. Zu einem das verbreitete stationäre Berechnungsverfahren nach Glaser, rechnerisches und grafisches Berechnungsverfahren, oder die computerunterstützte instationäre Wärme- und Feuchtesimulationen (WUFI / Delphin). Nach DIN 4108-3 - Wärmeschutz und Energie-Einsparung in Gebäuden, Teil 3: Klimabedingter Feuchteschutz wird zur Vermeidung kritischer Luftfeuchten an Bauteiloberflächen die stationäre Betrachtungsweise nach Glaser gefordert (gilt nicht für klimatisierte Wohn- oder wohnähnlich genutzte Räume). Tauwasserbildung in Bauteilen, die zu Materialschäden wie Durchfeuchtung der

Wärmedämmung und somit der Reduzierung der Dämmeigenschaften oder zur Beeinträchtigung der Funktionssicherheit führen, sind zu vermeiden. Tritt dieser Fall ein, muss das anfallende Tauwasser während der Verdunstungsperiode wieder vollkommen ausdiffundieren. Als Grenzwert für die Tauwasserbildung in Bauteilen gilt die maximale Tauwassermenge von 1 kg Wasser pro m^2. Ausnahme stellen kapillar nicht wirksame Bauteile wie Faserdämmstoffe dar, hier liegt die maximale Tauwassermenge bei 0,5 kg/m^2 (DIN 4108-3, 2018). Werden diese Richtwerte nicht eingehalten, kann mit der weiterführenden instationären Wärme- und Feuchtesimulationen trotzdem noch eine mögliche Funktionsfähigkeit des Bauteils nachgewiesen werden. Dieses Berechnungsverfahren bildet eine realitätsnahe Berechnung des instationären, hygrothermischen Verhaltens von Baustoffen unter realen Klimadaten ab. Das bedeutet, dass spezifische Materialkennwerte wie Dampfdiffusionsfähigkeit, Speicher- und Flüssigtransportfunktionen unter realen Klimabedingungen (u.a. Außentemperatur, Schlagregen Häufigkeit, Sonneneinstrahlung) mittels ortsabhängigen Klimadaten mit in die Simulation bzw. Berechnung einfließen.

4.6.2 Wärmeschutz

Bei der bauphysikalischen Analyse und den Vorgaben nach GEG:2020 und DIN 4108-2:2013 wird erkenntlich, dass Wärmeschutz nicht auf Wärmedämmung und Energieeinsparung reduziert werden kann. Vielmehr ist der Wärmeschutz in der Bauphysik, mit den grundlegenden Erkenntnissen aus der Wärmelehre, ein Mechanismus, um ein hygienisches, thermisch behagliches Klima sicher zu stellen. Hierfür schreibt der Gesetzgeber wesentliche normative Anforderungen vor, die sich in die Teilbereiche winterlicher und sommerlicher Wärmeschutz aufteilen lassen. Ziel ist ein hygienisches Raumklima, einen dauerhaften Schutz der Baukonstruktion gegen klimabedingte Feuchteeinwirkung sowie einen geringeren Energieverbrauch beim Heizen und Kühlen sicher zu stellen. Dafür gilt es, besondere Anforderung an die Luftdichtheit der Anschlüsse des Bauwerks, die Wärmebrücken, die richtige Anordnung einzelner Schichten bei mehrschaligen Bauteilen, die Einhaltung geforderter U-Werte von Bauteilen sowie die Größe, Anordnung und Orientierung von Fenstern unter Berücksichtigung der Wärmeeinstrahlung solarer Energie, nachzuweisen und zu erfüllen (DIN 4108-2, 2013).

Eine wesentliche Kennzahl, ein Gebäude bzw. dessen konstruktiven Aufbau nach seiner Energieeffizienz zu beurteilen bzw. zu vergleichen, unabhängig vom sommerlichen oder winterlichen Wärmeschutz, ist der Wärmedurchgangskoeffizient (U-Wert). Der Wärmedurchgangskoeffizient ist der spezifische Kennwert eines Bauteils, der sich aus den Wärmedurchlasswiderständen einzelner Materialschichten zusammensetzt (s. Abbildung 4.23). Somit ist es möglich, mit einem Kennwert ein ganzes Bauteil zu beurteilen. Per Definition ist der U-Wert der Energieverlust einer ein Quadratmeter großen Oberfläche pro Kelvin (W/m^2K) (Häupl, Kölzow & Riese, 2013).

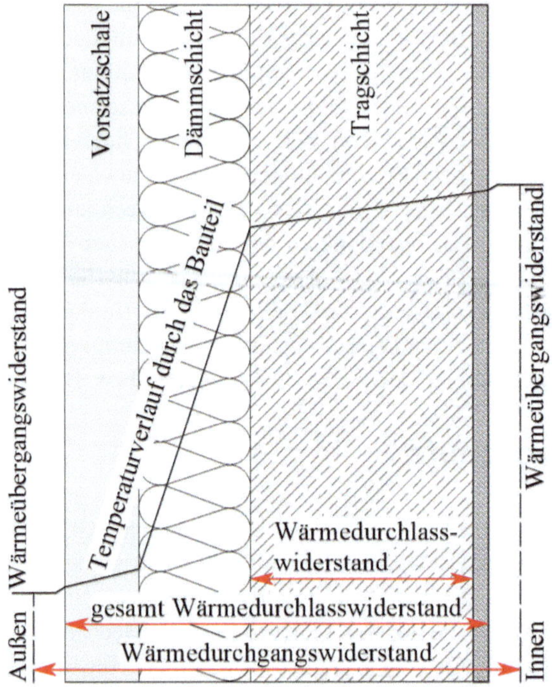

Abbildung 4.23 Schematischer Wandaufbau mit Vorsatzschale und Temperaturverläufen

Materialien mit einer hohen Rohdichte und somit geringerem Porengehalt weisen grundsätzlich eine größere Wärmeleitfähigkeit auf; was im Umkehrschluss bedeutet, dass Materialien mit niedriger Wärmeleitfähigkeit eine bessere Wärmedämmeigenschaft aufweisen. Diese Wärmeleitfähigkeit (λ) dividiert durch die Materialschichtdicke (m) ergibt den Wärmedurchlasskoeffizient der einzelnen Schichten. Aus dem Kehrwert dieses Wärmedurchlasskoeffizienten lässt sich der Wärmedurchlasswiderstand des Materials mit einer bestimmten Schichtdicke ableiten. Je höher der Wärmedurchlasswiderstand ist, desto höher ist dessen Wärmedämmleistung. Zur Bestimmung des U-Wertes der gesamten Konstruktion wird der Kehrwert aller Wärmedurchlasswiderstände, jeder Schicht, sowie der Wärmeübergangswiderstände (Wand/Raumluft und der Wand/Außenluft) gebildet. Je niedriger der U-Wert, desto höher die Energieeinsparung (Häupl, Kölzow & Riese, 2013; DIN EN ISO 6946, 2008). Die normativen Anforderungen einzelner Bauteile bzw. Systeme werden in der GEG:2020 Anlage 1 festgelegt (GEG, 2020). Wie eingangs

beschrieben, gliedert sich der Wärmeschutz nach DIN 4108-2 in den sommerlichen sowie winterlichen Wärmeschutz auf. Ziel ist es, die einzelnen Faktoren des Wärmeverlustes im Winter sowie des Wärmeeintrages im Sommer differenziert zu betrachten. Augenmerk wird, nach DIN 4108-2, auf den Wärmeschutz und die Energieeinsparung an sämtlichen Umfassungsflächen eines Gebäudes und an den Trennflächen von Räumen unterschiedlicher Temperaturen gelegt (DIN 4108-2, 2013).
Der winterliche Wärmeschutz beschreibt Maßnahmen, die bei der Planung von Gebäuden den Energiebedarf zum Beheizen eines Gebäudes vermindern sollen, sowie ein hygienisches und behagliches Raumklima sicherstellen (siehe Kapitel 4.6.1 Feuchteschutz). Der Energiebedarf eines Gebäudes wird maßgeblich von der Wärmedämmung der raumumschließenden Bauteile, dem Wärmedurchlasswiderstand der Außenbauteile, Wärmebrücken, Luftdichtheit, dem Verhältnis von Hüllfläche zum beheiztem Volumen (A/V-Verhältnis) sowie der Lüftungsmöglichkeit der Räume beeinflusst (DIN 4108-2, 2013).
Dem sommerlichen Wärmeschutz sollte schon während der Planungsphase eines Gebäudes besondere Betrachtung geschenkt werden. Es gilt sicherzustellen, dass bereits durch bauliche Maßnahmen in der Planungsphase eine Nutzung sichergestellt werden kann, die dazu führt, dass es nicht zu unzumutbaren Innenraumtemperaturen in einem Gebäude kommen kann, die wiederum eine maschinelle und energieintensive Kühlmaßnahme zur Folge haben (DIN 4108-2, 2013. S.13). Der wesentliche Faktor für den sommerlichen Wärmeschutz sind die solaren Energieeinträge (Gesamtenergiedurchlassgrad) durch transparente Außenbauteile wie Fenster oder feste Verglasung in den Innenraum. Als Maßnahmen, die schon in der Planungsphase maßgeblich die solaren Energieeinträge beeinflussen, sind der Wärmedurchlasswiderstand und Art der Verglasung, die Größe und Orientierung der Öffnungen nach Himmelsrichtung, Klimaregion, die Neigung der transparenten Außenbauteile (z.B. Dachflächenfenster) sowie Sonnenschutzmaßnahmen (Art der Verschattung bzw. keine Verschattung) zu nennen. Zusätzlich sollte eine gute Lüftung der Innenräume gewährleistet sein. Temperaturspitzen, die durch große Fensterflächen ohne wirksamen Sonnenschutz im Innenraum entstehen können, können durch eine wirksame Wärmekapazität der Bauteile im Innenraum, wärmespeichernde Materialien wie Beton, aufgenommen und durch eine mögliche Nachtlüftung wieder ausgeglichen werden. Wirksam sind nur Bauteilschichten raumseitig vor Wärmedämmschichten (DIN 4108-2, 2013).

5 Einwirkungen der textilen Schalung auf den Beton

Bei etablierten Schalungen bzw. Schalhäuten handelt es sich immer um feste Werkstoffe, die zum einen selbsttragend und zum anderen dicht sind. Textilien bilden hierzu einen großen Kontrast, da sie zum einen flexibel und zum anderen permeabel sind.
Die Flexibilität der Textilien bedingt, dass die Schalung sich nicht selbst tragen kann und eine Stützkonstruktion geplant werden muss. Sofern diese zusätzlich und ohne weitere Funktion fungiert, entsteht ein zusätzlicher Material- und Arbeitsbedarf. Daher liegt das Bestreben darin, die Stützkonstruktion zu minimieren oder ihr eine weitere Funktion zukommen zu lassen. Für eine textile Schalung von Stützen hat Sascha Hickert das in seiner Dissertation „Fabrik Formwork - Entwicklung und Bewertung eines textilen Schalungssystems“ gelöst, indem die textile Stützenschalung in eine Systemdeckenschalung integriert wurde (Hickert, 2020). Solche Lösungsansätze werden in dieser Arbeit auch für die textile Wandschalung gesucht.
Weiterhin bedingt die Permeabilität der textilen Schalhaut, dass Anmachwasser des Betons durch die Schalung hindurch tritt. Dies geschieht bei einer etablierten, dichten Schalhaut nicht. Daher werden Tastversuche unternommen, wie sich dies auf die Betoneigenschaften, sowohl Frischbeton als auch Festbeton, auswirken.

5.1 Ausreißversuche der Durchankerungen aus Textilien

Um das Ausbeulen der textilen Schalung aufgrund der Flexibilität des Materials zu reduzieren bzw. zu kontrollieren, müssen die beiden Textilseiten mittels Durchankerungen miteinander verbunden werden. Damit diese ihre Funktion erfüllen können, muss ein Durchrutschen durch das Textil verhindert werden. Hierfür werden für die Tastversuche Beilagscheiben verwendet. Da diese sich in der späteren Betonoberfläche des Bauteils abzeichnen, wird angestrebt, die Ausführung so gering wie möglich zu halten bei gleichzeitiger Sicherheit der Eignung. So sind mehrere Testreihen entstanden, in denen verschiedene textile Oberflächen mit unterschiedlich großen Beilagscheiben darauf getestet wurden, bei welcher Belastung die Durchankerung aus dem Textil ausreißt. Das Ziel ist es, für jedes Bauteil nach Ermittlung des Frischbetondrucks die Mindestgröße der Beilagscheibe zu kennen, damit die Schalung ihre Funktion erfüllen kann.

C. Kisker, *Rolled Wall*, Mechanik, Werkstoffe und Konstruktion im Bauwesen 76,
https://doi.org/10.1007/978-3-658-47179-8_5

5.1.1 Versuchsaufbau der Ausreißversuche

Für diese Testreihe wurden drei Textilien mit unterschiedlichen Eigenschaften ausgewählt. Ein beidseitig beschichtetes PET Gewebe (Markenname: Covertec), ein unbeschichtetes PET Gewebe (Markenname: Umbratex) und ein PP Bändchengewebe (Markenname: Sefitec). Das Covertec ist aufgrund der Beschichtung zum einen dicht und zeichnet sich zum anderen dadurch aus, dass keine gewebte Textilstruktur sichtbar ist. Bei dem Umbratex handelt es sich um ein klassisches Gewebe, bei dem einzelne Fäden miteinander verwebt wurden, sodass eine feine Struktur entsteht. Die breiten Bändchen des Sefitecs bilden, miteinander verwebt, eine grobe Struktur. Das Ausgangsmaterial Polypropylen selbst ist dicht, aufgrund der einzelnen Bändchen entstehen aber Zwischenräume.

Beilagscheiben wurden in den Größen 8 mm, 9 mm, 12 mm, 15 mm, 20 mm, 25 mm und 30 mm gewählt. Hierbei handelt es sich um handelsübliche Größen, die vergleichsweise kostengünstig zu erwerben sind. Um den entstehenden Abdruck so gering wie möglich zu halten, wird angestrebt, die kleinstmögliche Beilagscheibe je Textil und Versuchsaufbau zu ermitteln.

Für den Versuchsaufbau wurde zunächst ein quadratischer Holzrahmen mit 40 cm Kantenlänge gebaut, auf den die jeweiligen Textilien später aufgespannt wurden. Bei einem 20 cm x 20 cm Raster für spätere Prototypen entsprechen die Kantenlängen von 40 cm, bei mittiger Anordnung der Durchankerung, genau dem Abstand zu weiteren Durchankerungen im Prototypenbau. Genau wie in später geplanten Versuchsreihen wurden die Textilien mit Klammern auf den Holzrahmen befestigt. Mittig wurde eine Gewindestange M4, mit unterschiedlich großen Beilagscheiben als Sicherung, durch das Textil geführt. Der Rahmen wurde anschließend auf die Auflagefläche der Zugmaschine geklemmt und die Gewindestange eingespannt (s. Abbildung 5.1). An der Gewindestange wurde nun mit einer gleichbleibenden Geschwindigkeit von 0,5 mm/s bis zum Versagen des Textils gezogen (s. Abbildung 5.2).

Abbildung 5.1 Einspannen des Propekörpers

Abbildung 5.2 Zugversuch Covertec

5.1.2 Ergebnisse der Ausreißversuche

In dieser Versuchsreihe wurden der zurückgelegte Weg, die Zug-Belastung und die Versuchszeit dokumentiert und ausgewertet. Die Diagramme zeigen die Mittelwerte aller Versuche, untergliedert in verwendete Textilien und verwendete Beilagscheiben. Den Mittelwerten liegen jeweils fünf Versuchsreihen zugrunde, die jeweils bis zum ersten Messpunkt des vollständigen Versagens einflossen.
Erste Unterschiede im Materialverhalten ließen sich bereits optisch während der Versuchsdurchführung erkennen. In den Versuchsreihen des beidseitig beschichteten Covertec stanzten sich die Beilagscheiben durch das Textil hindurch, während bei den beiden unbeschichteten Geweben einzelne Fasern rissen, bis die Beilagscheibe durch das entstehende Loch rutschte. Da es sich bei dem Sefitec um ein Bändchengewebe handelt, trat hier das Versagen spontaner auf. Dies lag daran, dass bei einem gerissenen Bändchen direkt ein größeres Loch entstand, durch das die Beilagscheibe schneller hindurch rutschte, wohingegen bei dem Umbratex umliegende Fasern immer noch zum Halten der Beilagscheibe beitrugen.
Um die größtmögliche Sicherheit zu erreichen, darf nicht die maximal erreichte Zug-Belastung vor dem Versagen für die Planung von Prototypen herangezogen werden, sondern der Wert, bevor der erste Versuch einer identischen Reihe versagt hat. Ebenso wird für eben diesen Punkt der zurückgelegte Weg in mm als maximale Dehnung der jeweiligen Textilien herangezogen. Im Folgender Tabelle 5.1 werden die Ergebnisse der Testreihen getrennt nach getestetem Textil aufgeführt.

Ø Beilag-scheibe	8 mm	9 mm	12 mm	15 mm	20 mm	25 mm	30 mm
Reihe 1	521,70	726,72	827,96	1421,13	2105,59	2626,53	3072,37
Reihe 2	470,22	730,12	789,19	1252,21	2062,05	2577,10	3177,04
Reihe 3	516,10	564,99	854,23	1388,48	2026,10	2658,88	3171,00
Reihe 4	585,67	513,58	1137,08	1548,81	2093,57	2614,89	3071,90
Reihe 5	581,47	548,14	950,87	1431,85	2051,13	2685,40	3216,64
Mittelwert	**535,03**	**616,71**	**911,87**	**1408,50**	**2067,69**	**2632,56**	**3141,79**
Differenz	**115,45**	**216,54**	**347,89**	**296,60**	**79,49**	**108,30**	**144,75**

Tabelle 5.1 Zugkraft [N] des Zeitpunktes des ersten Versagens von Covertec

Das beschichtete PET Gewebe Covertec weist die konstantesten Versuchsergebnisse auf. Die Differenz zwischen der minimal und maximal erreichten Kraft (N) innerhalb einer Testreihe liegt zwischen 79,49 N und 347,89 N. Die 8 mm Beilagscheibe konnte in allen Versuchsreihen eine Kraft von 470,22 N aufnehmen. Bei einer 30 mm Beilagscheibe konnten immer mindestens 3071,90 N aufgenommen werden.

Ø Beilag-scheibe	8 mm	9 mm	12 mm	15 mm	20 mm	25 mm	30 mm
Reihe 1	49,61	56,57	58,44	77,97	87,75	93,29	103,07
Reihe 2	46,83	57,53	58,48	71,96	82,63	95,19	98,46
Reihe 3	50,56	51,02	58,45	78,45	81,72	91,47	103,57
Reihe 4	56,13	55,66	68,22	79,83	85,43	94,74	97,99
Reihe 5	53,36	49,16	67,77	78,91	84,98	91,93	104,97
Mittelwert	**51,30**	**53,99**	**62,27**	**77,42**	**84,50**	**93,32**	**101,61**
Differenz	**9,30**	**8,37**	**9,78**	**7,87**	**6,03**	**3,72**	**6,98**

Tabelle 5.2 Weg [mm] des Zeitpunktes des ersten Versagens von Covertec

Der Einfluss der Randbefestigung der Textilien in dieser Versuchsreihe ist unter anderem daran zu erkennen, dass die mindestens aufgenommene Zugkraft vor dem Versagen nicht immer auch dem mindestens erreichten Weg (mm) entspricht (s. Tabelle 5.2). Ausgehend davon, dass es sich immer um dasselbe beschichtete PET Gewebe mit identischen Eigenschaften handelt, muss ein Ausreißen bzw. langsames Durchrutschen in den Randbereichen das unterschiedliche Wegverhalten erklären. Da dies im späteren Prototypenbau ebenfalls nicht auszuschließen ist, muss mit entsprechenden Sicherheitsaufschlägen gearbeitet werden.

Ø Beilag-scheibe	8 mm	9 mm	12 mm	15 mm	20 mm	25 mm	30 mm
Weg [mm]	46,83	55,66	58,48	71,96	81,72	95,19	97,99
Kraft [N]	470,22	513,58	789,19	1252,21	2026,10	2577,10	3071,90

Tabelle 5.3 Mindestens erreichte Zugkraft [N] und die Dehnung in Weg [mm] von Covertec

Da das Dehnverhalten von Textilien nicht Bestandteil dieser Arbeit ist und seitens der Hersteller ohne Schwächung des Materials in Form einer Perforierung angegeben wird, werden, ausgehend von der minimal erreichten Zugkraft, die zugehörigen Wegwerte für eine spätere Analyse der auftretenden Ausbeulungen angenommen (s. Tabelle 5.3).

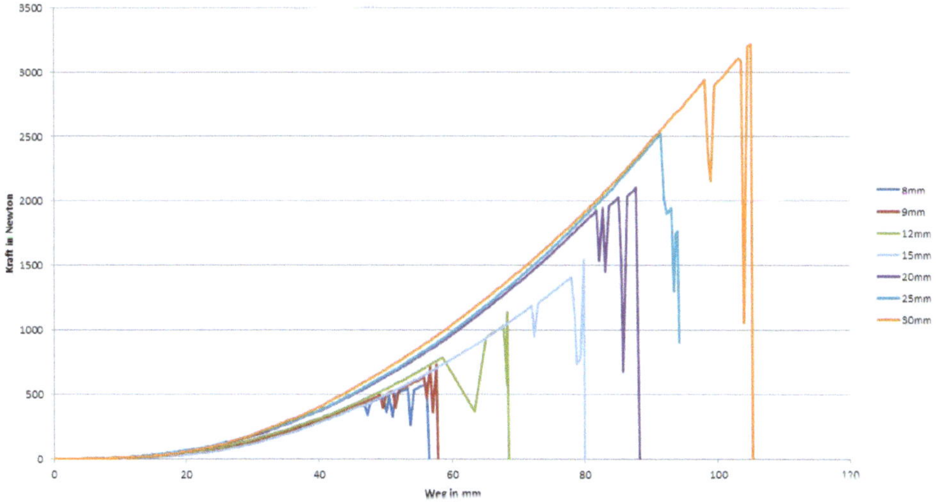

Abbildung 5.3 Mittelwerte des getesteten Beilagscheiben für Covertec

Vorangehendes Diagramm stellt die Mittelwerte des zurückgelegten Weg (mm) und der aufgenommenen Zugkraft (N) dar (s. Abbildung 5.3). In die Wertung eingeflossen sind alle Testreihen, inklusive dem ersten Punkt des vollständigen Versagens (s. Tabelle 5.4). Der letzte Punkt, bevor das erste Sinken der Kurve beginnt, zeigt die zuvor beschriebenen und relevanten Messdaten. Die einzelnen negativen Spitzen zeigen das Versagen einzelner Testreihen. Je nachdem wie viele Testreihen zum ähnlichen Testzeitpunkt versagen und wie plötzlich das Versagen auftritt, desto kürzer oder länger fallen diese negativen Spitzen aus. Das nicht auf Null laufende Ende der 25 mm Testergebnisse kommt daher, dass die letzte nicht bis hierhin getestet, sondern zuvor abgebrochen wurde. Dies lag daran, dass sich einzelne Fäden sehr lange gezogen hatten, sodass ein vollständiges Versagen nicht zustande kam. Da dieser Bereich der Testung für die Schlussfolgerungen für den Prototypenbau nicht mehr relevant ist, war es nicht erforderlich, diesen Test zu Ende durchzuführen.

Ø Beilag-scheibe	8 mm	9 mm	12 mm	15 mm	20 mm	25 mm	30 mm
Reihe 1	481,81	616,72	982,27	1730,90	2718,30	3257,05	3604,73
Reihe 2	463,28	658,43	839,82	1633,06	2341,04	4052,62	3845,29
Reihe 3	379,29	452,44	957,00	1347,58	2576,45	3044,65	4129,66
Reihe 4	551,78	338,77	635,44	1541,46	2382,44	3440,39	3757,10
Reihe 5	448,72	479,27	1006,18	2762,64	2440,33	3385,12	3724,79
Mittelwert	**464,98**	**509,13**	**884,14**	**1803,13**	**2491,71**	**3436,02**	**3812,31**
Differenz	**172,49**	**319,66**	**370,74**	**1415,06**	**377,26**	**1007,97**	**524,93**

Tabelle 5.4 Zugkraft [N] des Zeitpunktes des ersten Versagens von Sefitec

Die Bändchen des Sefitecs sind so breit, dass die M4 Gewindestange problemlos zwischen den Bändchen hindurchgeschoben wurde, sodass keine Bändchen beschädigt bzw. geschwächt werden mussten. Die Streuung innerhalb der einzelnen Versuchsreihen ist zum Teil deutlich größer als in denen des Covertecs (s. Tabelle 5.5). Hierbei ist sicherlich unter anderem auch die Randbefestigung des Gewebes an dem Holzrahmen zu beachten. Die Position, an der die einzelnen Klammern die jeweiligen Bändchen halten, beeinflusst, welches Bändchen eher nachgibt und durch die Randbefestigung durchrutscht und welches gehalten wird und reißt. Mit dieser Unbekannten muss allerdings auch im Prototypenbau zunächst umgegangen werden, sodass die Messwerte trotzdem zugrunde gelegt werden. Alle 8 mm Beilagscheiben haben mindestens einer Kraft von 379,29 N standgehalten, wohingegen die 30 mm Beilagscheiben mindestens 3604,73 N ausgehalten haben.

Ø Beilag-scheibe	8 mm	9 mm	12 mm	15 mm	20 mm	25 mm	30 mm
Reihe 1	63,11	60,31	66,82	91,87	100,29	115,63	114,23
Reihe 2	50,55	72,41	68,68	87,72	94,71	110,06	111,94
Reihe 3	48,20	48,21	66,35	84,92	97,51	106,78	114,70
Reihe 4	62,17	52,84	68,11	83,57	93,78	107,28	119,82
Reihe 5	55,18	50,09	65,43	97,98	98,43	110,53	107,74
Mittelwert	**55,84**	**56,77**	**67,08**	**89,21**	**96,94**	**110,06**	**113,69**
Differenz	**14,91**	**24,20**	**3,25**	**14,41**	**6,51**	**8,85**	**12,08**

Tabelle 5.5 Weg [mm] des Zeitpunktes des ersten Versagens von Sefitec

Bei den Testreihen des Sefitecs zeigt sich wie bereits zuvor beschrieben der Einfluss der Randbefestigung noch deutlicher. Außerdem hängt der zurückgelegte Weg (mm) bzw. die Dehnung des Bändchengewebes maßgeblich davon ab, ob die Probekörper auf den Punkt lotrecht befestigt sind bzw. wie gespannt das Bändchengewebe auf dem Rahmen befestigt ist. Jede kleinste Abweichung hat ein unterschiedliches Abrutschen der einzelnen Bändchen von der Beilagscheibe zur Folge. Dieses „Aufspalten" des Bändchengewebe findet bei den Probekörpern des Covertecs gar nicht statt, was zwar auch an den kleineren Fäden des Gewebes aber insbesondere an der flächendeckenden Beschichtung liegt. Diese sorgt für einen Verbund innerhalb des Materials, den es beim Sefitec nicht gibt, sodass die Messdaten innerhalb der Testreihen sehr viel unterschiedlicher ausfallen als bei dem beschichteten PET Gewebe Covertec (s. Tabelle 5.6).

Ø Beilagscheibe	8 mm	9 mm	12 mm	15 mm	20 mm	25 mm	30 mm
Weg [mm]	48,20	52,84	68,11	84,92	94,71	107,28	114,23
Kraft [N]	379,29	338,77	635,44	1347,58	2341,04	3044,65	3604,73

Tabelle 5.6 Mindestens erreichte Zugkraft [N] und die Dehnung in Weg [mm] von Sefitec

Werden die mindestens erreichten Messergebnisse, ausgehend von der minimal aufgenommenen Zugkraft (N) und dem dazugehörigen Weg-Messwert (mm) betrachtet, fällt auf, dass die 30 mm Beilagscheibe beim getesteten Sefitec zwar deutlich mehr Newton als beim Covertec aufnehmen konnte, die Werte aber z.B. für die 8 mm Beilagscheibe kleiner ausfallen als beim Covertec. Dies zeigt deutlich den Einfluss der Bändchen des Sefitecs, der zu diesem Zeitpunkt nicht genau kontrolliert werden kann. Es kann also nicht pauschal gesagt werden, dass eines der beiden bis hierhin getesteten Materialien mehr Zugkräfte aufnehmen kann als das andere.

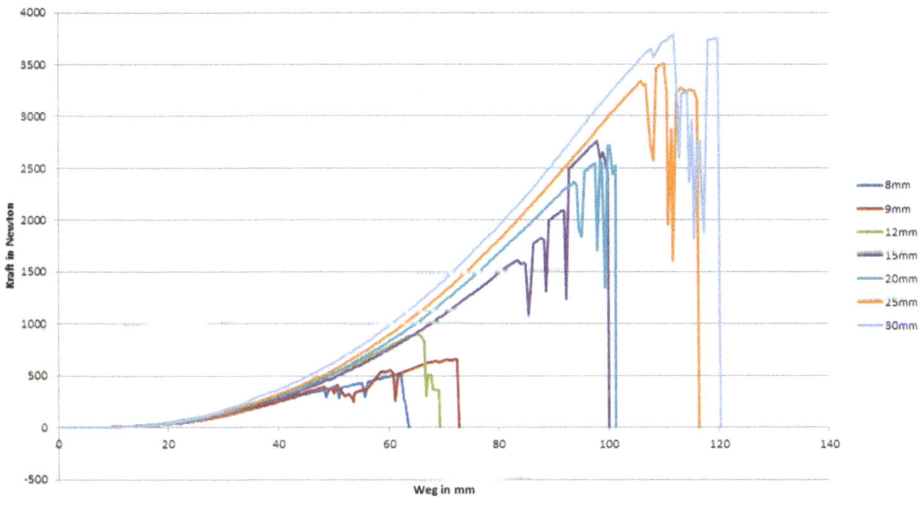

Abbildung 5.4 Mittelwerte des getesteten Beilagscheiben für Sefitec

Wird das Diagramm der mittleren Messergebnisse von Sefitec betrachtet (s. Abbildung 5.4), zeigt sich das „Abrutschen" einzelner Bändchen bei gleichzeitigem Halt der Beilagscheibe durch andere Bändchen in Form von mehreren kleineren Ausschlägen in den Messkurven. Gleichzeitig lässt sich aber auch das plötzliche Versagen des Materials durch große negative Spitzen erkennen.

Ø Beilag-scheibe	8 mm	9 mm	12 mm	15 mm	20 mm	25 mm	30 mm
Reihe 1	895,76	525,87	1853,67	2131,29	2834,25	2805,69	3648,24
Reihe 2	571,57	470,69	1450,70	1759,96	2631,98	3528,53	3529,81
Reihe 3	547,30	565,04	1007,65	1540,34	2721,34	2442,34	3174,70
Reihe 4	488,06	432,65	964,50	2069,98	2217,10	3467,63	3219,18
Reihe 5	901,23	521,81	1388,06	1816,57	2831,61	2768,09	3094,58
Mittelwert	**680,78**	**503,21**	**1332,92**	**1863,63**	**2647,26**	**3002,46**	**3333,30**
Differenz	**413,17**	**132,39**	**889,17**	**590,95**	**617,15**	**1086,19**	**553,66**

Tabelle 5.7 Zugkraft [N] des Zeitpunktes des ersten Versagens von Umbratex

Bei dem Umbratex handelt es sich um ein klassisches Gewebe. Charakteristisch für diese Versuchsreihen war das langsame Ausreißen der Beilagscheiben. Hier gab es kein plötzliches Versagen, was daran liegt, dass die einzelnen Fäden sehr kleine Durchmesser aufweisen und somit mehr Fasern im Einzugsbereich der Beilagscheibe liegen. Selbst wenn einzelne Fäden bereits gerissen waren, gab es noch genug Fäden, die die Beilagscheibe gehalten haben. Auch hier ist die Streuung deutlich größer als bei den Versuchsreihen des Covertecs. Dass die 8 mm Beilagscheibe im mindestens erreichten Kraftwert, sowie im Mittelwert, höhere Zugkräfte aufnehmen konnten als die 9 mm Beilagscheibe zeigt, wie groß der Einfluss einzelner Fasern sein kann (s. tabelle 5.7). Die 8 mm Beilagscheiben haben mindestens 488,06 N erreicht, wohingegen die 30 mm Zwischenscheibe mindestens 3094,58 N aufnehmen konnte.

Ø Beilag-scheibe	8 mm	9 mm	12 mm	15 mm	20 mm	25 mm	30 mm
Reihe 1	58,92	49,15	79,34	89,09	107,66	84,95	102,58
Reihe 2	51,44	52,38	70,42	74,69	88,64	95,14	106,71
Reihe 3	46,84	48,71	62,65	70,10	85,90	85,83	127,26
Reihe 4	53,35	43,58	60,33	83,10	86,81	95,16	97,02
Reihe 5	59,34	45,99	68,56	76,49	92,10	83,71	110,13
Mittelwert	**53,98**	**47,96**	**68,26**	**78,69**	**92,22**	**88,96**	**108,74**
Differenz	**12,5**	**8,8**	**19,01**	**18,99**	**21,76**	**11,45**	**30,24**

Tabelle 5.8 Weg [mm] des Zeitpunktes des ersten Versagens von Umbratex

Die gemessenen Wegwerte (mm) des Umbratex (s. Tabelle 5.8) liegen in einem ähnlichen Bereich wie die beiden zuvor getesteten Textilien. Das bedeutet, dass, obwohl es sich um unterschiedliche Textilien mit unterschiedlichen Eigenschaften handelt, der Punkt des Versagens ähnlich ist und sich insbesondere durch das Versagensbild unterscheidet. Teilweise liegt die Differenz zwischen dem minimal und dem maximalen gemessenem Weg allerdings deutlich höher als beim Covertec und beim Sefitec (s. Tabelle 5.9). Der Einfluss der Fasern bringt noch mehr unterschiedliche Messwerte mit sich als bei dem Bändchengewebe Sefitec, da es sich um deutlich mehr Fasern handelt, die im Einflussgebiet der Beilagscheibe vorhanden sind.

Ø Beilag-scheibe	8 mm	9 mm	12 mm	15 mm	20 mm	25 mm	30 mm
Weg [mm]	53,35	43,58	60,33	70,10	86,81	85,83	110,13
Kraft [N]	488,06	432,65	964,50	1540,34	2217,10	2442,34	3094,58

Tabelle 5.9 Mindestens erreichte Zugkraft [N] und die Dehnung in Weg [mm] von Umbratex

Auch für das Umbratex kann bei Betrachtung der minimal erreichten Messwerte keine Aussage darüber getroffen werden, ob es besser oder schlechter geeignet ist als die anderen getesteten Materialien.

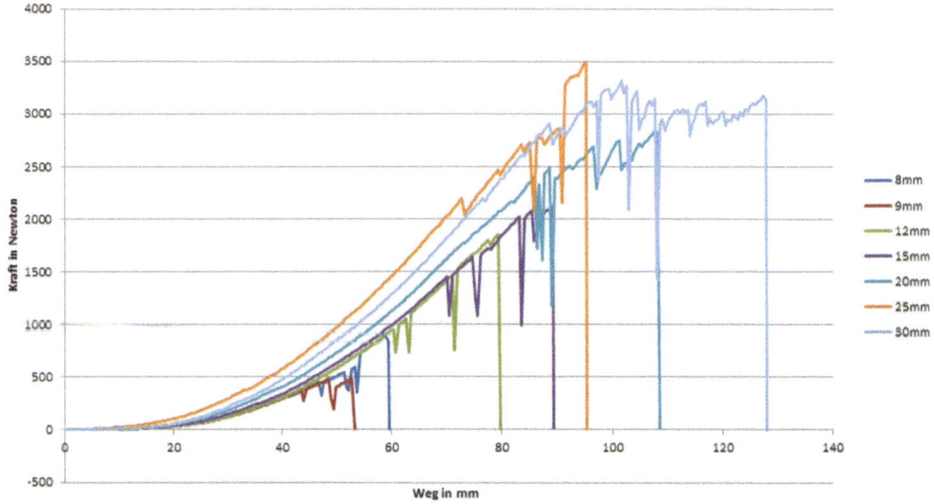

Abbildung 5.5 Mittelwerte des getesteten Beilagscheiben für Umbratex

Das Ausreißen einzelner Fäden zeigt sich im zuvor dargestellten Diagramm (s. Abbildung 5.5) zu den Mittelwerten der Messergebnisse von Umbratex noch deutlicher als beim zuvor getesteten Bändchengewebe Sefitec. Dadurch, dass es sich um viel kleinere Fäden und nicht um Bändchen handelt, kann sich der Prozess vom ersten Versagenszustand bis zum vollständigen Versagen deutlich länger hinziehen. Dies zeigt sich in den langen Strecken der Kurven, die kleinere Abweichungen aufweisen. Auch die Strecke zwischen dem Punkt, an dem der erste Test einer Reihe versagt, und dem maximal gemessenem Wert ist deutlich länger. Je größer die Beilagscheibe, desto mehr kann sich der Prozess bis zum vollständigen Versagen hinauszögern, da noch mehr Fasern eingreifen können.

5.1.3 Fazit der Ausreißversuche

Die Versuchsergebnisse zeigen zwar eindeutig, dass je größer die Beilagscheibe ist, desto mehr Zugkraft aufgenommen werden kann, jedoch gibt es keine klaren Tendenzen zu den Unterschieden der drei getesteten Textilien.

Der größte Unterschied liegt im Versagensbild der Textilien. Für den Prototypenbau spielt die Art des Versagens allerdings eine untergeordnete Rolle. Sollte der Betonierprozess starten, kann er nicht mehr aufgehalten werden, sodass es nicht relevant ist, ob ein plötzliches oder langsames Versagen eintritt. Weiterhin verbleibt der Beton trotz Reißen der Durchankerungen nahezu vollständig in der Schalung. Aufgrund der Flexibilität der Schalhaut gibt diese nach und bildet eine Art großen Sack um den Beton, sodass dieser nur in geringen Mengen durch die Durchstanzungen für die Durchankerungen austritt.

Die Ausreißversuche werden somit nicht maßgeblich für die Entscheidung zwischen verschiedenen Textilien beitragen. Vielmehr kann aus diesen Versuchen nach Wahl des Textils und berechnetem Frischbetondruck die notwendige Größe der Beilagscheibe abgelesen werden. Zur Massentauglichkeit müssten entsprechend mehr Versuchsreihen durchgeführt werden.
Basierend auf den durchgeführten fünf Versuchen pro Reihe werden zunächst die Werte folgender Tabelle 5.10 für spätere Prototypen zugrunde gelegt. Durch die zu erkennenden Unsicherheiten, insbesondere bei dem Bändchengewebe Sefitec und dem PET Gewebe Umbratex und der geringen Testungen, wird das Covertec mit Faktor 0,85 und Sefitec und Umbratex mit dem Faktor 0,70 berücksichtigt.

Ø Beilagscheibe	8 mm	9 mm	12 mm	15 mm	20 mm	25 mm	30 mm
Covertec	400	437	671	1064	1722	2191	2611
Sefitec	266	237	445	943	1639	2131	2523
Umbratex	342	303	675	1078	1552	1710	2166

Tabelle 5.10 Maximal aufnehmbare Zugkraft [N] nach Textil und Beilagscheibe

5.2 Frischbetondruckmessungen

Textilien weichen in ihren Eigenschaften stark von etablierten Schalungsmethoden bzw. Schalhäuten ab. Es wird angenommen, dass sich der Frischbetondruck aufgrund der Permeabilität und der Flexibilität der Textilien anders verhält als bei rigiden Schalungssystemen. Ziel ist es, eine Aussage darüber treffen zu können, ob das etablierte Berechnungsverfahren für Frischbetondruck auch auf die textile Schalung anwendbar ist oder nicht. Sofern es eine Abweichung gibt, werden in dieser Arbeit nur eine Tendenz der Abweichung und eine Einschätzung erfolgen. Ein verändertes Berechnungsverfahren ist nicht Inhalt dieser Arbeit.

5.2.1 Versuchsaufbau der Frischbetondruckmessungen

Es wurden drei Prototypen mit einer Höhe von 2,00 m, einer Breite von 1,20 m und einer Wandstärke von 0,20 m errichtet. Hierfür wurde ein Holzrahmen erstellt und mit jeweils einem der drei zuvor in den Zugversuchen getesteten Materialien, Covertec – beschichtetes PET Gewebe, Umbratex – unbeschichtetes PET Gewebe und Sefitec – PP Bändchengewebe, bespannt. Das Textil wurde mit Klammern auf dem Holzrahmen befestigt und anschließend mit einem Eckprofil verstärkt. Um die Ausbeulung durch den Frischbetondruck zu regulieren, wurden die beiden Textilseiten mittels Durchankerungen in einem orthogonal angeordneten 20 cm x 20 cm Raster miteinander verbunden (s. Abbildung 5.6 - 5.7).

Abbildung 5.6 Schalung der Frischbetondruckmessungen

Abbildung 5.7 Fertige Prototypen der Frischbetondruckmessungen

Die Durchankerungsart und das Raster entsprechen den Zugversuchen im Vorfeld, bestehend aus M4 Gewindestangen, beidseitig einer 20 mm Beilagscheibe, mit Mutter und Kontermutter befestigt. Auf drei Ebenen wurden an diesen Durchankerungen in der mittleren Reihe Kraftmessdosen bzw. -ringe zwischen den Beilagscheiben und den Muttern angebracht (s. Abbildung 5.9). Ganz unten auf ca. 0,20 m Höhe, in der Mitte auf ca. 1,00 m Höhe und ganz oben auf ca. 1,80 m Höhe. Betoniert wurde per Hand und mittels Betonkübel (s. Abbildung 5.8), sodass zwar keine übliche und gleichbleibende Betoniergeschwindigkeit erreicht werden konnte, jedoch alle drei Prototypen auf die gleiche Weise und in der gleichen Zeit betoniert wurden und damit eine Vergleichbarkeit untereinander entstand. Alle Probekörper wurden 1:40 h gemessen und einmal während des Betonierprozesses mittels Flaschenrüttler verdichtet.

Abbildung 5.8 Betonieren mittels Betonkübel

Abbildung 5.9 Kraftmessring im Detail

5.2.2 Ergebnisse der Frischbetondruckmessungen

Die Messungen der Kraftmessdosen wurden einmal pro Sekunde aufgezeichnet. Aufgrund der Betonierart zeigt sich bei einer so kurzen Messgeschwindigkeit ein sprunghafter An- und Abstieg der gemessenen Kraft, da keine fließende Steiggeschwindigkeit gegeben werden konnte. Da für die Darstellung der tendenziellen unterschiedlichen Verhaltensarten der Textilien bezogen auf den Frischbetondruck ein schematischer Kurvenverlauf aussagekräftiger ist, wurden jeweils für 10 Minuten Mittelwerte je Prototyp gebildet und dargestellt.

Die Grafiken zeigen jeweils pro Textil den Verlauf des gemessenen Frischbetondrucks, für die drei angebrachten Messdosen, angegeben in Newton pro 10 Minuten. Aufgrund der Witterungseinflüsse und des flexiblen Schalungsmaterials konnten die Kraftmessdosen zu Beginn der Messungen nicht klar genullt werden, was sich in allen drei Prototypen durch leichte negative Messwerte dargestellt, insbesondere der oberen Kraftmessdose, da

diese als letztes vom Frischbetondruck erreicht wird. Der Wind bewegt das Textil, sodass es keine klare Nullstellung für die Kraftmessdose gibt. Ebenso in allen drei Prototypen ist nach bereits erfolgtem Abklingen des Frischbetondrucks ein späteres leichtes Ansteigen zu erkennen, was den Verdichtungsvorgang durch den Flaschenrüttler widerspiegelt.
Für die drei getesteten Textilien ergeben sich folgende gemessene Kräfte (N) für den Punkt des höchsten gemessenen Drucks sowie für den Punkt nach 100 Minuten (s. Tabelle 5.11):

		Covertec	Umbratex	Sefitec
Höchster gemessener Druck [N]	Oben	75	30	70
	Mitte	300	80	250
	Unten	550	170	400
Druck nach 100 Minuten [N]	Oben	70	3	10
	Mitte	250	4	15
	Unten	400	20	50

Tabelle 5.11 Ergebnisse der Frischbetondruckmessungen

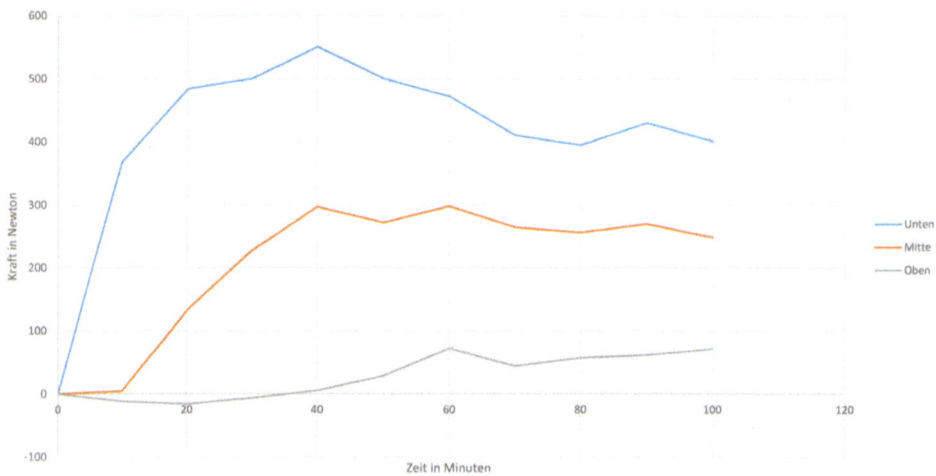

Abbildung 5.10 Frischbetondruckverlauf Covertec

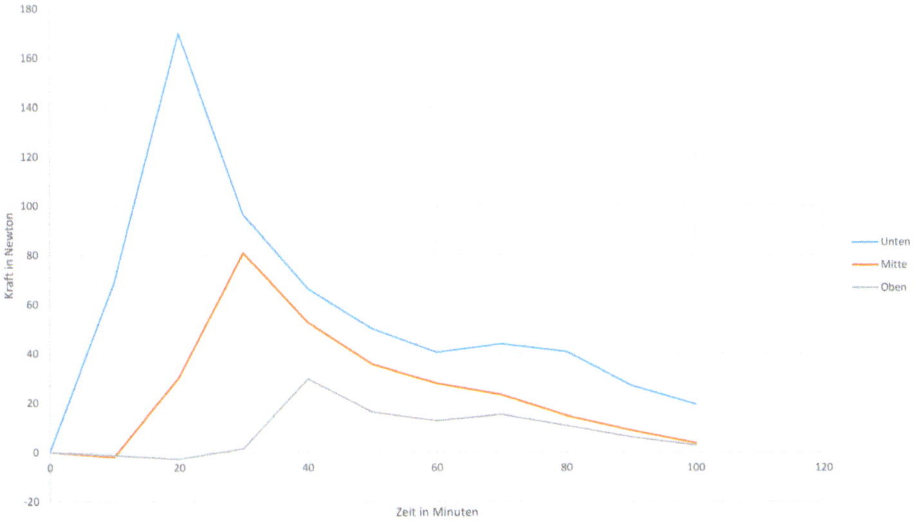

Abbildung 5.11 Frischbetondruckverlauf Umbratex

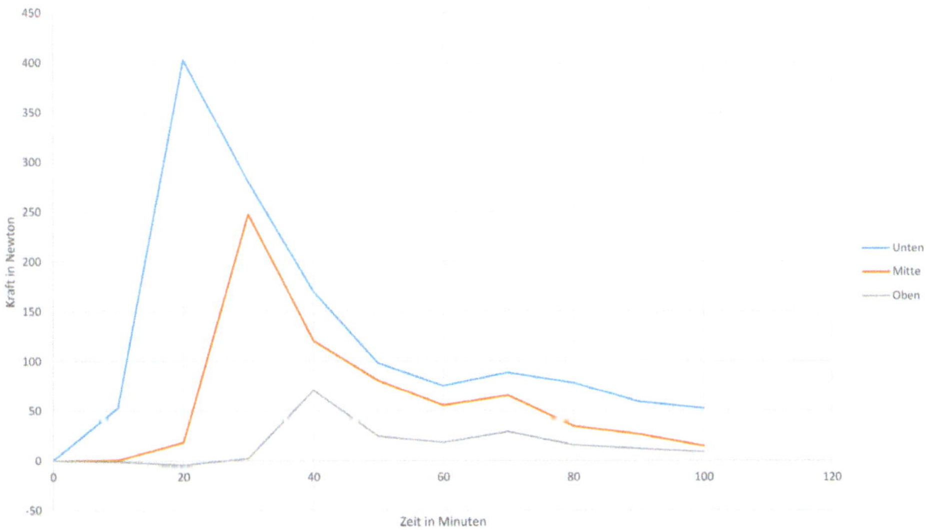

Abbildung 5.12 Frischbetondruckverlauf Sefitec

5.2.3 Fazit der Frischbetondruckmessungen

In den dargestellten Verläufen der drei Frischbetondruckmessungen (s. Abbildung 5.10, 5.11 und 5.12) zeigt sich ein klarer Unterschied zwischen dem getesteten Covertec einerseits und Umbratex und Sefitec andererseits. Zunächst steigt bei allen drei Versuchen bis ca. 20 Minuten der Frischbetondruck stark an. Die Messungen des Prototypen mit Covertec zeigt anschließend, dass der Frischbetondruck zunächst weiter ansteigt, wenn auch mit deutlich geringerem Anstieg. Anschließend sinkt der gemessene Frischbetondruck langsam und steigt nur noch einmal kurz im Bereich der Verdichtung an. Nach hundert Minuten, zum Ende der Messung, ist der Druck der untersten Kraftmessdose im Vergleich zum höchsten gemessenen Punkt um ca. 150 N gesunken. Der Druck im Bereich der mittleren Kraftmessdose auf ca. 1,00 m Höhe ist ebenfalls leicht gesunken und der Druck der oberen Kraftmessdose ist nahezu identisch mit dem höchstens gemessenen Frischbetondruck (s. Tabelle 5.12).

	Covertec	Umbratex	Sefitec
Oben [N]	5	27	60
Mitte [N]	50	76	235
Unten [N]	150	150	350

Tabelle 5.12 Sinken des Frischbetondrucks vom höchsten Messwert bis Ende der Messung

Die Kurven des Umbratex und des Sefitec zeigen hier einen deutlichen Unterschied. In beiden Prototypen sinkt der gemessene Frischbetondruck nach dem höchstens gemessenen Wert stark ab. Dabei sinkt der gemessene Druck der untersten Kraftmessdose, die den höchsten Druck misst, am schnellsten und der der mittleren und der oberen Kraftmessdose jeweils etwas langsamer. Im weiteren Verlauf nimmt der Druck jeweils etwas langsamer ab. Nach hundert Minuten liegt bei den Messungen des Umbratex der Unterschied zwischen der höchstens gemessenen Kraft und dem Ende der Messung für die untere Kraftmessdose bei ca. 150 N, für die mittlere Kraftmessdose bei ca. 76 N und für die obere bei ca. 27 N. Mindestens die Werte der unteren und der obere Kraftmessdose verhalten sich für das Umbratex vom Verhältnis zueinander ähnlich wie die Messungen des Covertecs. Der Unterschied liegt klar in dem höchsten gemessenem Druck, der beim Covertec bei 550 N und beim Umbratex bei 170 N liegt.
Aufbauend auf die erfolgten Tastversuche wird es als sinnvoll erachtet, dies auf die unterschiedlichen Eigenschaften der Textilien in Bezug auf die Beschichtung zurückzuführen. Während das Covertec durch die Beschichtung ein dichtes Textil ist, handelt es sich bei dem Umbratex um ein unbeschichtetes und somit permeables Textil. Es wird beobachtet, dass hierdurch überschüssiges Anmachwasser während des Betonierprozesses umgehend austritt. Das führt in dieser Testreihe dazu, dass sich die auf die Schalung wirkende Masse verringert und somit eine direkte Auswirkung auf den auftretenden Frischbetondruck

hat. Je nach Durchlässigkeit bzw. Permeabilität des Schalungsmaterials in unterschiedlicher Intensität oder Dauer, abhängig davon, wie viel Anmachwasser austritt und in welcher Geschwindigkeit. Hierdurch ist zu erwarten, dass dies ebenso auf Luft und die dadurch entstehenden Poren zutrifft. Abhängig von der Struktur der Materialien, z.B. breite Bändchen des Sefitec oder feine Struktur des Umbratex, tritt teilweise Zementleim aus. Welche Auswirkungen das Austreten verschiedener Medien während des Einbringens von Frischbeton in die Schalung hat, wird in Kapitel 5.4 und Kapitel 5.5 untersucht. Die Messungen des mit Sefitec bespannten Prototypen, dass hier zwar ein deutlich höherer Frischbetondruck gemessen wird als bei dem unbeschichteten PET Gewebe – Umbratex, der Druck jedoch bis zum Messende nach hundert Minuten deutlich mehr abnimmt. Als Erklärung hierfür wird angenommen, dass dies auf die breiten PP-Bändchen des Sefitecs zurückzuführen ist, da zunächst mehr dichte Fläche als beim Umbratex vorhanden ist, wo das Anmachwasser zwischen jeder einzelnen Faser hinaustreten kann, die Bändchen jedoch deutlich größere Öffnungen entstehen lassen sobald genug Frischbetondruck aufgebaut wurde, um die Bändchen auseinander zu drücken. Ist dieser Punkt erreicht, tritt umgehend mehr Flüssigkeit und auch Zementleim aus als beim getesteten Umbratex. Aufgrund der Unterschiede in den Messungen bei gleichem Versuchsaufbau der drei unterschiedlichen Textilien wird davon ausgegangen, dass die etablierte Berechnungsmethode für Frischbetondruck zunächst nicht auf textile Schalungen angewendet werden kann. Die Struktur, Gewebe aus dünnen Fasern oder breite Bändchen, die Art der Beschichtung und das Vorhandensein einer Beschichtung zeigen einen großen Einfluss auf die Intensität und den Verlauf des Frischbetondrucks. Mit angepassten Versuchen und mehr Messungen sowie Simulationen sollte es möglich sein, ein neues Berechnungsverfahren für den Frischbetondruck auf textile Schalungen zu erstellen.

5.3 Auftretende Ausbeulungen

Wird eine Wandschalung beidseitig aus Textilien hergestellt, wölben sich diese aufgrund ihrer Flexibilität unter Einfluss des Frischbetondrucks nach außen. In folgenden Vorversuchen ist nachgemessen worden, wie sich das Ausbeulen bei Einsatz verschiedener Textilien verhält. Ziel ist es, Zusammenhänge zwischen der Dehnbarkeit der Textilien, der Eigenschaften hinsichtlich der Permeabilität und dem Einfluss des Frischbetondrucks auf das entstehende Bauteil zu erkennen.

5.3.1 Versuchsaufbau zum Messen der auftretenden Ausbeulungen

Um alle Vorversuche miteinander vergleichen bzw. in Verbindung bringen zu können, sind die Versuchsaufbauten hier identisch zu denen der Frischbetondruckmessungen ausgeführt worden. Jeder Prototyp weist eine Höhe von 2,00 m eine Breite von 1,20 m und eine Wandstärke von 0,20 m auf. Zum Einsatz kamen wieder das beschichtete PET Gewebe Covertec, das PP Bändchengewebe Sefitec und das unbeschichtete PET Gewebe Umbratex. An den Prototypen der Frischbetondruckmessungen wurden bereits die Ausbeulungen für das 20 cm x 20 cm Raster durchgeführt. Anschließend wurden weitere Prototypen mit einem Raster von 30 cm x 30 cm aus jedem Textil hergestellt und ausgemessen. Zuletzt wurde zusätzlich jeweils ein Prototyp mit einem Raster von 30 cm x 30 cm versetzt auf Lücke hergestellt, sodass für jedes Textil drei Messungen erfolgen und gegenüber gestellt werden konnten (s. Abbildung 5.13). Auf diese Weise können sowohl der Unterschied zwischen zwei unterschiedlich großen Rastermaßen, als auch zwischen demselben Rastermaß orthogonal und auf Lücke versetzt aufgeführt werden.

5.3.2 Ergebnisse der auftretenden Ausbeulungen

Von jedem der neun Prototypen sind jeweils beide Seiten ausgemessen worden. Da jedoch im Vorfeld auf eine möglichst genaue Einstellung der Durchankerungen geachtet wurde, liegen die Unterschiede der beiden Seiten eines Prototyps jeweils im Millimeterbereich und werden somit als geringfügig gewertet, sodass zur Auswertung jeweils eine Seite herangezogen wurde.

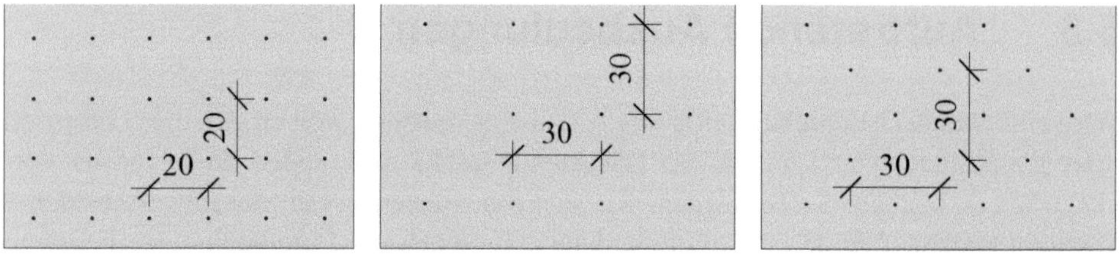

Abbildung 5.13 Durchankerungsraster der Prototypen

Bei dem 30 cm x 30 cm Raster auf Lücke wurde darauf geachtet, dass die Durchankerungen jeweils zu ihrem direkten Nachbaranker einen Abstand von 30 cm aufweisen. Daraus resultiert, dass dieses getestete Rastermaß auf der Fläche insgesamt mit 49 Stück die meisten Durchankerungen auf der immer gleich großen Fläche aufweist. Bei dem 20 cm x 20 cm Raster (s. Abbildung 5.14) entstehen 45 Durchankerungen und für das 30 cm x 30 cm Raster nur 24 Durchankerungen pro Prototyp (s. Abbildung 5.15).

Abbildung 5.14 20 cm Durchankerungsraster

Abbildung 5.15 30 cm Durchankerungsraster auf Lücke

Werden die grafischen Darstellungen der gemessenen Ausbeulungen miteinander verglichen (s. Abbildung 5.16, 5.17, 5.18, 5.19, 5.20, 5.21, 5.22, 5.23 und 5.24), zeigt sich für das 30er orthogonale Raster eine klare Tendenz zu stärkeren Ausbeulungen zum Fußpunkt hin, sowie zu den Randbereichen. Für die Prototypen mit dem gleichen Raster versetzt auf Lücke lässt sich eine ähnliche Tendenz ablesen, jedoch nicht deutlich abgesetzt. Die Prototypen mit dem 20 cm x 20 cm Raster zeigen stärkere Ausbeulungen eher im mittleren Bereich des Prototyps und unabhängig vom Randbereich.

30,41	16,18	18,84	25,65
44,17	38,67	37,85	42,5
54,1	52,12	47,37	49,95
60,07	47,26	48,01	59,98
63,14	50,39	56,4	49,6
61,52	42,48	45,4	48,97

Abbildung 5.16 Raster 30 x 30 cm Covertec [mm]

37,83	18,02	27,15	20,80
41,84	33,22	33,53	34,36
48,44	37,93	39,67	46,00
55,56	37	46,36	54,14
69,8	46,06	48,41	64,09
63,17	43,46	54,88	81,54

Abbildung 5.17 Raster 30 x 30 cm Sefitec [mm]

26,48	20,77	19,69	22,31
30,54	32,87	34,46	31,96
35,47	38,76	40,13	42,61
45,47	40,85	43,52	44,87
46,82	47,62	45,08	52,75
57,14	50,38	52,79	60,78

Abbildung 5.18 Raster 30 x 30 cm Umbratex [mm]

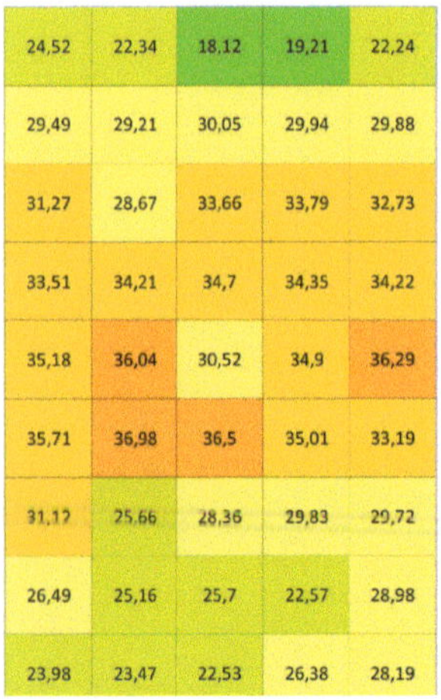

Abbildung 5.19 Raster 20 x 20 cm Covertec [mm]

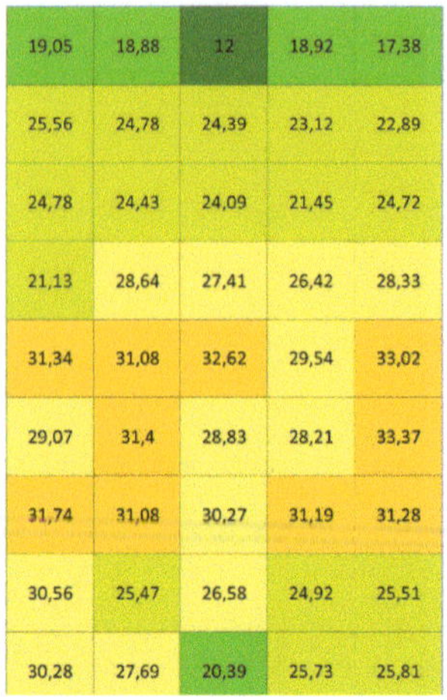

Abbildung 5.20 Raster 20 x 20 cm Sefitec [mm]

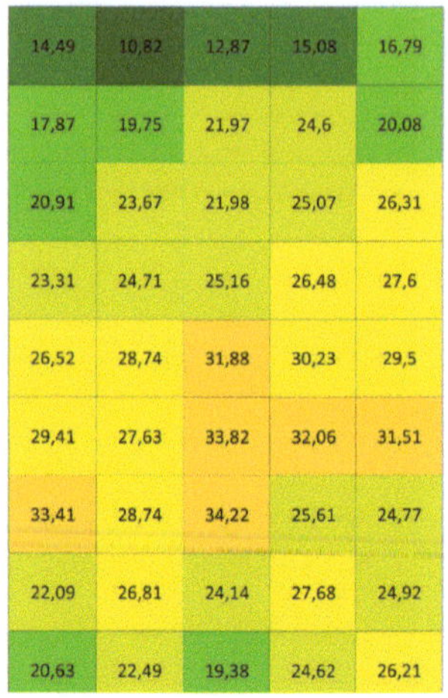

Abbildung 5.21 Raster 20 x 20 cm Umbratex [mm]

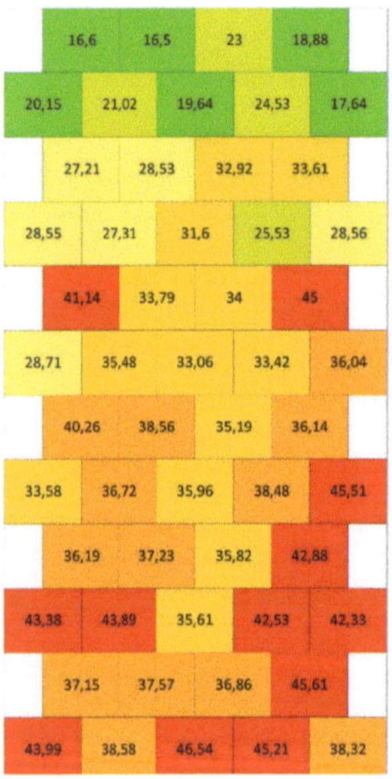

Abbildung 5.22 Raster 30 x 30 cm auf Lücke Covertec [mm]

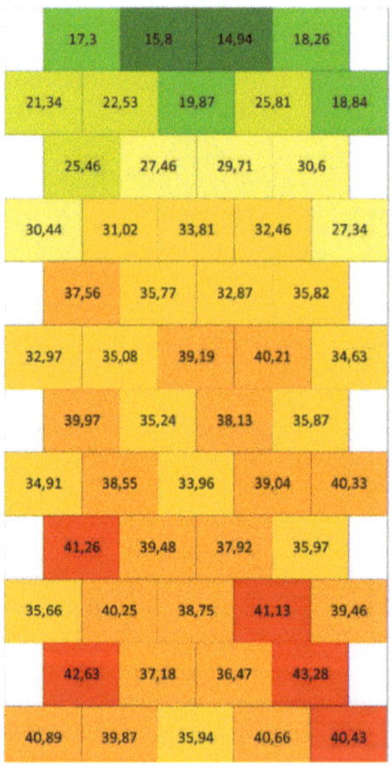

Abbildung 5.23 Raster 30 x 30 cm auf Lücke Sefitec [mm]

Abbildung 5.24 Raster 30 x 30 cm auf Lücke Umbratex [mm]

Wird für jeden Prototypen unabhängig von der Position der Durchankerungen im Prototypen die mittlere Ausbeulung berechnet, ergeben sich folgende Werte (s. Tabelle 5.13):

	Covertec	Sefitec	Umbratex
20 cm x 20 cm	29,66 mm	26,34 mm	24,59 mm
30 cm x 30 cm	45,49 mm	45,18 mm	40,17 mm
30 cm auf Lücke	33,06 mm	32,91 mm	28,85 mm

Tabelle 5.13 Mittelwerte der gemessenen Ausbeulungen

Werden die Prototypen nach den Rastermaßen betrachtet, weisen diejenigen mit dem 20 cm x 20 cm Raster die geringsten Ausbeulungen auf. Wird nach Materialien unterschieden, zeigt sich, dass die Prototypen des unbeschichteten PET Gewebes Umbratex die geringsten Ausbeulungen aufweisen.

5.3.3 Fazit der auftretenden Ausbeulungen

Größere Ausbeulungen am Fußpunkt lassen sich eindeutig über den Frischbetondruck erklären, welcher am Fußpunkt den Maximalwert in einer Schalung erreicht. Der Einfluss des Randbereiches ist jedoch nicht eindeutig. Je nach Material können die zur Befestigung genutzten Klammern mehr oder weniger Faser- bzw. Bändchenmaterial greifen, sodass aufgrund unterschiedlicher Fassungen der einzelnen Klammern Fasern bzw. Bändchen eher durchrutschen, beschädigt oder gehalten werden können. Der Einfluss wurde durch das zusätzliche Befestigen mittels Eckleiste minimiert. Der Unterschied der am Rand liegenden Durchankerungen liegt darin, dass die benachbarten Halterungen nicht punktuelle Durchankerungen sondern linienförmige Befestigungen sind. Dadurch wird eine größere benachbarte Fläche in Nullstellung gehalten. Je weiter die im Randbereich liegende Durchankerung vom Rand entfernt ist, desto mehr textiles Material, das ausbeulen kann, befindet sich zwischen der Durchankerung und dem Rand.
Daher könnte es sein, dass der Bereich des Fußpunktes bei dem 20 cm Raster nicht stärker sondern weniger ausbeult als der mittlere Bereich dieser Prototypen, da hier der Randbereich besonders klein ist.

5.4 Oberflächenhärte des Festbetons

Für die Dauerhaftigkeit der späteren Bauteile ist, unter anderem, die Oberflächenhärte des Festbetons von Bedeutung. Daher wird in einer weiteren Reihe Vorversuche untersucht, ob die Permeabilität von Textilien die Oberflächenhärte des Festbetons beeinflusst.

5.4.1 Versuchsaufbau der Oberflächenhärtemessungen

In dieser Testreihe wurden Testkuben mit den Randmaßen 30 cm erstellt. Diese wurden jeweils einseitig mit einem Textil bespannt und mit diesem nach unten aufgehängt. Anschließend wurden die Schalungen von der Unterkante des Holzrahmens bis 20 cm Höhe mit Beton, C 25/30, gefüllt (s. Abbildung 5.25 - 5.26). Je nach Ausbeulung des Textils entstanden so kleine Unterschiede in der Füllmenge. Als Textilien zum Einsatz kamen das bereits bekannte beschichtete PET Gewebe Covertec sowie das PP Bändchengewebe Sefitec. Weiterhin wurde ein Textil aus 100% Baumwolle, sprich Naturfasern, und eines aus 100% Polyester, sprich synthetischen Fasern, verwendet. Das zuvor eingesetzte Umbratex kam nicht zum Einsatz, da es sich um ein Mischgewebe handelt. Bei der Verwendung eines reinen Naturgewebes, in diesem Fall Baumwolle, und eines rein synthetischen Gewebes, hier Polyester, können Resultate auf den Unterschied zwischen Natur- und Synthesegewebe zurückgeführt werden. Dies geschah um Erkenntnisse zu gewinnen, ob saugende Eigenschaften der Textilien die Oberflächenhärte des Festbetons beeinflussen. Naturfasern saugen aktiv Feuchtigkeit, wohingegen synthetische Fasern dies nicht tun. Alle Probekörper wurden mittels Flaschenrüttler verdichtet. Die Probekörper wurden anschließend an den Betonierprozess nur auf der Betonierseite abgedeckt, um sie vor zu schnellem Austrocknen zu schützen. Die textile Seite wurde nicht abgedeckt, da dies im späteren Bauablauf einen erheblichen Aufwand bedeuten würde, den es zu vermeiden gilt.

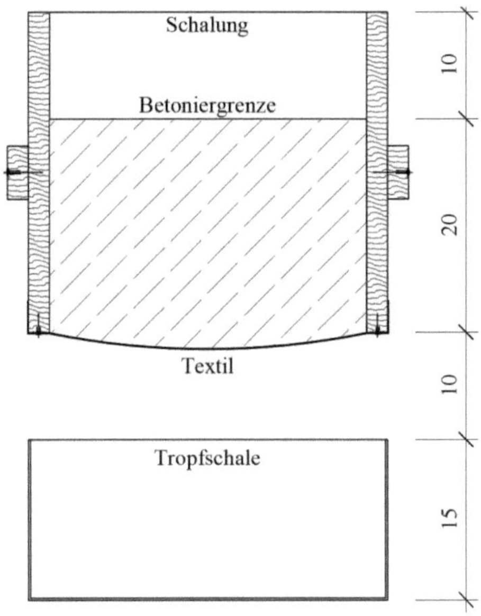

Abbildung 5.25 Aufbau der Probekörper für Oberflächenhärtemessungen

Nach 28 Tagen wurden die Probekörper ausgeschalt. Die Messungen wurden zerstörungsfrei mithilfe eines Rückprallhammers durchgeführt (s. Abbildung 5.27). Die für die Messungen in DIN EN 12504-2 angegebenen Anforderungen bezüglich der Anzahl von mindestens neun Messungen pro Probekörper sowie der Abstände zueinander sowie zum Randbereich von 25 mm und die mindestens notwendige Probenstärke von 100 mm wurden eingehalten. Es sind 16 Messungen pro Probekörper vorgenommen worden, wobei die Randzone ausgespart wurde. Einzig die Anforderung an das Vermeiden von rauen Oberflächen konnte aufgrund der textilen Schalungshaut nicht eingehalten werden. Ebenso wurde versucht, den lotrechten Messvorgang zur Oberfläche hin einzuhalten; aufgrund der gewölbten Oberfläche war dies jedoch nicht sicherzustellen.

Abbildung 5.26 Schalung der Probekörper für Oberflächenhärtemessungen

Abbildung 5.27 Durchführung der Oberflächenhärtemessungen

5.4.2 Ergebnisse der Oberflächenhärtemessungen

Die gemessene Prellharte des Rückprallhammers wurde mithilfe einer, dem Rückprall hammer beigefügten, Tabelle in Druckfestigkeit umgerechnet. Für die Ermittlung der Druckfestigkeit des Probekörpers fordert die DIN das Ermitteln des Median, wohinge-

gen dem Prüfhammer eine Forderung nach dem Mittelwert beiliegt. Beides dient dem Minimieren von Messtoleranzen, wobei in dieser Arbeit mit dem Median der Messwerte gearbeitet wurde.
Der Probekörper, bespannt mit Polyester, weist die höchsten Werte auf, wohingegen das dichte Covertec die geringsten Werte zeigt. Die größte Streuung zeigt der Probekörper, der mit Sefitec bespannt wurde. Dies wird an der rauen und unebenen Oberfläche des Probekörpers, resultierend aus den breiten Bändchen des Gewebes, liegen. Umgerechnet in Druckfestigkeit anhand der dem Rückprallhammer beiliegenden Tabelle ergeben sich folgende Werte für die Oberflächenhärte des Festbetons (s. Tabelle 5.14):

Druckfestigkeit [N/mm²]				
Messpunkt	Polyester	Covertec	Sefitec	Baumwolle
1	39,5	27,0	35,0	34,5
2	47,5	24,5	43,0	35,0
3	41,0	28,0	34,5	36,0
4	37,0	23,5	26,5	35,0
5	40,0	27,0	35,0	34,5
6	36,0	27,0	38,0	36,0
7	46,5	29,0	37,0	38,0
8	37,0	28,0	38,0	35,0
9	41,0	28,0	36,0	35,0
10	46,5	28,0	40,0	39,5
11	41,0	29,0	37,0	39,5
12	39,0	26,0	39,5	43,0
13	37,0	28,0	37,0	34,5
14	36,0	26,0	33,5	33,5
15	41,0	31,0	33,5	40,0
16	38,0	31,0	35,0	37,0
Median	39,8	28,0	36,5	35,5

Tabelle 5.14 Ergebnisse der Oberflächenhärtemessungen

Für Polyester ergibt sich im Median die höchste Druckfestigkeit der Oberfläche von 39,8 N/mm², gefolgt von Sefitec mit 36,5 N/mm², Baumwolle mit 35,5 N/mm² und mit der geringsten Oberflächendruckfestigkeit Covertec mit 28,0 N/mm².

5.4.3 Fazit der Oberflächenhärtemessungen

Die Permeabilität, sprich das Austreten von überschüssigem Anmachwasser sowie Luft, fördern einen höheren w/z-Wert im Randbereich der Schalung und verhindern Lufteinschlüsse in der oberflächennahen Schicht, was die Oberflächendruckfestigkeit des Festbetons begünstigt. Sofern jedoch Zementleim austritt, wird das w/z-Verhältnis der Randzone wiederum negativ beeinflusst, sodass Baumwolle und Sefitec geringere Oberflächendruckfestigkeiten als Polyester aufweisen. Innerhalb dieser vier Probekörper, einem von jedem Material mit jeweils 16 Messungen, liegt die Steigerung der Oberflächendruckfestigkeit des Festbetons zwischen der dichten Schalung Covertec und dem höchsten berechneten Median bei der Polyesterschalung bei ca. 40 %.
Aufgrund der bereits zuvor genannten Abweichungen in Form der Oberflächengeometrie sowie der rauen, teils strukturierten Oberflächenbeschaffenheit (s. Abbildung 5.28) können die Messwerte mittels Rückprallhammer größere Abweichungen aufzeigen und es bedarf weiterer Untersuchungen, um eine detaillierte Aussage über den Einfluss der permeablen Eigenschaften von Textilien auf die Oberflächenhärte des Festbetons zu treffen. Da das Ermitteln des Medians bereits Messtoleranzen ausgleicht und die Messwerte des mit Sefitec bespannten Probekörpers weder die höchsten, noch die niedrigsten Druckfestigkeitswerte aufweist, werden die Werte weiterhin berücksichtigt. Die größte Abweichung eines einzelnen Messpunktes bei dem Sefitec Probekörper zum Median liegt bei ca. 28 %.
Das Covertec weist mit seinen dichten Eigenschaften die ähnlichsten Eigenschaften zu der etablierten Holzschalung auf und zeigt die geringste Oberflächendruckfestigkeit. Das PP Bändchengewebe Sefitec und der mit der saugenden Baumwolle bespannte Probekörper zeigen sehr ähnliche Werte und liegen deutlich höher als die Oberflächendruckfestigkeit des mit Covertec bespannten Probekörper. Dies zeigt bereits, dass die Permeabilität der Textilien einen positiven Einfluss auf die Oberflächenhärte des Festbetons hat. Den größten Unterschied hierzu bilden die Ergebnisse des mit Polyester bespannten Probekörpers, der die höchste Festigkeit aufweist. Das PP Bändchengewebe Sefitec lässt teils deutliche Mengen Zementleim austreten, was sich wiederum negativ auf die Oberflächenhärte auswirkt. Das Baumwollgewebe ist das einzige, das sowohl aktiv Feuchtigkeit entzieht, als auch speichert. Dieses Speichern führt allerdings auch zu einem leichten Verbund zwischen dem Textil und dem Beton, sodass zum einen das Ausschalen erschwert wird und zum anderen die Oberfläche leicht sandet, was sich bei den Messungen mittels Rückprallhammer negativ auswirkt. Die Oberfläche des mit Polyester bespannten Probekörpers ist deutlich glatter und somit zusammen mit denen des Covertecs am besten für die Messungen geeignet.

Abbildung 5.28 Oberflächen der Probekörper (v.l.n.r. Polyester, Covertec, Sefitec, Baumwolle)

5.5 Einfluss verschiedener Textilien auf die Carbonatisierungstiefe

Da die Vorversuche zur Oberflächenhärte der unterschiedlich dichten bzw. permeablen, textilen Betonschalung deutliche Unterschiede und somit offensichtlich einen Einfluss auf den oberflächennahen Beton zeigten, wurden anschließend Carbonatisierungsversuche vorgenommen. Da es sich hier um eine Reaktion zwischen dem oberflächennahem Beton und der Umgebung handelt und die Carbonatisierungstiefe maßgeblich die Dauerhaftigkeit von Beton beeinflusst, sind diese Versuche ein weiterer, wichtiger Indikator für die Beeinflussung der textilen Eigenschaften auf den Festbeton. Für diese Tastversuche wurden die gleichen textilen Materialien gewählt wie für die Oberflächenhärtemessungen, um direkte Verbindungen zwischen Oberflächenhärte und Carbonatisierungsfortschritt erkennen zu können.

5.5.1 Versuchsaufbau der Carbonatisierungsversuche

Zunächst sind für die Probekörper der Carbonatisierungsversuche Säulen mit einem Durchmesser von ca. 15 cm betoniert worden. Hierfür wurde dieselben Textilien wie für die Oberflächenhärtemessungen genutzt, beschichtetes PET Gewebe Covertec, PP Bändchengewebe Sefitec, 100% Baumwolle und 100% Polyester. Das jeweilige Textil wurde am Fußpunkt um eine runde Holzscheibe bespannt und am Kopfpunkt durch eine runde Aussparung in einer Holzplatte geführt, segmentiert und auf der Oberseite befestigt. Anschließend sind alle Schalungen aufgehängt und mit einem C 30/35 Beton fertiggestellt worden. Die Säulen wurden anschließend für 70 Tage bei 22 ± 2°C und 63 ± 2% relativer Luftfeuchte im Klimaraum gelagert. Jede Säule wies eine Höhe von ca. 1,30 m auf, aus welcher in drei verschiedenen Höhen 5 cm starke Prüfscheiben für die Carbonatisierungsversuche herausgeschnitten wurden. Diese wurden nach dem Schneidevorgang einen weiteren Tag bei gleichen Bedingungen im Klimaraum gelagert, um Oberflächenfeuchte absondern zu können. Durch die Lagerung in der Klimakammer vor Testbeginn wurden identische Voraussetzungen für die Probekörper der unterschiedlichen Textilien geschaffen.

Bevor die Prüfscheiben in die Carbonatisierungskammer gelegt wurden, sind die Schnittflächen mit diffusionsdichter Aluminiumfolie abgeklebt worden, sodass diese keinen Einfluss auf den Carbonatisierungsfortschritt nehmen können und die Ergebnisse eindeutig den Eigenschaften der Textilien zugeordnet werden können. Anschließend wurden die Probescheiben für 40 Tage bei einer CO^2-Konzentration von 2 ± 0,2%, einer relativen Luftfeuchtigkeit von 70 ± 1% und einer Temperatur von 20 ± 1 °C in der Konditionierungskammer gelagert.

Zum Messen des Carbonatisierungsfortschritts wurden die einzelnen Scheiben nach Lagerung mittig gebrochen und mit einer 0,1% Phenolphthaleinlösung in Ethanol eingesprüht, um den Carbonatisierungsfortschritt anhand des veränderten PH-Wertes nachweisen zu können (s. Abbildung 5.29).

Abbildung 5.29 Brechen der Probescheiben

5.5.2 Ergebnisse der Carbonatisierungsversuche

Für jedes Textil sind jeweils drei Probescheiben aus unterschiedlichen Höhen der Säulen untersucht worden. An jeder Probescheibe sind jeweils sechs Messungen durchgeführt worden, sodass für jedes Textil insgesamt 18 Messungen aufgezeichnet wurden. Anschließend sind jeweils ein Mittelwert für jeden Probekörper sowie insgesamt für ein Textil gebildet worden (s. Tabelle 5.15 - 5.16).

		1 [mm]	2 [mm]	3 [mm]	4 [mm]	5 [mm]	6 [mm]
Polyester	Oben	1,66	2,00	2,02	4,87	5,50	3,50
	Mitte	2,31	2,83	1,83	0,62	0,75	0,18
	Unten	0,72	1,07	0,88	0,20	0,41	0,48
Covertec	Oben	7,67	8,82	8,13	6,66	5,93	6,28
	Mitte	5,03	5,81	4,98	6,81	4,65	4,18
	Unten	6,06	4,50	5,15	3,74	4,42	3,94
Sefitec	Oben	3,03	4,02	5,54	5,06	5,25	5,06
	Mitte	6,05	6,50	4,09	2,63	2,32	3,35
	Unten	1,57	2,85	2,93	2,37	1,89	2,98
Baumwolle	Oben	2,87	2,23	1,26	1,72	0,64	1,66
	Mitte	1,97	4,53	1,00	0,07	0,04	1,28
	Unten	0,42	0,38	0,30	1,11	1,55	0,69

Tabelle 5.15 Messergebnisse der Carbonatisierungstiefe

		Ø 1-6 [mm]	Ø Gesamt [mm]	Verhältnis zu Covertec [%]
Polyester	Oben	3,26	1,77	31
	Mitte	1,42		
	Unten	0,63		
Covertec	Oben	7,25	5,71	100
	Mitte	5,24		
	Unten	4,64		
Sefitec	Oben	4,66	3,75	66
	Mitte	4,16		
	Unten	2,43		
Baumwolle	Oben	1,66	1,21	21
	Mitte	1,28		
	Unten	0,69		

Tabelle 5.16 Mittelwerte der Carbonatisierungstiefen

Die Ergebnisse der mit dem dichten Covertec geschalten Probekörper zeigen deutlich die größte Carbonatisierungstiefe. Wird der Durchschnitt der einzelnen Probekörper betrachtet, beträgt die geringste Carbonatisierungstiefe von Covertec mit 4,64 mm einen Wert, der annähernd dem Maximalwert aller anderen Probekörper entspricht. Die Probekörper mit der tiefsten Carbonatisierungstiefe nach dem Covertec sind diejenigen, die mit Sefitec geschalt wurden. Die geringste Carbonatisierungstiefe zeigen die Probekörper, die mit Baumwolle geschalt wurden. Werden die Probekörper ins Verhältnis zueinander gesetzt, sinkt die Carbonatisierungstiefe um zwischen 34% und 79%, wenn ein permeables Textil verwendet wird (s. Abbildung 5.30, 5.31, 5.32 und 5.33).

In nachfolgendem Diagramm (s. Abbildung 5.34) werden die durchschnittlichen Carbonatisierungstiefen der einzelnen Textilien als Mittelwert aller Proben dargestellt. Dabei liegen die Messungen der Probekörper mit Polyester und Baumwolle vergleichsweise nah beieinander, während der Unterschied zu den Probekörpern des Sefitecs und des Covertecs deutlich größer werden.

Abbildung 5.30 Carbonatisierungsprobe Polyester

Abbildung 5.31 Carbonatisierungsprobe Covertec

Abbildung 5.32 Carbonatisierungsprobe Sefitec

Abbildung 5.33 Carbonatisierungsprobe Baumwolle

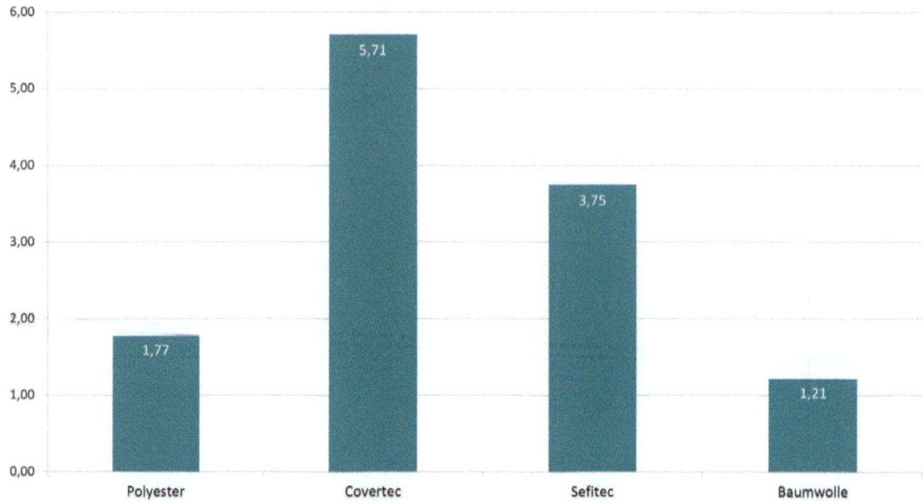

Abbildung 5.34 Durchschnittliche Carbonatisierungstiefe pro Textil [mm]

Die durchschnittliche Carbonatisierungstiefe für Covertec liegt bei 5,71 mm, für Sefitec 3,75 mm, für Polyester 1,77 mm und für Baumwolle bei 1,21 mm. Der Unterschied zwischen Polyester und Baumwolle liegt bei 0,56 mm, die Probekörper des Sefitecs weisen bereits 1,98 mm mehr Carbonatisierungstiefe auf und das Covertec noch einmal 1,96 mm mehr.

Weiterhin zeigt sich in folgendem Diagramm (s. Abbildung 5.35) deutlich, dass nicht nur ein Unterschied zwischen dichten und permeablen Schalungsmaterialien und zwischen den Textilien mit unterschiedlichen Eigenschaften besteht. Innerhalb jeder Testreihe der einzelnen Textilien ist eine deutlich steigende Tendenz zwischen den einzelnen Probekörpern zu erkennen, je nachdem aus welcher Höhe der geschalten Säule sie gewonnen wurden. Dabei zeigen die Proben aus den unteren Abschnitten jeweils die geringste Carbonatisierungstiefe und die aus dem obersten Abschnitt der Säule jeweils die höchste Carbonatisierungstiefe. Die Unterschiede zwischen den Proben eines Textils von oben nach unten bei den Proben von Covertec, Sefitec und Polyester sind deutlich größer als bei den Proben der Baumwolle.

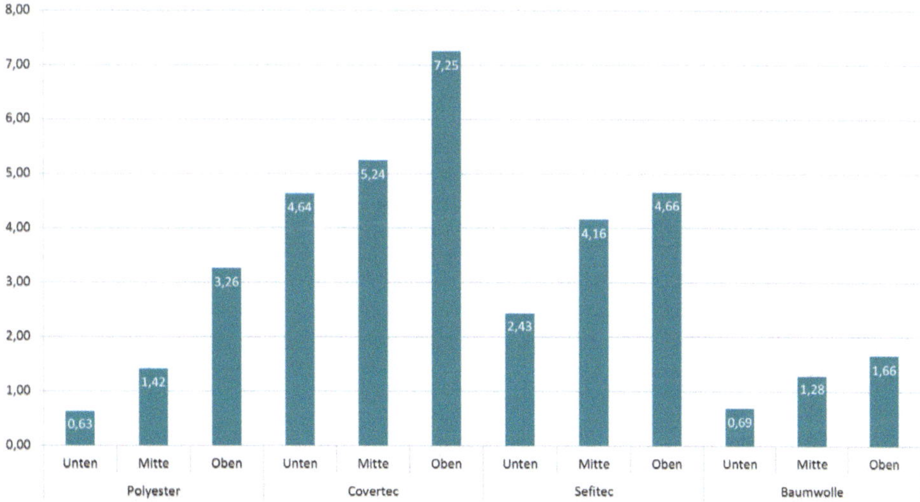

Abbildung 5.35 Durchschnittliche Carbonatisierungstiefe pro Probe [mm]

5.5.3 Fazit der Carbonatisierungsversuche

Durch die Permeabilität bzw. Durchlässigkeit einiger Textilien können während des Betonierprozesses überschüssiges Anmachwasser und Lufteinschlüsse entweichen. Es ist daher davon auszugehen, dass die spätere Festbetonoberfläche aufgrund eines niedrigeren w/z-Wertes ein dichteres Gefüge aufweist, was wiederum den Carbonatisierungsprozess verlangsamt. Hieraus resultiert, dass die Probekörper aus den Proben des dichten, nicht permeablen Covertecs den größten Carbonatisierungsfortschritt zeigen. Bei dem Sefitec handelt es sich um ein Gewebe mit breiten PP Bändchen, die an sich keine permeablen Eigenschaften aufweisen. Die Durchlässigkeit des Sefitecs resultiert daraus, dass die Bändchen unter Einfluss des Frischbetondrucks auseinander gedrückt werden und somit kleine Lücken zum Entweichen von Wasser, Luft und ggf. Zementleim entstehen. Der größte Unterschied in den Materialien Polyester und Baumwolle liegt darin, dass Polyester als synthetische Faser nur Wasser hindurch lässt und nicht aktiv Wasser entzieht wie Baumwolle, die aus natürlichen Fasern besteht. Neben dem aktiven Entziehen speichert Baumwolle einen Teil Wasser, sodass die Schalhaut lange feucht bleibt und die Oberfläche des Betons langsam austrocknen lässt. Da dies einer nachträglichen Oberflächenbehandlung gleich kommt, wird davon ausgegangen, dass dies dazu beigetragen hat, dass die Proben der unterschiedlich hohen Entnahmepositionen weniger große Unterschiede in der Carbonatisierungstiefe aufweisen als die der anderen Textilien. Die feuchtigkeitsspeichernde Eigenschaft der Baumwolle kann außerdem dazu beitragen Schwin-

drissen vorzubeugen, die einen negativen Einfluss auf die Carbonatisierungstiefe haben. Ebenso tritt während des Betonierprozesses bei den Proben mit Baumwolle am wenigsten Zementleim aus, der für die Steigerung der oberflächennahen Dichte durch Senken des w/z-Wertes benötigt wird.
Dass alle Proben vom Fußpunkt der Säule die geringste Carbonatisierungstiefe aufweisen, wird darauf zurückgeführt, dass alle Probekörper in diesem Bereich den größten Frischbetondruck aufweisen und somit das Gefüge am meisten verdichtet wird. Im Falle der Probekörper permeabler bzw. durchlässiger Textilien wird dieser Effekt dadurch verstärkt, dass aufgrund dieses Drucks zusätzlich noch mehr überschüssiges Anmachwasser entweichen kann und das Gefüge aufgrund des Sinkens des w/z-Wertes weiter verdichtet wird. Somit verschieben sich die Carbonatisierungstiefen dieser Probekörper weiter nach unten bzw. werden geringer.

5.6 Auswirkungen der Textileigenschaften auf den Baustoff Beton

Textilien unterschieden sich von etablierten Schalungen insbesondere durch ihre Flexibilität und ihre Durchlässigkeit bzw. Permeabilität. Herkömmliche Schalungen bestehen meist aus Stahl, Holz oder Kunststoff und sind sowohl dicht, als auch inklusive ihrer Unterkonstruktion starr, sodass sie zum einen selbsttragend sind und zum anderen den eingefüllten Frischbeton in eine vorgegebene Form zwingen können. Da Textilien als Schalhaut dies nicht in gleicher Form leisten können, sind verschiedene Untersuchungen unternommen worden, um den Einfluss der, für eine Schalhaut, neuen Eigenschaften auf den Beton, sowohl Frischbeton als auch Festbeton, beurteilen zu können. Dabei sind viele Bereiche durch kleine Versuchsreihen abgedeckt worden, um eine Tendenz in mehreren Bereichen zu erhalten. Jeder der untersuchten Themenschwerpunkte sollte durch weitere Testreihen vertieft werden, um konkretere Aussagen treffen zu können. Getestet wurden zum einen das Ausreißen der notwendigen Durchankerungen aus den Textilien und der auftretende Frischbetondruck. Beides hat Auswirkungen auf den Betonierprozess. Weiterhin sind die auftretenden Ausbeulungen am fertigen Betonbauteil untersucht worden, um die geometrischen Resultate bestimmen zu können. Anschließend wurden Testreihen vorgenommen, an denen die Oberflächenhärte des Festbetons sowie die Carbonatisierungstiefe untersucht wurden. In diesen letzten beiden Testreihen sind die Auswirkungen der Textilien auf den Festbeton und dessen oberflächennahen Eigenschaften untersucht worden, um tendenzielle Auswirkungen auf die Dauerhaftigkeit des Betons unter Verwendung von Textilien als Schalhaut zu identifizieren.
Alle durchgeführten Testreihen zeigen einen klaren Unterschied zwischen einem beschichteten und somit dichten und einem durchlässigen bzw. permeablen Textil. Dabei

ergeben sich verschiedene Zusammenhänge zwischen unterschiedlichen Testreihen.
Die Ausreißversuche haben keine eindeutige Unterscheidung in den verschiedenen Ergebnissen gezeigt. Insgesamt war der Einfluss der unterschiedlichen Gewebearten sowie der Befestigung im Randbereich sehr groß und es gab große Streuungen. Der einzig deutliche Unterschied lag in der Art des Versagens, dem Durchstanzen bei den Proben des beschichteten Covertecs und, im Gegensatz dazu, dem langsamen Ausreißen bei den unbeschichteten Geweben. Ergebnis dieser Testreihe war eine Einschätzung der notwendigen Beilagscheibengröße für die Durchankerungen, um ein Versagen zu verhindern. Bei einer etablierten Schalung, beispielsweise aus Holz, werden zwar auch Schalungsanker benötigt, allerdings in deutlich geringerem Maß und es zeichnet sich, aufgrund der starren Schalhaut, im fertigen Bauteil nur die Durchdringung des Ankerstabens und nicht zusätzlich das Kopfstück in der Oberfläche ab. Da die sichtbaren Abdrücke der Beilagscheiben so gering wie möglich gehalten werden sollen, steigert sich die notwendige Anzahl, im Vergleich zu Schalungsankern etablierter Schalungen, erheblich. Daher wird in dieser Arbeit kein Vergleich gezogen zwischen den Durchankerungen der textilen Schalung und den Schalungsankern etablierter Schalungen.
Trotz der Ergebnisse dieser Testreihe, die keine Unterschiede zwischen dichten und permeablen Textilien aufwies, können unter Betrachtung der darauf folgenden Testreihen weitere Schlüsse gezogen werden. In den Frischbetondruckmessungen zeigte sich der Unterschied zwischen dichten und permeablen Textilien deutlich (s. Abbildung 5.36 - 5.37). Aufgrund des austretenden, überschüssigen Anmachwassers bei permeablen Textilien ist sowohl ein deutlich geringerer Frischbetondruck am Hochpunkt, als auch ein deutlich schnelleres Sinken des aufgetretenen Drucks nachgewiesen worden. Daher ist es nicht unbedingt notwendig, dass die Durchankerung eines permeablen Textils genauso viel Druck bzw. Zugkraft standhält wie die eines dichten Textils. Für einen Prototypen mit identischen Maßen könnten unter Berücksichtigung beider Versuchsreihen für permeable Textilien kleinere Beilagscheiben als Auflagerfläche genutzt werden als für dichte Textilien. Um das genaue Maß der reduzierten Größe bestimmen zu können, sollten dabei weitere durchgeführt werden.
Weiterhin hat sich innerhalb der Ausreißversuche gezeigt, dass das unbeschichtete PET Gewebe Umbratex insgesamt den weitesten Weg vor dem Versagen zurücklegt und somit am dehnbarsten ist. Hier muss allerdings berücksichtigt werden, dass der Weg bis zum ersten Versagen einer Faser berücksichtigt werden muss. Diese Dehnbarkeit hat im Rahmen der großen Prototypen allerdings nicht dazu geführt, dass die gemessenen Ausbeulungen auch die größten waren (s. Abbildung 5.38 - 5.39). Auch diese Tatsache wird darauf zurückgeführt, dass aufgrund der Permeabilität des Umbratex in der vorangegangenen Testreihe der geringste Frischbetondruck und das zügigste Sinken des Frischbetondrucks nachgewiesen wurden. Der Einfluss des Frischbetondrucks auf das Textil Umbratex war entsprechend geringer als z.B. auf das dichte Covertec, sodass die Verformung des Textils geringer ausfiel.

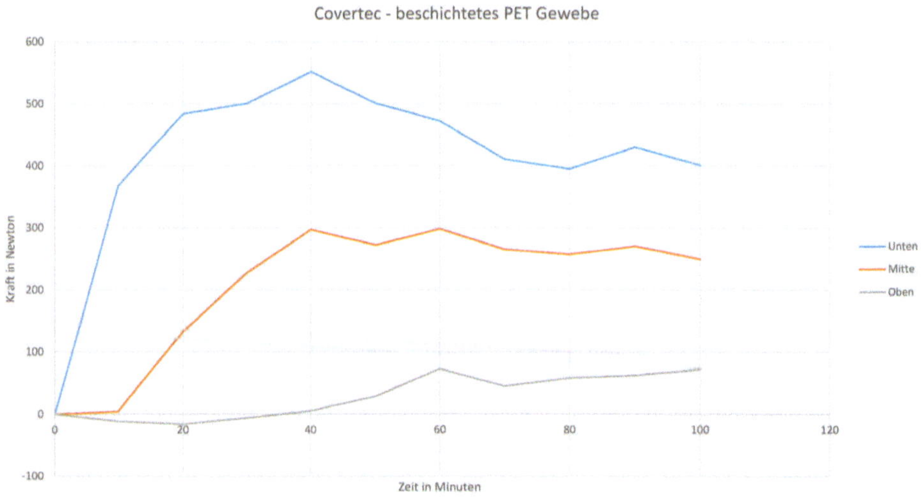

Abbildung 5.36 Gemessener Frischbetondruck, Covertec

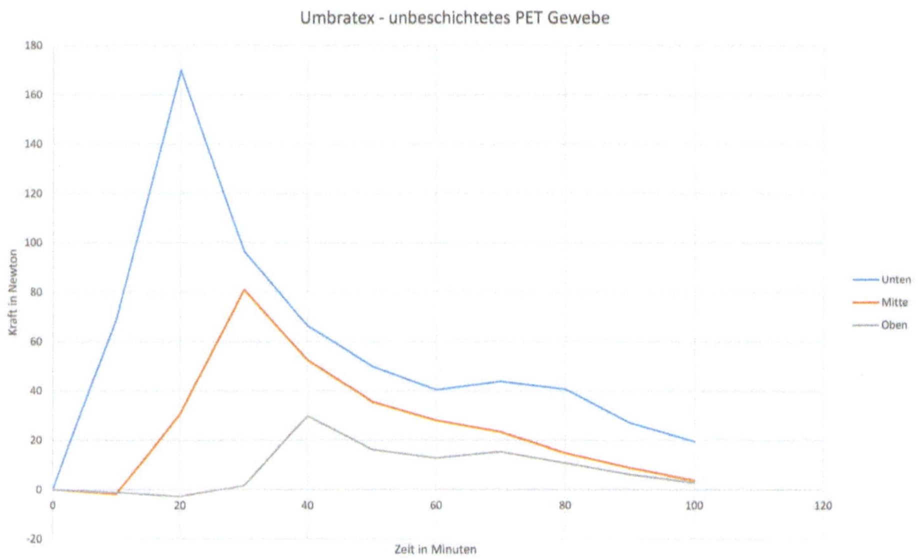

Abbildung 5.37 Gemessener Frischbetondruck, Umbratex

24,52	22,34	18,12	19,21	22,24
29,49	29,21	30,05	29,94	29,88
31,27	28,67	33,66	33,79	32,73
33,51	34,21	34,7	34,35	34,22
35,18	36,04	30,52	34,9	36,29
35,71	36,98	36,5	35,01	33,19
31,12	25,66	28,36	29,83	29,72
26,49	25,16	25,7	22,57	28,98
23,98	23,47	22,53	26,38	28,19

Abbildung 5.38 Ausbeulung, Covertec

14,49	10,82	12,87	15,08	16,79
17,87	19,75	21,97	24,6	20,08
20,91	23,67	21,98	25,07	26,31
23,31	24,71	25,16	26,48	27,6
26,52	28,74	31,88	30,23	29,5
29,41	27,63	33,82	32,06	31,51
33,41	28,74	34,22	25,61	24,77
22,09	26,81	24,14	27,68	24,92
20,63	22,49	19,38	24,62	26,21

Abbildung 5.39 Ausbeulungen, Umbratex

Für die Messungen der Oberflächenhärte mittels Rückprallhammer haben sich die rauen, strukturierten oder teils sandenden Oberflächen des Betons nach Einsatz der verschiedenen Textilien als Schalhaut als schwierig erwiesen. Da pro Probekörper 16 Messungen vorgenommen wurden und die größten Abweichungen innerhalb eines Probekörpers immer unter 30% liegen, sind trotzdem alle Ergebnisse berücksichtigt worden. Auch in dieser Testreihe zeigt sich, dass der Probekörper, der mit dem dichten Covertec geschalt wurde, die geringste Oberflächenhärte aufweist, wohingegen die mit permeablen Textilien bespannten Probekörper höhere Oberflächenhärten aufweisen. Dabei ist der Unterschied zwischen den unterschiedlichen, getesteten permeablen Textilien geringer als der Unterschied zu dem dichten Covertec. Die höchste Oberflächenhärte weist der mit Polyester bespannte Probekörper auf. Werden diese Ergebnisse mit denen der Carbonatisierungstiefe verglichen, zeigt sich zwar auch hier, dass die Proben des dichten Covertecs die größte Carbonatisierungstiefe aufweisen, allerdings liegen die Messungen der Carbonatisierungstiefe bei den Proben mit Baumwolle unter denen des Polyesters (s. Abbildung 5.40 - 5.41). Dadurch zeigt sich, dass die größte gemessene Oberflächenhärte nicht gleichzusetzen ist mit dem größten Carbonatisierungswiderstand. Da die Messungen der Oberflächenhärte viele Variabeln wie z.B. die Oberflächenbeschaffenheit oder deren Form umfasst, wird davon ausgegangen, dass die Betonrandzone bei einer Schalung mit Baumwolle insgesamt etwas dichter und somit dauerhafter ist als die mit Polyester. Es wird davon ausgegangen, dass sich die für die Oberflächenmessungen negative, Wasser saugende und speichernde Eigenschaft der Baumwolle positiv auf den Carbonatisierungswiderstand auswirkt, weil eine sehr raue, teils sandende Oberfläche entsteht und es sich daher um eine automatisch stattfindende Nachbehandlung des Betons handelt, die unter anderem Schwindrissen vorbeugt.

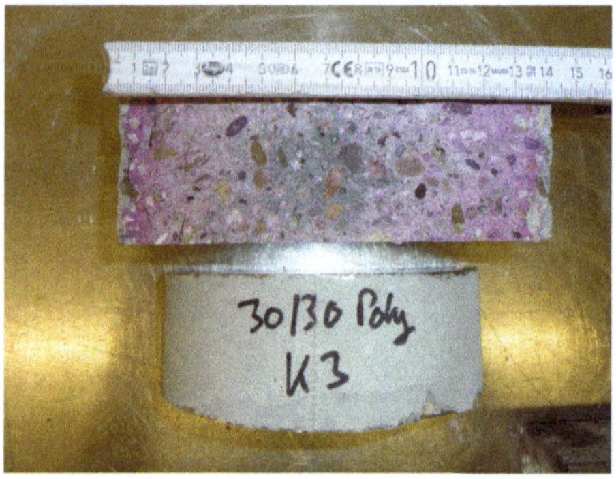

Abbildung 5.40 Carbonatisierungsversuch, Polyester

Abbildung 5.41 Carbonatisierungsversuch, Baumwolle

Insgesamt zeigt sich klar die Tendenz, dass sich die Permeabilität und die Flexibilität der Textilien auf den Beton auswirken. Die Flexibilität hat keine Auswirkungen auf die betontechnologischen Eigenschaften, sondern auf die Schalungskonstruktion und auf die spätere Bauteilgeometrie. Die Beschichtung eines Textils wirkt sich automatisch auf die flexiblen Eigenschaften des Gewebes aus und versteift das Gewebe durch seine geschlossene Oberfläche. Daher kann angenommen werden, dass ein unbeschichtetes, permeables Gewebe gleichzeitig auch flexibler ist als ein dichtes, beschichtetes Textil. Ausgenommen hiervon sind Spezialanfertigungen. Das in dieser Arbeit flexibelste Textil Umbratex zeigt aufgrund des geringeren auftretenden Frischbetondrucks infolge der Permeabilität geringere Ausbeulungen und ein Ausreißen der Durchankerungen kann mittels kleinerer Beilagscheiben, bei Verwendung Einzeldurchankerungen, verhindert werden. Bei Verwendung eines Endlosfadens als Durchankerungen entfällt dieser Konstruktionsparameter entsprechend.

Die Permeabilität zeigt insbesondere Einfluss auf den entstehenden Frischbetondruck und die Dauerhaftigkeit des späteren Festbetons, indirekt durch das Verringern des Frischbetondrucks allerdings auch auf die spätere Bauteilgeometrie. Bei der Verwendung von permeablen Textilien entweicht während des Betonierprozesses überschüssiges Anmachwasser, wodurch der w/z-Wert gesenkt wird. Hierdurch erhöht sich die Oberflächenhärte sowie der Carbonatisierungswiderstand im Vergleich zu den Eigenschaften von Beton, der mit dichter Schalung hergestellt wurde. Etwaige Unterschiede in der Intensität dieser Auswirkungen durch die Verwendung von natürlichen oder synthetischen Fasern müssten weitergehend untersucht werden. Ebenso verringern sich aufgrund der austretenden Luft während des Betonierprozesses optische Mängel durch Poren und dadurch ggf. resultierende Schwachstellen. Der verringerte Frischbetondruck infolge von Permeabilität beeinflusst parallel die entstehenden Ausbeulungen, sodass auch optische bzw. geometrische Einflüsse auf die Permeabilität zugeführt werden.

6 Konstruktion der textilen Schalung

Um eine neues Schalungssystem für Wände etablieren zu können, müssen alle für dieses Bauteil notwendigen, konstruktiven Details geklärt werden. Daher wurden in dieser Arbeit verschiedene Anschlusspunkte im Rahmen von Prototypen getestet. Aufgrund der Flexibilität ist eine textile Schalung beispielsweise nicht in der Lage, sich selbst zu tragen, sodass zunächst verschiedene Varianten zur Sicherstellung der Standsicherheit der Schalung unternommen wurden. Weiterhin wurden das Ausbilden von Ecken und das Einbringen von Öffnungen in die textile Wandschalung und verschiedene Möglichkeiten der Durchankerung untersucht.

6.1 Aufbau einer einschaligen textil geschalten Wand

Bei einer textil geschalten Wand befinden sich zwei Textilschichten gegenüberliegend als Schalhaut. Aufgrund der Flexibilität des Schalungsmaterials dehnen sich die Schalhäute unter dem Einfluss von Frischbetondruck nach außen hin aus. Um diesen Effekt zu verringern bzw. zu kontrollieren, werden die beiden Schichten mittels Durchankerungen miteinander verbunden. Dies geschieht äquivalent zu etablierten Schalungen, jedoch in deutlich höherem Maß, d.h. in kleineren Abständen. Da Textilien nicht selbsttragend sind, wird für die textile Wandschalung ein zusätzliches Traggerüst benötigt. Dies geschieht im Prototypenbau mittels Holzständerwerk. Dabei wird pro Seite ein Holzrahmen erstellt, auf den die Textilien mittels Klammern befestigt werden. Um einen möglichst gleichmäßigen Randverbund sicher zu stellen, geschieht dies in engem Abstand. Zusätzlich wird eine Eckleiste aufgeschraubt. Beide Rahmen werden wiederum seitlich sowie am Fußpunkt mit Hilfe von Brettschichtholz geschlossen. Am Kopfpunkt bleibt der Rahmen über die gesamte Breite als Betonieröffnung geöffnet. Zusätzlich wird die Schalung mit Holzlatten gegen Kippen gesichert (s. Abbildung 6.1 - 6.2).
Seitlich besteht die Möglichkeit, die textile Schalung alternativ durch Vernähen eines, der Bauteildicke entsprechenden, Textilstreifens zu schließen. Der Vorteil dieser Variante liegt darin, dass die Schalung im späteren Bauprozess vorfabriziert und zusammengerollt transportiert werden kann. Vor Ort müsste die Schalung aufgespannt und mit dem Fußpunkt am Fundament bzw. der Sohle befestigt werden. Während des Spannens ziehen sich die Seitenbereiche je nach Dehnbarkeit des gewählten Textils allerdings nach innen

C. Kisker, *Rolled Wall*, Mechanik, Werkstoffe und Konstruktion im Bauwesen 76, https://doi.org/10.1007/978-3-658-47179-8_6

und unter Einfluss des Frischbetondrucks wölben sich dabei die Kopfseiten nach außen, sodass ein unvorteilhafter Randabschluss entsteht. Für die Schalung eines Gebäudes würde diese Problematik durch einen geschlossenen Wandverlauf mit eventuellen Durchbrüchen unterbunden werden. Sollten freistehende Wandenden geplant sein, müssten diese entweder ebenfalls durch einen Randabschluss mittels Holz erfolgen oder seitlich abgespannt werden, wenn die Wölbung planungstechnisch nicht akzeptiert werden kann. Sofern während der Herstellung der Schalung außenliegend textile Laschen vernäht werden, erfolgt das Abspannen sehr zügig (siehe Kapitel 6.4 Ausführung von Ecken).

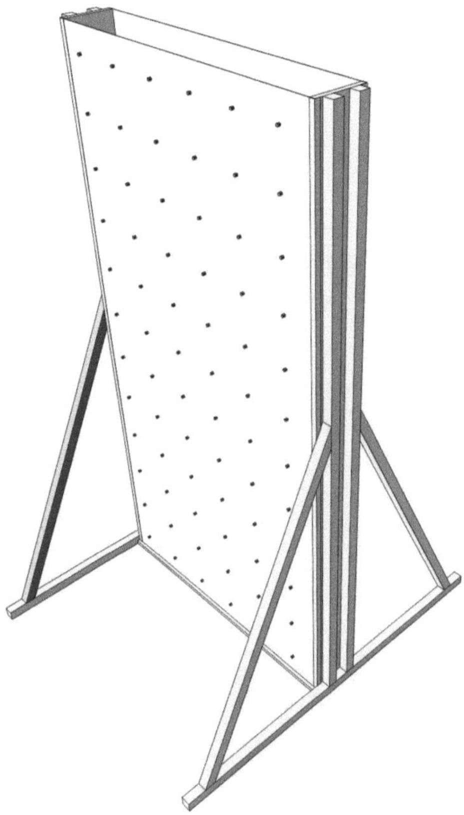

Abbildung 6.1 Aufbau einer textilen Wandschalung, Perspektive

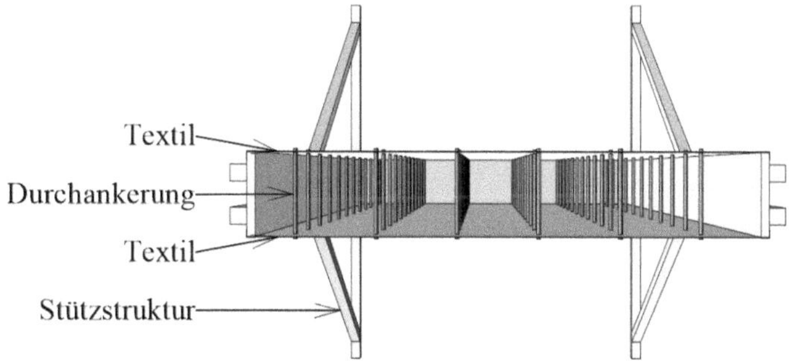

Abbildung 6.2 Aufbau einer textilen Wandschalung, Draufsicht

6.2 Durchankerungen

Die Durchankerungen der textilen Schalung sorgen dafür, dass die typische Ausbeulung kontrolliert werden kann. Die dabei wichtigen Parameter sind die Anzahl, die Anordnung und die Ausführung der Durchankerungen sowie das gewählte textile Schalungsmaterial.

6.2.1 Materialien der Durchankerungen

Etablierte Schalungsanker werden oftmals in Hülsen gesetzt, sodass die Anker wiedergewonnen werden können. Dabei entstehen Löcher im Wandbauteil, die nachträglich geschlossen werden. Dieses Vorgehen ist auch für die textile Schalung möglich. Aufgrund der leichten Handhabung werden im Prototypenbau meist Gewindestangen als Durchankerungen eingesetzt, die mit einer Beilagscheibe und einer Mutter und Kontermutter gegen Durchrutschen gesichert wird. Nach Erhärten des Betons können die Muttern gelöst und das Textil vom Bauteil entfernt werden. Sofern die Gewindestangen nicht mittels Hülse vor einem Verbund mit dem Beton geschützt werden, können diese anschließend nicht mehr entfernt werden und verbleiben im Bauteil. Für die Schalung einer Innenwand wäre dies unproblematisch und kann zusätzlich gestalterisch genutzt werden, indem die Enden der Gewindestangen nach dem Ausschalprozess mittels Hutmutter verdeckt werden. Wird das textile Schalungssystem allerdings für eine Außenwand eingesetzt, entstehen durch die Gewindestangen viele punktuelle bauphysikalische Schwachstellen. Daher ist es hier ratsam, entweder die Gewindestangen wie etablierte Schalungsanker zu behandeln, was aufgrund der Anzahl und Größe deutlich aufwändiger wäre, oder ein anderes Durchankerungsmaterial zu wählen.

Um den für Metall typischen großen Wärmedurchgang zu verhindern, wäre es möglich, diesen durch Verwendung von Draht und dem damit verbundenen geringeren Materialquerschnitt zu minimieren oder Durchankerungen aus Kunststoff zu verwenden. Um diese allerdings am Durchrutschen wegen des Frischbetondrucks zu hindern, müssten weiterhin Beilagscheiben aus Metall verwendet werden, da Kunststoff schneller nachgibt. Da die Beilagscheiben aber nicht im Bauteil verbleiben, ist dies unbedenklich. Momentan liegen die Kosten für Gewindestangen aus Kunststoff (ABS) um ein vielfaches höher als die für herkömmliche Gewindestangen, sodass keine Versuche hierzu unternommen worden sind.

Alternativ zu den Gewindestangen als Durchankerungen können Fäden eingesetzt werden. Hierbei werden beide Textilien miteinander auf Abstand vernäht. Da einzelne Fäden sehr viel Aufwand bedeuten würden und schlecht gegen Durchrutschen gesichert werden können, wird dabei ein Faden als Endlosfaden mittels Nähahle eingebracht. Dies bewirkt allerdings ein anderes Erscheinungsbild des späteren Bauteils, da durch diese Technik Überbrückungen entstehen, welche ebenfalls dazu beitragen das Textil unter Einfluss des Frischbetondrucks in seiner Position zu halten. Sofern diese Art der Durchankerung in Handarbeit gefertigt wird, bedeutet sie besonders viel Aufwand, sodass zwar ein Probekörper hierzu gefertigt wurde (s. Abbildung 6.3, 6.4, 6.5 und 6.6), die großen Tests allerdings alle mittels Durchankerungen aus Gewindestangen gefertigt wurden. Es sollte allerdings möglich sein, dieses Vernähen maschinell herstellen zu können, sodass hier weiteres Potenzial besteht.

Abbildung 6.3 Endlosfaden als Spirale

Abbildung 6.4 Endlosfaden im Quadrat

Abbildung 6.5 Endlosfaden als Zickzack

Abbildung 6.6 Endlosfaden als Raute

Eine ähnliche Art der Verbindung zweier Textilien zeigen die bereits auf dem Markt verfügbaren 3D- oder Abstandsgewebe (s. Abbildung 6.7). Hier sind zwei Gewebe durch viele Fäden miteinander verbunden und werden durch ein beidseitig dichtes, aufgeschweißtes Gewebe gehalten. Als Variante ist das Material auch außenseitig offen mit einer Gitterstruktur verwebt erhältlich. Das dichte Material ist als Schalungsmaterial getestet worden, jedoch sind die Abstände der einzelnen Fäden zu gering, um es ausbetonieren zu können. Es ist aber davon auszugehen, dass die technischen Möglichkeiten gegeben sind, Varianten mit geringerer Fadendichte zu produzieren, die als Betonschalung genutzt werden können.

Abbildung 6.7 Abstandsgewebe

6.2.2 Raster der Durchankerungen

Jede Durchankerung, beeinflusst die entstehende Kissenstruktur des Wandbauteils und durch seine Ausführung den Abdruck, der auf der späteren Bauteiloberfläche entsteht. Je mehr Durchankerungen gesetzt werden, desto geringer bilden sich die typischen Ausbeulungen aus, desto größer der Aufwand bei einer händischen Herstellung.
Für den Prototypenbau ist meist ein Raster von 20 cm x 20 cm verwendet worden, bei einer Bauteilgröße von 2 m Höhe und 1,20 m Breite sowie 0,20 m Bauteildicke. Zusätzlich zu dem Rasterabstand verändert sich das Erscheinungsbild des späteren Bauteils durch die Anordnung des Rasters. In dieser Arbeit wurde einheitlich ein orthogonales Raster für alle Bauteilversuche ausgeführt. Ausgenommen sind hier die Untersuchungen, die den Einfluss der Anordnung auf die Ausbeulungen untersuchen (siehe Kapitel 5.3). Dabei ist deutlich ersichtlich, dass die Ausbeulungen durch ein versetztes Anordnen des Rasters weiter reduziert werden können. Werden zusätzlich die Frischbetondruckeigenschaften berücksichtigt, ist es im weiteren Untersuchungsverlauf ratsam, das Rastermaß über die Bauteilhöhe zu verändern. Der Frischbetondruck ist am Fußpunkt am höchsten. Da hier aber die Randbefestigung der Ausbeulung gegensteuert, erfolgen die größten Ausbeulungen etwas höher. Es wäre möglich, ein Raster zu entwerfen, dessen Maß an den unterschiedlichen Stellen der Schalung an den Frischbetondruck und das Schalungsmaterial angepasst ist, sodass das Maß der Ausbeulung über den Verlauf der Wand hinweg nahezu identisch ist.
Weiterhin kann das Durchankerungsraster für Planer auch als gestalterisches Mittel eingesetzt werden. Da jede Durchankerung, inklusive deren Sicherung gegen Durchrutschen, einen Einfluss auf das Erscheinungsbild des Bauteils hat, können auf diese Weise Muster oder auch Schriftzüge in das Bauteil integriert werden.
In dieser Arbeit wird ein 20 cm x 20 cm Raster für alle Bauteilversuche verwendet, in denen es darum geht, Auswirkungen der textilen Schalhaut auf den Betonierprozess oder das Material Beton zu eruieren. Dieses Raster bietet die beste Verbindung zwischen Arbeitsaufwand und Formstabilität der Schalhaut und ist in diesen Versuchen nur ein notwendiges Mittel, um die Schalung testen zu können. In Versuchen, in denen es um Gestaltung oder Konstruktion geht, wurde von diesem Raster abgewichen, um zum einen in kleineren Bauteilversuchen ebenso kleinere Ausbeulungen zu erhalten oder um bestimmte, gewünschte optische Ziele zu erreichen. Es kann keine pauschale Aussage dazu getroffen werden, da dies von den verwendeten Materialien und von optischen Wünschen abhängt. Durch entsprechende Bauteilversuche könnte ein maximaler Rasterabstand ermittelt werden, über den hinaus die Schalung durch die Flexibilität der Textilien und den auftretenden Frischbetondruck, in Abhängigkeit der Bauteilgröße und des textilen Materials, nicht mehr gebrauchstauglich wäre. Dies wurde in dieser Arbeit nicht vorgenommen, da kein Bestreben besteht, möglichst große Ausbeulungen zu generieren.

6.3 Standsicherheit der Schalung

Durch die Flexibilität des Schalungsmaterials ist die textile Schalung nicht in der Lage ihr Eigengewicht zu tragen und muss gestützt werden. Dies geschieht, wie in Kapitel 6.1 Aufbau einer textilen Wandschalung beschrieben, im Rahmen der großen Versuchsaufbauten für Frischbetondruckmessungen und für die Versuchsreihe zum Thema Ausbeulungen mittels einer externen Holzkonstruktion. Dies ist allerdings aufwändig und erfordert Arbeitsschritte auf der Baustelle, da die gesamte Konstruktion je nach Größe nicht gut vorfabriziert und transportiert werden kann. Der Vorteil des sehr geringen Transportvolumens der textilen Schalung ginge an diesem Punkt verloren.
Um dies zu vermeiden, sind zwei verschiedene Ansätze denkbar. Zum einen das Integrieren der Stützstruktur in das Bauwerk oder die Stützstruktur zumindest mit einer weiteren Funktion während der Bauphase zu versehen und zum anderen das Ersetzen der Stützstruktur. Die ersten Ansätze können dabei nur theoretisch erfolgen, da es im Rahmen dieser Arbeit nicht möglich ist, ein gesamtes Bauwerk als Versuchsaufbau zu verfolgen. Daher sind Versuche unternommen worden, eine solche Stützstruktur durch den Einsatz von Pneumatik zu ersetzen. Hierfür wird auch hinterfragt, wie der Beton ein- bzw. aufgebracht wird. Ein Pneu bedeutet immer einen geschlossenen Luftkörper, der es wiederum mit sich bringt, dass keine Betonieröffnung generiert werden kann. Daher ist der Einsatz von Pumpbeton und Spritzbeton erprobt worden.
Für den Einsatz auf der Baustelle sind hierzu zwei Szenarien generiert worden. In beiden wird die gesamte Gebäudehülle als Pneu generiert und vor Ort aufgepumpt. Dabei sollte die Schalung eines (kleinen) gesamten Gebäudes auf eine Europalette passen. Anschließend kann in der ersten Variante das Pneu sowohl von innen mit Pumpbeton, als auch von außen mit Spritzbeton versehen werden. Bei letzterem sollten mehrere Lagen generiert werden, zwischen denen eine Bewehrung eingebracht wird. Nach Erhärten des Betons entsteht eine formstabile Hülle, die mit einer Fassade und einer inneren Vorsatzschale versehen werden kann. In verschiedenen Ausführungsvarianten kann der entstehende Luftraum selbst als Dämmung fungieren oder das Pneu zur Wiederverwendung entfernt und eine etablierte Dämmung angebracht werden (siehe Abbildung 6.8). In der zweiten Variante wird das Pneu mittels Pumpbeton selbst gefüllt und anschließend mit weiteren Wandschichten auf herkömmliche Art ausgestattet (siehe Abbildung 6.9). Dabei muss geprüft werden, ob eine notwendige Bewehrung direkt in das Pneu integriert werden kann. In beiden Fällen muss es möglich sein, Fenster- und Türöffnungen zu integrieren. Diese Ansätze können sowohl für Räume, als auch für ganze Gebäude gedacht werden.
In dieser Arbeit entstanden Bauteilversuche, um den theoretischen Ansatz zu erproben und einen Ausblick zu geben, ob einer oder mehr Ansätze weiter verfolgt werden könnte.

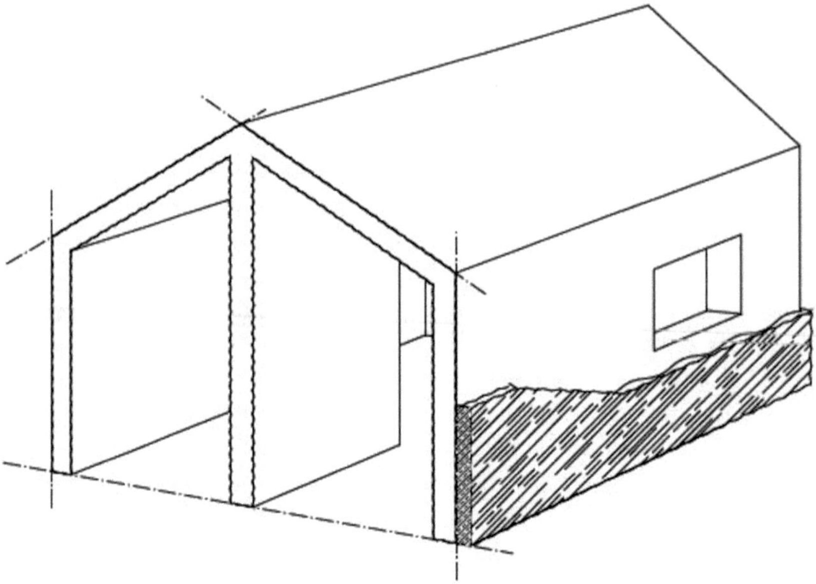

Abbildung 6.8 Ideenskizze Spritzbeton

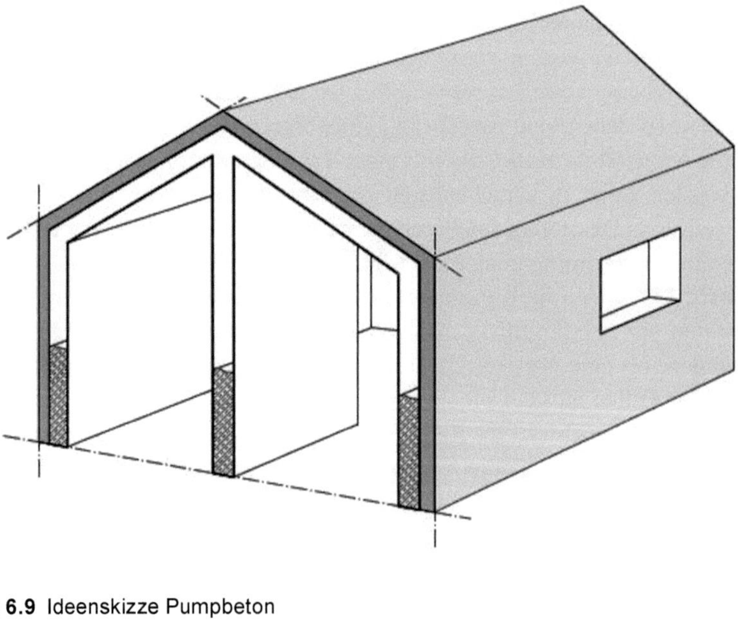

Abbildung 6.9 Ideenskizze Pumpbeton

6.3.1 Ersetzen der Stützstruktur durch Pneumatik

In den Versuchen wurde das außenliegende Stützsystem nicht durch ein pneumatisches ersetzt, da zu erwarten war, dass dies unter Einfluss des Frischbetondrucks nur durch Abspannen nach außen eine gewisse Formstabilität bieten würde. Die zum Abspannen notwendigen Gegenpunkte müssten zunächst geschaffen werden und große Zugkräfte aufnehmen können. Insbesondere das Abspannen in vertikale Richtung würde einen enormen Aufwand bedeuten und wäre kaum praxistauglich. Daher wurden Prototypen entwickelt, bei denen die Schalung selbst pneumatisch gefüllt und somit in Form gebracht wurde. Damit dies gelingt, ist der Einsatz eines dichten, beschichteten Materials notwendig. Außerdem wurden Durchankerungen ausgeschlossen, da die dadurch entstehende Perforierung der Schalhaut eine Luftundichtigkeit bedeuten würde, die ebenso nur durch großen Aufwand wiederhergestellt werden könnte. Daher wurde für alle Probekörper das in Kapitel 6.2 beschriebene Abstandsgewebe eingesetzt.
In dieser Arbeit wurde sowohl das Aufbringen von Spritzbeton, als auch das Einbringen von Pumpbeton getestet. Wenn die Schalung anschließend mit Beton gefüllt werden soll, ist es notwendig, dass die Luft durch das Einbringen von Beton verdrängt und somit aus der Schalung entweichen kann. Daher wurde die Luftzufuhr am Kopfpunkt der Schalung angebracht, ebenso wie ein Überdruckventil, über das überschüssige Luft während des Betonierprozesses kontrolliert entweichen konnte.
Im Vorfeld der Prototypen sind kleine Versuche unternommen worden, um die Dichtigkeit der Schalung inkl. aller Anschlüsse zu erproben und zu testen, ob eine Standsicherheit erreicht werden kann (s. Abbildung 6.10). Da das Abstandsgewebe an allen Seiten offen ist, wurden die Ränder mit dem beschichteten und somit dichtem Covertec verschweißt. Vernähen kam aufgrund der vielen Perforationen durch diesen Prozess nicht in Frage. Besondere Schwierigkeiten entstanden dabei in den Ecken, sodass diese zusätzlich verklebt wurden. Für die Anschlüsse der Luftzu- bzw. abfuhr ist das Covertec mittels beidseitigen Verschrauben eingespannt und zusätzlich mit Dichtringen abgedichtet worden (s. Abbildung 6.11).

Abbildung 6.10 Vorversuch zur Dichtigkeit

Abbildung 6.11 Anschluss der Luftzufuhr und des Überdruckventils

6.3.2 Einsatz von Pumpbeton

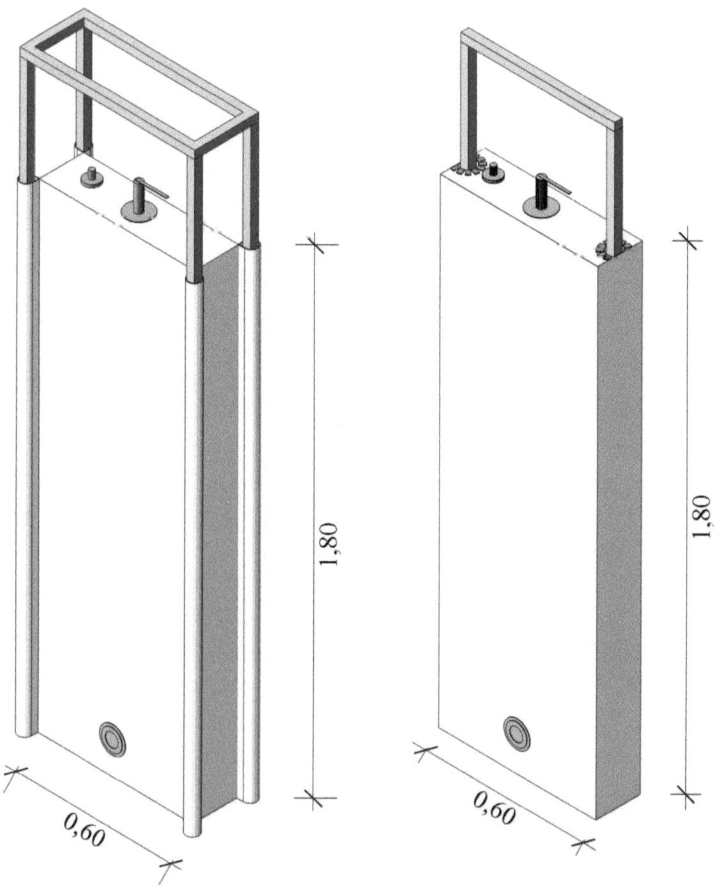

Abbildung 6.12 Prototypenskizze Pneumatik, links vierfach unterstützt, rechts zweifach unterstützt

Als erste Prototypen sind zwei identische Schalungen mit einer Höhe von 2,00 m, einer Breite von ca. 0,60 m und einer Dicke von 0,15 m mittels Textilschweißen hergestellt worden. Beide Schalungen wurden jeweils am Kopfpunkt mit den zuvor beschriebenen Anschlüssen für die Luftzufuhr und ein Überdruckventil und am Fußpunkt zusätzlich mit einem Anschluss für die Betonpumpe versehen worden. Dieser Anschluss wurde genau wie die anderen eingebracht, aber sicherheitshalber zusätzlich mit einer kleinen Holzplatte unterlegt, deren abgerundete Ecken eine Schädigung der Schalung vermeiden. Der Unterschied zwischen den beiden Schalungen lag in der Art der Führung. Eine Füh-

rung ist dabei für beide vorgesehen worden, da bei der Prototypenhöhe zu vermuten war, dass diese während des Betonierens seitlich kippen würden (s. Abbildung 6.12).
Im ersten Prototypen sind an jeder der vier Ecken Schlaufen angeschweißt worden, durch die Stahlstangen geführt und am Kopf- und Fußpunkt gegen Verdrehen gesichert wurden (s. Abbildung 6.13). Diese Schlaufen sind über die gesamte Höhe des Prototypen angebracht worden, um eine gleichmäßig verteilte Führung zu generieren. Um den Aufwand der Schalung noch weiter zu verringern, sind in dem zweiten Prototypen zwei Stahlstangen mittig in der Bauteildicke, aber seitlich des Prototypen durch die Schalung hindurch geführt worden (s. Abbildung 6.14). Diese würden nach dem Betonierprozess im Bauteil verbleiben, sodass eine Betondeckung gewährleistet werden müsste.

Abbildung 6.13 Prototyp Pneumatik mit vier Stahlstangen zum Gleiten

Abbildung 6.14 Prototyp mit zwei Stahlstangen zum Gleiten

Gleichzeitig wurde bereits eine Schalung für eine Ecksituation hergestellt. Hier ist auf den Einsatz einer Führung verzichtet worden, da die Richtungsänderung der Wand durch die Ecke bereits mehr Stabilität bietet als ein gerader Prototyp. Zusätzlich sind sowohl die offenen Wandenden, als auch die Außenecke durch Holzbretter geschlossen worden. Die Außenecke musste verstärkt werden, da die Länge der äußeren Schalhaut länger ist als die der inneren und somit kein gegenüberliegendes Textil besteht, an dem die inneren Fäden des Abstandsgewebe befestigt bleiben können. Um hier einem unerwünschten Ausbeulen entgegen zu wirken, wurde die Ecke außen durch Holz verstärkt, sodass es keinen Einfluss mehr hatte, dass die Wandenden ebenfalls durch Holz geschlossen wurden. Diese Schalungskonstruktion hatte dabei keinen großen Einfluss auf das Transportvolumen der vorfabrizierten Schalung, da das Holz selbst nicht miteinander verbunden war und die gesamte Schalung zumindest aufgerollt werden konnte (s. Abbildung 6.15, 6.16 und 6.17).

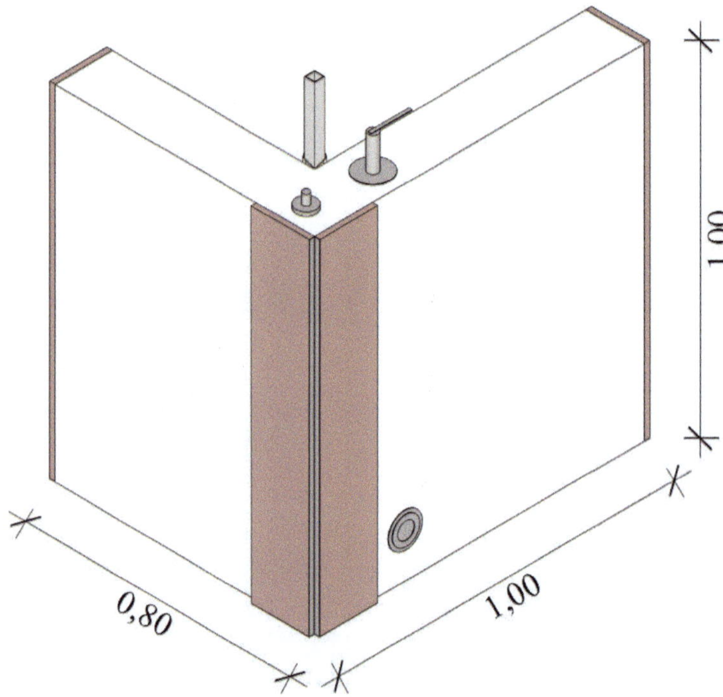

Abbildung 6.15 Eckschalung Pumpbetonversuch

Abbildung 6.16 Eckschalung pneumatisch in Form gebracht

Abbildung 6.17 Aufgerollte Eckschalung

Alle Schalungen wurden gleichzeitig pneumatisch in Form gebracht. Das Gleiten an der Führung aus Stahlstangen funktionierte in beiden Prototypen problemlos. Während der Prototyp mit der Vierfachführung seine Form optimal gehalten und insbesondere stehen geblieben ist, musste der Prototyp mit der Zweifachführung während des Betonierprozesses manuell gehalten werden, da er zu kippen neigte. Das Betonieren des Eckprototypen erwies sich als sehr einfach und sicher. Die Betonieröffnung wurde hier am Fußpunkt in der Ecke angebracht, sodass sich der Beton gleichmäßig gut verteilen konnte.
Um die Stabilität einer Ecksituation noch einmal zu erproben, wurde anschließend ein Prototyp erstellt, bei dem die Wand ein geschlossenes System darstellte. Es wurde eine Schalung für eine Art kleinen, geschlossenen Raum mit einer Länge von 1,20 m, einer Breite von 0,80 m, einer Höhe von 1,20 m und einer Bauteilstärke von 0,15 m, entsprechend des Abstandgewebes, hergestellt. Nachdem die Schalung mit Luft gefüllt war, zeigten sich deutlich die Ausbeulungen in den Außenecken aufgrund der fehlenden, inneren Verbindung durch Fäden, die im vorangegangenen Eckprototypen durch den Einsatz von Holz verhindert wurde. Allerdings ging es in diesem Prototypen insbesondere darum, zu sehen, wie standsicher die Schalung als geschlossener Kreislauf sein kann, während sie mit Beton gefüllt wird. Der gesamte Betonierprozess erfolgte problemfrei und die Schalung konnte vollständig mit Beton gefüllt werden, sodass hier weitere Versuche, insbesondere mit größeren Höhen, vorgenommen werden könnten (s. Abbildung 6.18, 6.19 und 6.20).

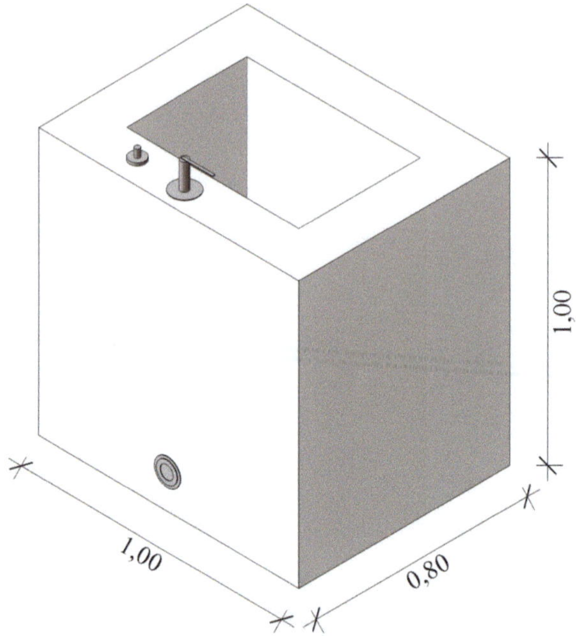

Abbildung 6.18 Skizze pneumatische Raumschalung

Abbildung 6.19 Zusammengefaltete Raumschalung

Abbildung 6.20 Füllen der Raumschalung

Alle Prototypen zeigen, dass es Möglichkeiten gibt, die Stützstruktur der Schalung durch Pneumatik teils oder sogar ganz zu ersetzen. Es ist aber auch ersichtlich, dass es keinen negativen Einfluss hat, z.B. Wandenden oder Ecken zum einen als zusätzliche Unterstützung und zum anderen für eine gewünschte Optik einzusetzen. Da es in einem Wandverlauf für ein richtiges Gebäude immer Unterbrechungen gibt, scheint die Variante des Eckprototypen am vielversprechendsten. Der große Nachteil dieser Variante der textilen Schalung liegt eindeutig darin, dass das spätere Bauteil nicht ausgeschalt werden kann. Es sind enorme Anstrengungen nötig, das Textil von der Betonoberfläche bzw. insbesondere von den inneren Fäden zu trennen. Wenn es gelingt, sind die Enden der Fäden immer auf der Bauteiloberfläche zu sehen. Dieser feste Verbund ist allerdings auch notwendig, um die beiden Textilseiten während des Betonierprozesses miteinander zu verbinden und das typische Ausbeulen zu verhindern. Daher kann diese Variante nur für einen mehrschaligen bzw. nicht sichtbaren Wandaufbau eingesetzt werden oder wenn der Optik keine Bedeutung beigemessen wird.

6.3.3 Einsatz von Spritzbeton

Die zweite Variante ist der Auftrag von Spritzbeton auf die Außenseite der pneumatisch in Form gehaltenen Schalung. Im ersten Schritt ist ein Prototyp mit einer Länge von 3,50 m, einer Höhe von 2,00 m und einer Bauteildicke von 0,15 m entstanden. In diesem ersten Prototypen ging es nicht um die Standsicherheit, sondern insbesondere um die Haftung des Spritzbetons auf der unveränderbaren, glatten Oberfläche der Beschichtung des Abstandsgewebes (s. Abbildung 6.21). Da die Haftung nur sehr gering gegeben war, wurde auf eine erste Schicht Spritzbeton ein dünnes Textilgewebe aufgebracht, das für die notwendige Haftung des Spritzbetons sorgte (s. Abbildung 6.22).

Abbildung 6.21 Spritzbetontest an gerader Wand

Abbildung 6.22 Textilgewebe zur Unterstützung der Haftung

Anschließend wurde auch für diese Variante ein Eckprototyp hergestellt, um die Standsicherheit zu testen (s. Abbildung 6.23). Es wurde angenommen, dass aufgrund des einseitig aufgebrachten Drucks die Wahrscheinlichkeit des Kippens der Schalung steigen würde, wenn auch weniger als beim Befüllen mittels Pumpbeton. Dies geschah allerdings nicht, da die erste Schicht Spritzbeton direkt den seitlichen Druck des Aufbringens des Spritzbetons abfing. Zusätzlich wurden zwei Schichten Stahlgitter als Bewehrung mit in den Spritzbeton integriert.
Das Ausschalen bzw. das Entfernen des Pneus hinter der Betonschicht verlief ohne Probleme. Allerdings konnte durch diese Methode bis hierhin nur eine sehr dünne Betonschicht erreicht werden, die zwar selbsttragend war, aber nicht als Wandbauteil dienen kann (s. Abbildung 6.24). Im weiteren Verlauf wäre zu klären, ob realistische Bauteildicken erzielt werden können.

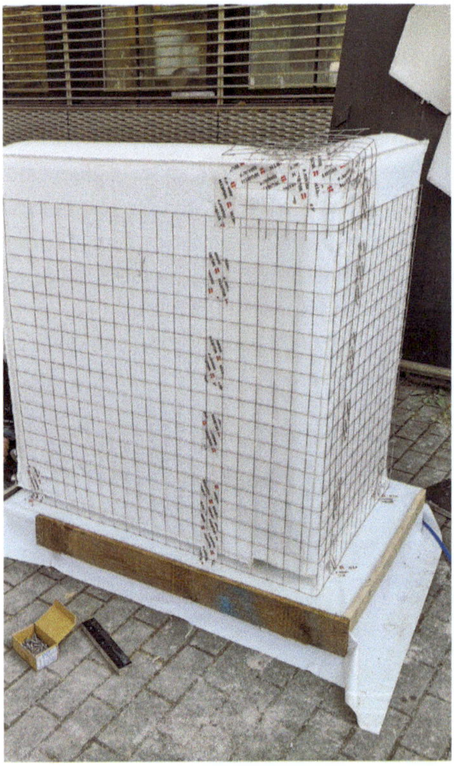

Abbildung 6.23 Schalung der pneumatischen Eckschalung für Spritzbeton

Abbildung 6.24 Eckprototyp aus Spritzbeton

6.4 Ausführung von Ecken

Für das Bauteil Wand ist das Herstellen von Ecken essentiell. Aufgrund der Flexibilität der Textilien ist es nicht ohne weiteres möglich, eine Ecke zu schalen. Im Bauwesen sind insbesondere 90° Ecken etabliert. Dies liegt zum einen sicher an der Nutzbarkeit der Räume, aber auch an den bisher verwendeten, starren Schalungsmaterialien, die zwar leicht andere Winkel abbilden können, nicht aber runde Ecken. Für letzteres werden Systemschalungen verwendet, welche die Rundung polygonalisieren. In dieser Arbeit ist daher eine Lösung für die meistens verwendete 90° Ecke gesucht worden, aber auch für die dem flexiblen Schalungsmaterial eher entsprechende runde Ecke.

6.4.1 90° Ecke

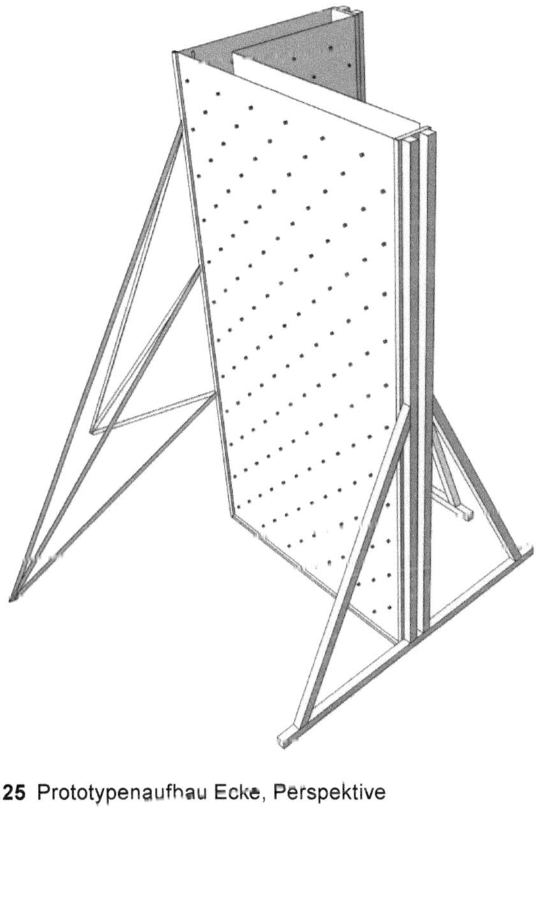

Abbildung 6.25 Prototypenaufbau Ecke, Perspektive

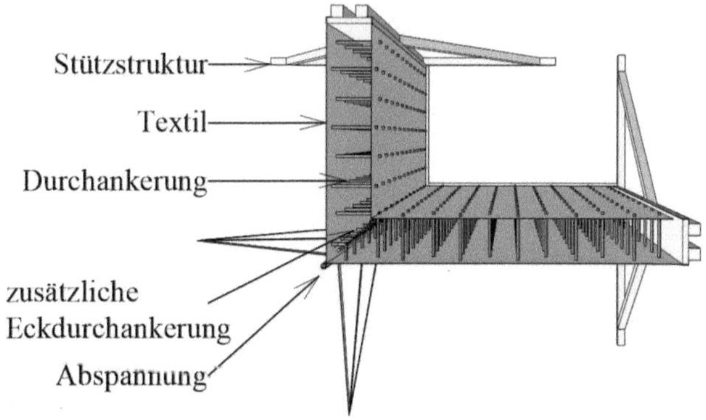

Abbildung 6.26 Prototypenaufbau Ecke, Draufsicht

Für die Herstellung der Schalung für eine 90° Ecke ist eine Holzkonstruktion zum Stützen der Schalung errichtet worden. Die beiden offenen Wandenden wurden mittels Holz geschlossen. Die Maße der Prototypen betragen 1,20 m x 0,80 m bei einer Höhe von 1,60 m und einer Bauteildicke von 0,20 m. Als textile Schalhaut wurde das PP Bändchengewebe mit einem Durchankerungsraster von 20 cm versetzt auf Lücke gewählt. Die Schwierigkeit bei diesem Prototypen bestand darin, die Ecke in Form zu halten. Sofern dies nicht ausreichend geschieht, würde sich die Außenecke unter Einfluss des Frischbetondrucks ausrunden und die Innenecke nach innen wölben (s. Abbildung 6.25 - 6.26).
Um die Außenecke auszubilden, wurde direkt in der Ecke außenliegend eine Lasche genäht, durch die eine Stahlstange geführt wurde, die während des Betonierens nach außen abgespannt wurde (s. Abbildung 6.27). Da die Innenecke auch nach außen hin abgespannt werden musste, ist innerhalb des Schalung eine Stahlstange aufgestellt und am Kopf- und Fußpunkt befestigt worden, an der das Textil der Innenseite abgespannt werden konnte. Da an dieser Stahlstange Gewindestangen nur schwer befestigt werden können, wurden Kabelbinder eingesetzt (s. Abbildung 6.28). Alternativ wären auch Fäden möglich gewesen.

Abbildung 6.27 Abspannen der Außenecke der Eckschalung

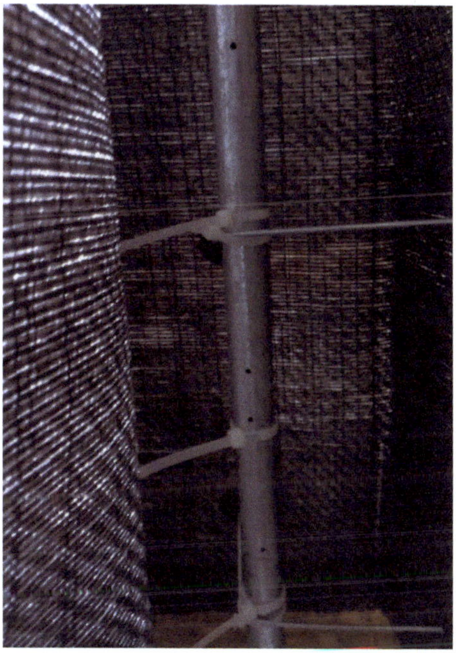

Abbildung 6.28 Abspannen der Innenecke der Eckschalung

Zusätzlich entstand in dieser Ecke eine Abhängigkeit zwischen der Bauteildicke und dem gewählten Durchankerungsraster. Der Abstand der letzten Durchankerungsreihe in der Außenecke war an die Bauteildicke gebunden, da zwingend ein gegenüberliegendes Textil benötigt wird, um die Durchankerung auf beiden Seiten befestigen zu können. Bei einer Bauteildicke von 20 cm bedeutet dies, dass die erste Durchankerungsreihe in der Ecke mindestens einen Abstand von 20 cm zur Außenecke aufweisen muss, wodurch der Abstand der Durchankerungen in der Ecke größer wird, oder aber das Durchankerungsraster insgesamt größer wird, wenn eine gleichmäßige Optik erzeugt werden soll. Um dies zu umgehen, wurde die letzte Durchankerungsreihe über Eck mit der innenliegenden Stahlstange verbunden. Bei einem versetzten Durchankerungsraster von 20 cm hat jede zweite horizontale Reihe einen Eckabstand von 20 cm und wieder jede zweite Reihe einen Eckabstand von 10 cm, sodass jede zweite Reihe an der inneren Stahlstange befestigt wurde.

Auf diese Weise konnte eine 90° Ecke mit dem Einsatz von textiler Schalung erfolgreich hergestellt werden (s. Abbildung 6.29, 6.30 und 6.31). Dabei entstand zwar keine scharfe Ecke, dies würde allerdings auch optisch nicht ins Bild der kissenartigen Wand passen, sodass das Ergebnis sehr zufriedenstellend ist. Für einen weiteren Prototypen würde der Abstand der Durchankerungen der Innenecke kleiner gewählt werden, da diese sich zwischen den Durchankerungen weiterhin nach innen wölbt, insbesondere am Fußpunkt. Aufgrund der anderen Durchankerungstechnik würde hier ein engerer Abstand nicht auffallen und eine geradere Kante entstehen lassen.

Abbildung 6.29 Detail Eckabspannung

Abbildung 6.30 Detailansicht der 90° Ecke

Abbildung 6.31 90° Ecke textil geschalt

6.4.2 Rundecke

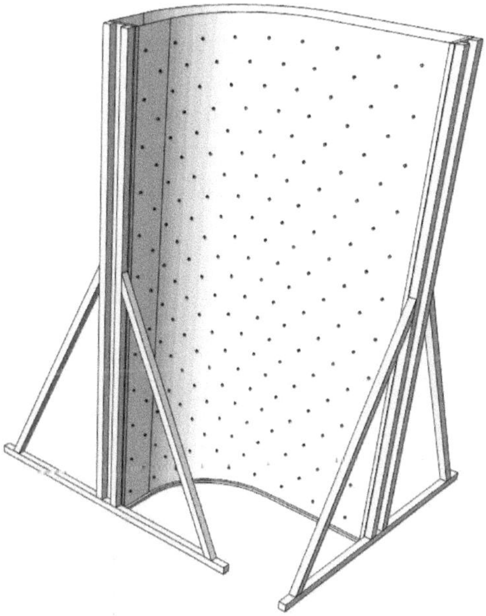

Abbildung 6.32 Prototypenaufbau Rundecke, Perspektive

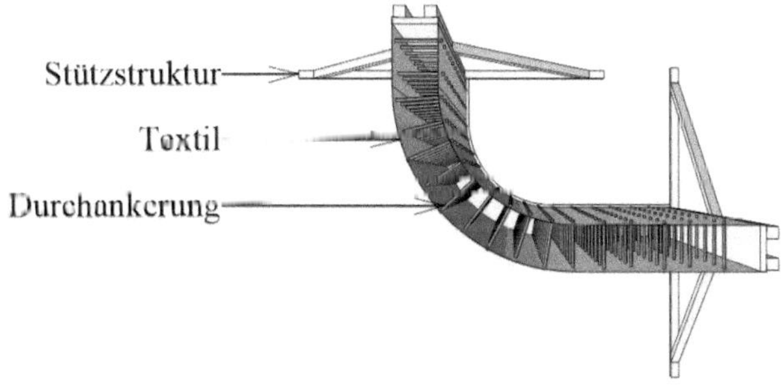

Abbildung 6.33 Prototypenaufbau Rundecke, Draufsicht

Auch für die Rundecke sind die offenen Wandenden mittels Holz verschlossen worden (s. Abbildung 6.32 - 6.33). Um am Kopfpunkt eine optimale Rundung zu erhalten, konnte hier allerdings nicht mit Holzlatten gearbeitet werden, sodass die exakte Form aus Brettholz ausgesägt wurde. Für die Stabilität sind hier drei Schichten übereinander befestigt worden (s. Abbildung 6.34). Gehalten wurde dies von zwei innenliegenden Stahlstangen, die nach dem Betonierprozess, ähnlich einer Bewehrung, im Bauteil verblieben. Bei dieser Schalungskonstruktion musste darauf geachtet werden, dass ausreichend Betonieröffnungen vorhanden waren, was durch Aussparungen im oberen Holzabschluss geschah (s. Abbildung 6.35). Die Maße des Prototypen entsprachen dem der 90° Ecke, mit dem Unterschied der Eckausbildung. Der Radius der Rundung betrug 45 cm.

Abbildung 6.34 Schalungsgerüst für Rundecke

Abbildung 6.35 Betonieröffnungen für den Prototyp der Rundecke

Für den Prototyp der Rundecke wurde das gleiche textile Schalungsmaterial Sefitec mit dem gleichen Durchankerungsraster von 20 cm versetzt auf Lücke gewählt. Dabei musste beachtet werden, dass der äußere Schalungsweg länger war als der innere. Um das Durchankerungsraster gleichmäßig aufzubringen, musste entweder der Rasterabstand auf der Außenschale vergrößert oder auf der Innenschale verringert werden. Für diesen Prototypen wurde letztere Option gewählt. Der neue Abstand der Durchankerungen in der Innenschale ergibt sich aus dem Radius der Rundung und wurde im Vorfeld ermittelt. Während des Betonierens sind keine Schwierigkeiten aufgetreten und es entstand ein sehr gleichmäßig ausgeprägter Prototyp einer Rundecke (s. Abbildung 6.36 - 6.37). Insgesamt entspricht diese Art der Eckausbildung eher den Eigenschaften des Textils und ergibt eine homogenere Optik. Es ist im fertigen Bauteil ersichtlich, dass das Schalungsmaterial nicht in eine Form gezwungen wurde, die es nicht gut abbilden kann, sondern die materialtypischen Eigenschaften optimal für eine andere Ausführung der Ecken genutzt wurden (s. Abbildung 6.38).

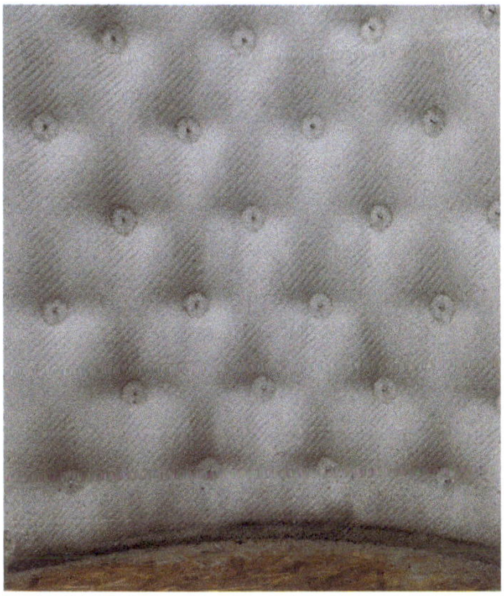

Abbildung 6.36 Fußpunkt Rundecke

Abbildung 6.37 Detailansicht der Rundecke

Abbildung 6.38 Rundecke textil geschalt

6.5 Öffnungen in der textilen Wandschalung

Für den Zugang in Gebäude und um Tageslicht einzulassen, müssen Wände Tür- und Fensteröffnungen aufweisen, sodass ein Schalungssystem neben dem Abbilden von Ecken zusätzlich mindestens Öffnungen in der Wand generieren können muss. Um die mögliche Konstruktion einer Öffnung zu testen, sind sechs Prototypen mit verschiedenen Verdrängungskörpern entstanden. Dabei ist versucht worden, den Vorteil des geringen Transportvolumens so wenig wie möglich negativ zu beeinflussen. Alle Prototypen wiesen dabei eine Höhe von 1,20 m, eine Breite von 0,90 m und eine Bauteildicke von 0,20 m auf. Das Öffnungsmaß betrug 0,30 m x 0,50 m und wurde jeweils vertikal, mittig im Prototyp angeordnet. Als Schalungsmaterial wurde das unbeschichtete PET Gewebe Umbratex mit einem Durchankerungsraster von 10 cm verwendet.

6.5.1 Rigide Schalung für Öffnungen in textiler Wandschalung

Im ersten Prototyp ist die Öffnung durch einen Holzrahmen generiert worden (siehe Abbildungen 6.39 - 6.40). Auf den Holzrahmen wurde das Textil wie bei der Randbefestigung von außen mit Klammern befestigt. Dies ist eine einfache Variante mit wenig Schalungsaufwand. Die Befestigungsart wurde bereits mehrfach erprobt und die Materialstärke des Holzrahmens mit 2 cm so groß gewählt, dass er dem Frischbetondruck sicher standhalten sollte. Diese Erwartungen erfüllten sich beim Betonierprozess, sodass ein gutes Ergebnis erzielt werden konnte (s. Abbildung 6.41). Der Rahmen hat an keiner Stelle nachgegeben und es ist eine orthogonale Fensteröffnung mit der gewünschten Geometrie entstanden (s. Abbildung 6.42). Einzig der Ausschalvorgang erwies sich als schwierig, was sich durch eine entsprechende Beschichtung des Materials verbessern lässt, sodass der Rahmen im besten Fall wiederverwendet werden kann. Der größte Nachteil dieser Variante liegt in dem starren Schalungsmaterial, das je nach Öffnungsgröße das Transportvolumen der Schalung deutlich vergrößert. Sollten diese Öffnungsrahmen erst vor Ort auf der Baustelle eingebracht werden, können auch die Durchankerungen oberhalb der Öffnung erst vor Ort eingebracht werden, um eine ausreichend große Öffnung in der Schalung vorzuhalten. Als Alternative wäre es denkbar, eine textile Öffnung vorzufabrizieren und den Holzrahmen vor Ort für die notwendige Stabilität einzubringen.

Abbildung 6.39 Holzrahmen für Öffnung

Abbildung 6.40 Schalung des Holzrahmens als Öffnung

Abbildung 6.41 Prototyp der Öffnung mittels Holzrahmen

Abbildung 6.42 Eckdetail des Prototypen mittels Holzschalung

6.5.2 Genähte Öffnungen

Um ein einheitliches Schalungsmaterial mit identischen Eigenschaften zu gewährleisten, sind zwei weitere Prototypen entstanden, in die die gewünschte Öffnung mittels zusätzlicher Textilstreifen eingenäht wurde. Auf diese Weise behält die gesamte Schalung ihre flexiblen Eigenschaften. In den ersten Prototyp wurde die Öffnung ohne weitere Befestigung jeweils an den beiden Schalhäuten vernäht. Dabei musste darauf geachtet werden, dass die Nähte außen lagen, da sie sonst einen Verbund mit dem Beton eingegangen wären und das Ausschalen erschwert worden wäre.
Da zu erwarten war, dass sich der eingenähte Textilstreifen unter dem Einfluss von Frischbetondruck nach innen wölben würde, wurden vor dem Betonieren 5 mm starke Plexiglasstreifen mit einer Breite identisch der Bauteildicke von 20 cm sowohl an allen Außenseiten als auch gewölbt auf Spannung in die Ecken geklemmt (s. Abbildung 6.43). Da diese Elemente aus Einzelteilen bestanden, konnten sie nach abgeschlossenem Betonierprozess leicht entfernt werden. So bleibt die textile Schalung flexibel und wird vor Ort durch einen wiederverwendbaren, außenliegenden Einbau ergänzt, der die Kräfte des Frischbetondrucks zum großen Teil aufnehmen kann, wie sich im ausgeschalten Ergebnis gezeigt hat. Im direkten Vergleich zu der Schalung mit dem Holzrahmen sind leichte Rundungen entstanden (s. Abbildung 6.44). Diese fielen allerdings gering aus und können im weiteren Bauverlauf beim Einbau von Fenstern ausgeglichen werden. Insbesondere hier wären weitere Test mit größeren Bauteilmaßen von Bedeutung.

Abbildung 6.43 Schalung der genähten Öffnung, ausgesteift durch Plexiglasstreifen

Abbildung 6.44 Prototyp der genähten Öffnung, ausgesteift durch Plexiglasstreifen

Für die zweite Variante wurde ebenfalls eine Öffnung in die Schalung genäht. Um den Einsatz von starren, zusätzlichen Schalungsmaterialien weiter zu verringern, wurde hier die Öffnung nicht nachträglich von außen verstärkt, sondern innerhalb des Bauteils an den später vorhandenen Durchankerungen fixiert (s. Abbildung 6.45). Hierfür wurde auf allen vier Seiten innerhalb der Schalung eine Putzträgermatte an der genähten Öffnung mittig angenäht. Durch diese Gitterstruktur wurde beim anschließenden Durchankern allseits die letzte Durchankerungsreihe an der Öffnung im festgelegten Abstand hindurchgeführt, sodass diese Durchankerungsreihe sowohl die beiden Schalungsseiten, als auch seitlich die Öffnung in Position hielt. Dadurch, dass die Putzträgermatte zwar über die gesamte Länge fixiert, allerdings nur punktuell im Durchankerungsraster von 10 cm befestigt werden konnte, zeigten sich bei diesem Prototyp bereits größere Ausbeulungen innerhalb der Öffnung als bei dem zuvor beschriebenen. Lediglich die Ecken konnten ihre Form durch die zusätzliche Naht annähernd halten, wodurch allerdings fast ein Einschluss des Schalungsmaterials in diesen Bereichen entstand. Zusätzlich gestaltete sich das Ausschalen schwierig, da die Putzträgermatte sowohl mit dem Beton, als auch mit dem Schalungsmaterial fest verbunden war (s. Abbildung 6.46). Alternativ könnten die Verankerungen an den seitlichen Durchankerungen mittels einzelner Fäden geschehen, da die Putzträgermatte, auch wenn sie flächig an der Schalung befestigt ist, nicht flächig innerhalb der Schalung befestigt werden kann und dies nur punktuell geschieht.

Abbildung 6.45 Schalung der genähten Öffnung mit integrierter Putzträgermatte

Abbildung 6.46 Prototyp der genähten Öffnung mit integrierter Putzträgermatte

6.5.3 Öffnungen durch Pneumatik

Das Herstellen von Öffnungen mittels Luftkissen wurde an zwei weiteren Prototypen getestet. In beiden Prototypen wurde ein dichter Pneu geschweißt, wie zuvor für die Versuche zum Thema Standsicherheit. Unterschieden haben sich die beiden Prototypen in der Art der Befestigung des Pneus innerhalb der Schalung. Im ersten Versuch wurde der Pneu beidseitig mit jeweils sechs Durchankerungen an der äußeren Schalhaut befestigt. Für diese Durchankerung sind Spezialverschlüsse verwendet worden, um die Luftdichtheit zu gewährleisten. Aus diesem Grund wurde auch die geringe Anzahl Durchankerungen gewählt. Um eine Kontaktfläche zwischen dem Pneu und der Schalhaut zu generieren, ist die der Schalhaut zugewandten Oberfläche mit einem gummierten Gewebe versehen worden (s. Abbildung 6.47). Während des Betonierens drang allerdings recht viel Beton zwischen das Pneu und die Schalhaut, sodass das Pneu im fertigen Bauteil mit ca. 2 cm Beton überdeckt war und nicht komplett ausgeschalt werden konnte (s. Abbildung 6.48).

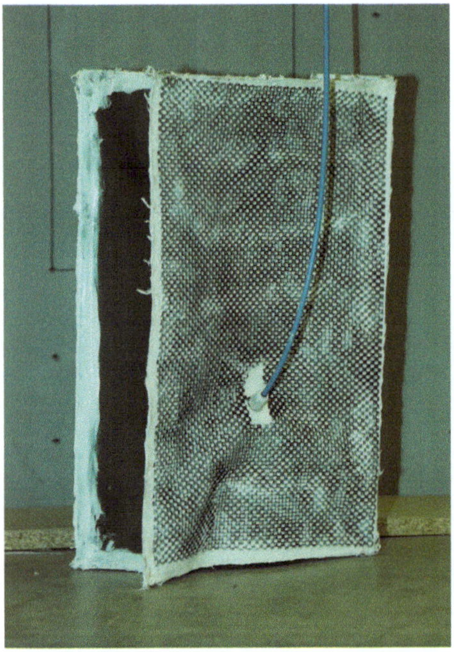

Abbildung 6.47 Schalung der Öffnung mittels durchgeankertem Pneu

Abbildung 6.48 Prototyp der Öffnung mittels durchgeankertem Pneu

Im zweiten Versuch ist getestet worden, den Pneu mittels Klettverschluss in Position zu halten. Hierfür wurde ein Pilzkopfklettverschluss aus der Industrie verwendet, der besonders festen Halt aufweist (s. Abbildung 6.49). Unter dem Einfluss der Feuchtigkeit aus dem Frischbeton hielt der Klettverschluss allerdings nicht lange und riss schnell auf, sodass überhaupt keine Haftung mehr gegeben war und die geplante Öffnung des Prototypen anschließend eine Betonüberdeckung von über 5 cm aufwies (s. Abbildung 6.50). Dadurch, dass das Pneu einen vollständig geschlossener Körper darstellen muss, konnte die letzte Naht des Pneus außerdem nicht außerhalb des Betons gefertigt werden. Daher würde, auch wenn die Konstruktion funktioniert hätte, der Ausschalprozess deutlich erschwert, da mindestens eine Nahtstelle einen Verbund mit dem Beton eingehen kann. Dieser Nahtüberstand musste vor dem Einbringen von Frischbeton abgeklebt werden, um möglichst wenig Verbund mit dem Frischbeton einzugehen.

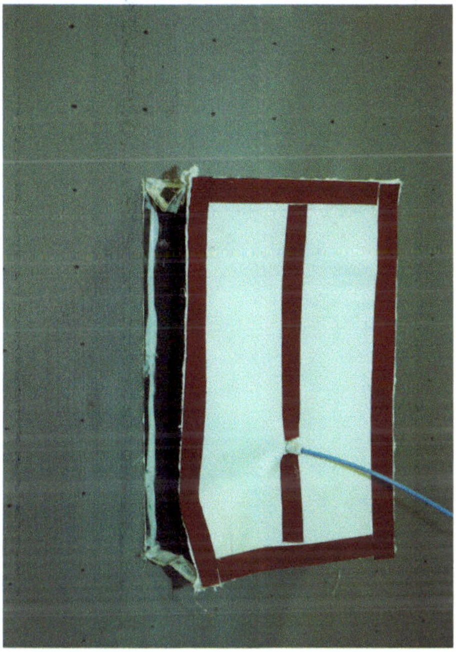

Abbildung 6.49 Schalung der Öffnung mittels Pneu, gehalten durch Klettverschluss

Abbildung 6.50 Prototyp der Öffnung mittels Pneu, gehalten durch Klettverschluss

6.5.4 Styrodurschalung mit Magnetbefestigung

Um eine scharfkantige, orthogonale Öffnung zu erhalten und dabei möglichst wenig Gewicht in die Schalung zu bringen, ist ein weiterer Prototyp entstanden, bei dem die Öffnung statt durch einen Holzrahmen durch einen zuvor zurechtgeschnittenen Styrodurblock entstehen sollte. Die Befestigung bzw. das in Position halten des Styrodurblocks wurde durch Magnete erprobt, da diese für einen vereinfachten Ausschalprozess und garantierte Wiederverwendbarkeit sorgen sollen. Hierfür wurde auf die beiden der Schalhaut zugewandten Seiten jeweils eine Metallplatte auf das Styrodur geklebt. Anschließend wurde auch auf den beiden Außenseiten mit Hilfe von besonders starken Magneten ein Metallblech befestigt (s. Abbildung 6.51). Zunächst hielt die Konstruktion unter Einbringen des Frischbetons die Position. Ein seitliches Verrutschen konnte nicht festgestellt werden. Als der Frischbetondruck die Höhe oberhalb der Öffnung erreichte, widerstanden die Magnete dem Druck allerdings nicht mehr, sodass auch diese Schalung nicht hielt und eine Betondeckung von ca. 2 cm entstand (s. Abbildung 6.52). Der Unterschied zum Versagen von z.B. dem Klettverschluss-Prototypen ist, dass das Versagen langsamer stattfand. Die Kanten der Öffnung haben sich allerdings ebenso gut ausgebildet wie in der Variante mit Holzrahmen. Wenn hier eine Lösung gefunden würde, den Styrodurblock zu fixieren, stellt diese Methode eine Alternative dar.

Abbildung 6.51 Schalung der Öffnung mit Magnetbefestigung

Abbildung 6.52 Prototyp der Öffnung mit Magnetbefestigung

6.6 Aufbau einer mehrschichtigen, textil geschalten Wand

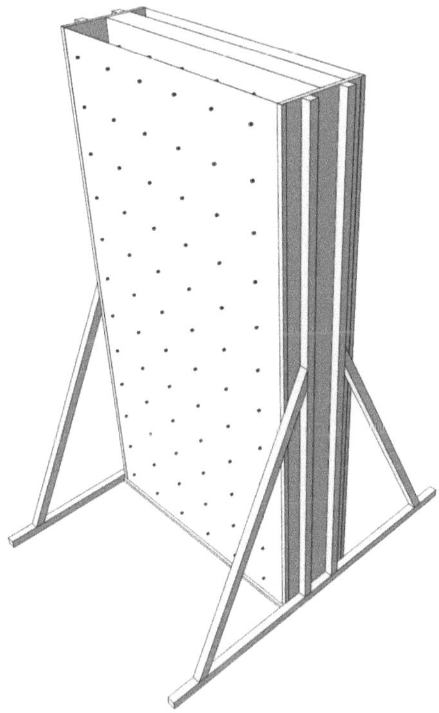

Abbildung 6.53 Aufbau einer mehrschaligen, textil geschalten Wand, Perspektive

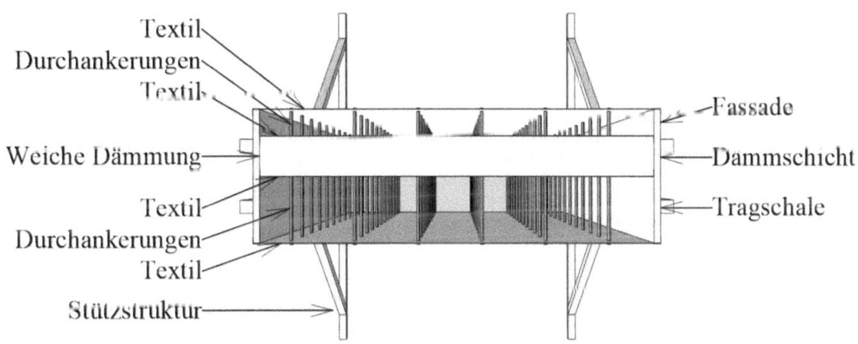

Abbildung 6.54 Aufbau einer mehrschaligen, textil geschalten Wand, Draufsicht

Ein mehrschichtiger Wandaufbau sieht eine Tragschale, eine Dämmebene und eine Vorsatzschale vor. Diese Schichten werden meist in einzelnen Arbeitsschritten vor Ort hergestellt. Einen sogenannten kerngedämmten Wandaufbau aus einer Tragschale und Vorsatzschale aus Beton herzustellen, gelingt nur mit dem Einsatz von Fertigteilen, da die zuletzt errichtete Schicht nicht mehr ausgeschalt werden könnte. Hier könnte die textile Schalung einen entscheidenden Vorteil bieten. Durch den Einsatz einer textilen Schalung wird es möglich, die Schalung für den gesamten, kerngedämmten Wandaufbau vorzufabrizieren und beide Schichten vor Ort zu betonieren.
Zur Herstellung der textilen Schalung werden zunächst zwei einschalige textile Wandaufbauten, wie in Kapitel 6.1 beschrieben, hergestellt. Beide Schalen weisen hierbei entsprechend ihrer Anforderungen unterschiedliche Wandstärken auf. Die Tragschale wird stärker ausgeführt als die Vorsatzschale. Einige der notwendigen Durchankerungen werden dabei allerdings durch alle Schichten geführt, um die dünnere Vorsatzschale gegen kippen zu sichern. Die beiden textil geschalten Schichten werden an den Randbereichen auf Abstand miteinander verbunden, sodass im Zwischenraum eine Dämmebene entsteht (s. Abbildung 6.53 - 6.54). Sofern die gesamte Schalung vorfabriziert auf die Baustelle geliefert werden soll, muss entweder eine weiche, aufrollbare Dämmung gewählt werden, die bereits in der Schalung integriert geliefert werden kann, oder die Dämmung muss vor Ort eingebracht werden. Eine harte Dämmplatte könnte nur vor Ort und unter einzelnen Montageschritten für die drei Schichten als Dämmung eingesetzt werden. Um ein Durchfeuchten der Dämmung während des Betonierens zu verhindern, muss entweder die textile, der Dämmung zugewandten Seite impermeabel, weiter als dicht bezeichnet, ausgeführt werden oder die Dämmung muss nachträglich eingebracht werden. Letzteres kann durch verschiedene Schüttdämmungen bzw. Einblasdämmung geschehen.
Die Mehrschichtigkeit dieser Schalung schließt dabei das Integrieren von Öffnungen oder Eckausbildungen der Schalung nicht aus. Sollen die einzelnen Schichten separat montiert werden oder verschiedene, sehr große oder unterschiedliche Wandelemente mit unterschiedlichen Höhen oder differenzierten Eckausbildungen verbaut werden, können einzelne Elemente vorfabriziert werden, die vor Ort mittels Reißverschluss oder fester Fügung verbunden und somit unterschiedlich kombiniert werden können.

6.6.1 Kerngedämmte, aufgerollte Wandschalung

In diesem Prototyp ging es darum, mehrere Erkenntnisse aus verschiedenen Versuchen in einen kerngedämmten Prototyp zusammenzuführen, der als Schalung aufgerollt, vor Ort betoniert und direkt als fertiges Wandbauteil in allen Schichten ohne weitere Arbeitsschritte genutzt werden kann. Der Prototyp wurde als Eckschalung ausgeführt. Die lange Seite betrug 1,20 m, die kurze Seite 0,80 m und die Höhe betrug 1,60 m. Als Schichtstärke wurde für die Tragschale 0,10 m, für die Dämmschicht 0,12 m und für die Vorsatzschale

0,04 m angesetzt. Um möglichst viele Vorteile der textilen Schalung nutzen zu können, wurde als Dämmmaterial eine weiche Mineralwolle gewählt. Unter anderem hieraus resultierte die Materialwahl der einzelnen Textilschichten. Damit die Dämmung während des Einbringens von Frischbeton nicht durch austretendes Anmachwasser durchfeuchtet wurde, ist sowohl bei der Tragschale, als auch bei der Vorsatzschale ein dichtes, beschichtetes Textil auf der zur Dämmung hingewandten Seite gewählt worden. Auf den jeweiligen Außenseiten dieser Schichten hingegen sollte der Vorteil der Permeabilität (Kapitel 5) nutzbar bleiben, sodass ein synthetisches, permeables Gewebe als Schalhaut eingesetzt wurde.

Als Durchankerungsraster wurde ein auf Lücke versetztes Raster im Abstand von 0,08 m gewählt. In der Vorsatzschale wurden als Durchankerung Gewindestangen eingesetzt, da diese aktuell am besten gewährleisten, dass das Textil je nach Belieben wieder entfernt werden kann. Um die Vielfalt der Durchankerungsmöglichkeiten abzubilden, ist die Tragschale auf der Innenseite mit UHMWP Fäden (Ultra-high-molecular-weight polyethylen) durchankert worden (s. Abbildung 6.55). Um die Vorsatzschale gegen Kippen zu sichern, wurden die jeweils zur Dämmung hingewandten Textilschichten, versetzt zum Durchankerungsraster der einzelnen Bauteilschichten, zusätzlich mit Gewindestangen durchankert. Auf diese Weise entstand keine direkte Wärmebrücke. Das Durchankern der Ecken (s. Abbildung 6.56) wurde äquivalent zum Eckprototyp aus Kapitel 6.5.1 ausgeführt. Der Unterschied bestand darin, dass jede Schicht (s. Abbildung 6.57) einzeln für sich über eine zusätzliche Eckabspannung verfügte und diese durch die Dämmung (s. Abbildung 6.58) hindurch miteinander verbunden wurden. Dies geschah mit dem gleichen Faden wie die Durchankerung der Tragschale. Außen wurde die Ecke ebenfalls über eine zusätzliche Textilschlaufe abgespannt.

Abbildung 6.55 Detail Fadendurchankerung, mehrschichtiger Aufbau

Abbildung 6.56 Eckdetail mehrschichtiger Aufbau

Abbildung 6.57 Prototyp mehrschichtiger Aufbau

Abbildung 6.58 Schichtaufbau mehrschalige Wand

6.6.2 Kerngedämmte Wandschalung, Monomaterial

Da Beton selbst zunächst ein sehr energieintensiver Baustoff ist, der aber für die Nutzung eines Bauteils oftmals Vorteile im Bereich Statik, Brandschutz und auch als Speichermasse aufweist, wurde in diesem Prototyp durch eine alternative Methode versucht, den Einsatz von Beton etwas nachhaltiger auszuführen. Es handelt sich ebenfalls um einen mehrschichtigen, kerngedämmten Wandaufbau. Die Maße des Prototyps betragen 0,80 m Breite und 1,20 m Höhe. Für die Tragschale wurde eine Schichtstärke von 0,06 m, für die Dämmschicht 0,08 m und für die Vorsatzschale 0,04 m gewählt. Der Unterschied zu der in Kapitel 6.6.1 beschriebenen Wandschalung liegt zum einen in der Wahl des Dämmmaterials und zum anderen in der Durchankerungsmethode.

Als Dämmmaterial wurde ein Porenleichtbeton gewählt, der aus dem gleichen Ausgangsmaterial wie die Tragschale und die Vorsatzschale besteht. Auf diese Weise könnte die gesamte Wand einem Recyclingprozess zugeführt werden. Die innere Tragschale wurde diesmal mit Gewindestangen durchankert. Auf der außenliegenden Vorsatzschale wurde versucht, die Perforierung der Wand durch Durchankerungen so gering wie möglich zu halten. Daher wurde außenliegend ein Netz aus Stahlseilen (s. Abbildung 6.59), innerhalb eines Rahmens gespannt, zur Kontrolle der Ausbeulungen des Textils eingesetzt. Dieses wurde Richtung Fußpunkt, wo der höchste Frischbetondruck auftritt, am engsten angebracht und weitet sich nach oben hin auf. An einigen Kreuzungspunkten der Stahlseile sind mittig Durchankerungen der Vorsatzschale mit der zur Dämmung hingewandten Textilschicht der Tragschale verbunden worden, um zum einen die Vorsatzschale gegen Kippen zu sichern und zum anderen dem Stahlnetz in der Mitte der Wand noch etwas mehr Unterstützung zu geben (s. Abbildung 6.60, 6.61 und 6.62).

Abbildung 6.59 Schalung der Vorsatzschale, Monomaterial

Abbildung 6.60 Schalungsaufbau kerngedämmte Wandschalung, Monomaterial

Abbildung 6.61 Prototyp kerngedämmte Wandschalung, Monomaterial

Abbildung 6.62 Schichtaufbau kerngedämmte Wandschalung, Monomaterial

6.7 Schlussfolgerungen der konstruktiven Anwendbarkeit

Die konstruktive Funktionalität ist Basis dafür, ein neues Schalungssystem auf der Baustelle anwenden zu können. Daher sind in dieser Arbeit, neben der textilen Wandschalung selbst, die notwendige Details in praktischen Versuchen erprobt worden. Für eine etablierte Wandschalung sind dies vor allem das Ausbilden von Ecken und das Integrieren von Öffnungen. Für die textile Schalung hat sich aufgrund der Flexibilität des Schalungsmaterials insbesondere die Thematik der Standsicherheit der Schalung ergeben.
Der Aufbau der textilen Wandschalung an sich ist bisher aufgrund der Vielzahl der be-

nötigten Durchankerungen recht zeitaufwändig. Der große Vorteil liegt aber darin, dass die Schalung wegen ihrer Flexibilität sehr platzsparen transportiert werden kann und es somit möglich wird, eine große Fläche Schalung vollständig vorzufabrizieren. Auf diese Weise entfallen viele Arbeitsschritte, die bei einer etablierten Schalung auf der Baustelle geschehen müssen.
Um diesen Vorteil vollständig nutzen zu können, ist es notwendig, das Aufspannen der textilen Wandschalung auf der Baustelle so zeitsparend wie möglich vornehmen zu können. Zurzeit wird hierfür ein der zu schalenden Wandfläche entsprechend großes Gerüst zur Sicherstellung der Standsicherheit der Schalung benötigt. Sofern dieses Gerüst ausschließlich für die Schalung aufgestellt werden muss, ist dies ein sehr zeit- und arbeitsintensiver Vorgang. Da allerdings spätestens zum Betonieren der Wandschalung ein klassisches Baugerüst benötigt wird, wäre es denkbar, die textile Wandschalung darin zu integrieren. Um nicht auf beiden Seiten der Wandschalung ein Gerüst aufbauen zu müssen, könnte die andere Seite der Schalung in eine bereits bestehende Deckenschalung integriert werden. Hierzu müsste lediglich der Bauablauf dahingehen abgeändert werden, dass erst die Decken- und anschließend die Wandschalung errichtet werden. Ausgeschlossen werden bei dieser Integration der Schalung wiederum Teilfertigteildecken und Fertigteildecken, da diese selbst als eine Art Schalung bzw. fertiges Bauteil auf die Wände aufgelegt werden.
Alternativ wurde in dieser Arbeit untersucht, wie Pneumatik genutzt werden kann, um die textile Schalung in Position zu bringen und zu halten. Aufgrund der Anforderung an die Luftdichtigkeit ist hier allerdings die Verwendung von dichten Textilien zwingend notwendig. Auch die mehrfach getesteten Durchankerungen, die für die typische Kissenstruktur der Wand sorgen, können nicht angewendet werden, da durch die Perforation zu viel Luft ausdringen und der Druck nicht konstant gehalten werden kann.
Die Optik dieser Versuche ist vollständig anders als die der textilen Wandschalung. Zusätzlich kann die Schalung, sofern sie mit Pumpbeton gefüllt wurde, nicht ausgeschalt werden. Dennoch konnte innerhalb der Prototypendimensionen auf jegliche weitere Stützstruktur verzichtet werden, was einen klaren Vorteil für den zeitlichen Bauablauf bietet (s. Abbildung 6.63 - 6.64). Der Einsatz dieser Technik wird eher in Bereichen gesehen, in denen die Wand verkleidet wird, oder auch für schnell zu errichtende Gebäude. Dies könnten Notunterkünfte jeder Art sein. Damit sie nach Bedarf wieder entfernt werden können, sollte die pneumatische Schalung evtl. mit alternativen Baumaterialien gefüllt werden.
Beim Einsatz von Spritzbeton außenseitig auf die pneumatische Schalung entstand das Problem der Wandstärke. Für den Einsatz der pneumatischen Schalungen könnte für beide Varianten an eine komplette Raumstruktur gedacht werden, die je nachdem mit Pumpbeton gefüllt oder durch den Auftrag von Spritzbeton direkt ganze Räume generiert.
Da keine Flachdecken möglich sind, müssten Dächer mit Neigung hergestellt werden, was wieder für den Einsatz für kleine und ggf. schnelle und temporäre Raumlösungen spricht. Bei der Herstellung einer Flachdecke mit Hilfe diesen Prinzips, also mit einem

waagerechten Pneu für die Decke als Teilabschnitt eines raumstrukturgebenden Pneus, würde dieses Pneu ohne zusätzliche Unterstützung unter der Einwirkung von Frischbetondruck nachgeben und könnte keine Formstabilität garantieren. Da der Vorteil dieser Konstruktion allerdings exakt darin liegt, keine zusätzliche Stützstruktur zu benötigen, sollte das Bestreben darin liegen, alternative Lösungen für die Dachintegration zu finden, z.B. durch eine entsprechende Neigung. Daher bestehen für die Pneukonstruktion die möglichen Richtungen eines eingeschossigen Gebäudes mit Satteldach oder einer Raumstruktur mit nachträglichem Einbau einer Fertigteildecke.

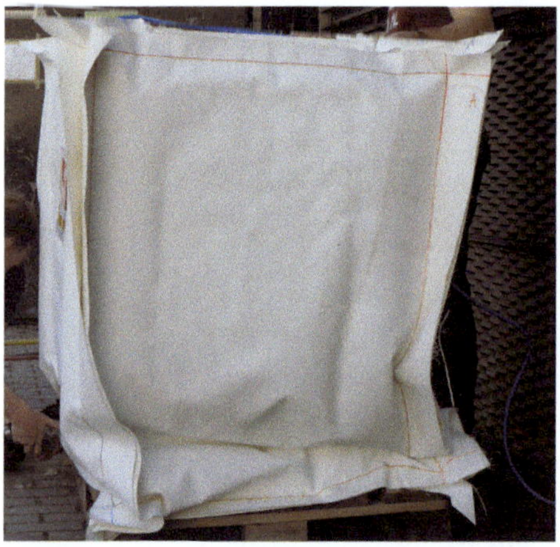

Abbildung 6.63 Füllen der Schalung mit Luft

Abbildung 6.64 Pumpbetonschalung, betoniert

Die Ausführung von Ecken ist problemlos realisierbar. Der bessere Gesamteindruck entsteht allerdings durch den Einsatz von Rundecken (s. Abbildung 6.66), da diese die Flexibilität besser widerspiegeln und zu der kissenartigen Oberfläche der weiteren Wandfläche passen. Bei der Konstruktion von 90° Ecken (s. Abbildung 6.65) entsteht eine, für das textile Schalungsmaterial, untypische Geometrie, die leichte Abweichungen zu den gewohnten scharfkantigen Ecken aufweist. Sollte es dennoch gestalterisch gewünscht sein, können auch 90° Ecken ohne Probleme hergestellt werden. Schlussendlich wurde nachgewiesen, dass beide Varianten realisierbar sind und nach optischen Vorlieben entschieden werden kann, welche Konstruktion Anwendung finden wird.

Abbildung 6.65 90° Ecke

Abbildung 6.66 Rundecke

Auch das Integrieren von Öffnungen ist technisch möglich. Eine optimale Form stellt sich allerdings nur unter Verwendung eines zusätzlichen, aus steifem Material bestehenden, Verdrängungskörper ein. Um weiterhin große Schalungsflächen, insbesondere mit großen Fensterausschnitten vorfabrizieren und transportieren zu können, wäre es denkbar eine Kombination aus einer textil genähten Öffnung und dem Einsetzen eines festen Verdrängungskörpers auf der Baustelle zu verfolgen. Hier würde die Öffnung zunächst umlaufend, in geplanter Größe, mittels Textilstreifen abgenäht werden. Anschließend kann die Schalung weiterhin platzsparend auf die Baustelle transportiert werden und vor Ort ein formstabiler Verdrängungskörper auf herkömmliche Art eingesetzt werden. Dies bedingt zunächst einen zusätzlichen Arbeitsschritt auf der Baustelle, bezogen auf die gesamte Wandfläche, reduziert sich der Aufwand durch die vorgefertigte, textile Schalung dennoch. Auf diese Weise können von beidem, textile Wandschalung und formstabiler Verdrängungskörper, die Vorteile, bei minimalem Arbeitsaufwand, verbunden werden. Weiterhin können die Verdrängungskörper bei Maßwiederholung sehr gut widerverwendet werden, da sie aufgrund des textilen Abnähens keinen direkten Kontakt mit dem Frischbeton bekommen. Dieselbe Vorgehensweise wäre für Türöffnungen denkbar.

7 Auswirkungen der textilen Schalung auf den Wärmedurchgang

Um als Außenbauteil gebrauchtstauglich zu sein, muss eine Wand neben den statischen Anforderungen auch den aktuellen bauphysikalischen Anforderungen entsprechen. Dies sind insbesondere die Wärmeschutzanforderungen, die Feuchteschutzanforderungen aber auch die Schallschutzanforderungen im Hochbau. Für den Einsatz der textilen Schalung in Innenbereich, z.B. als nicht tragende Wände, reduzieren sich die bauphysikalischen Anforderungen meist auf konstruktive Anforderungen und, je nach Einbausituation, an den Schallschutz. Im folgenden Kapitel sind erste Untersuchungen nach Wärmeschutz - Bestimmung der Wärmedurchgangseigenschaften im stationären Zustand - Verfahren mit dem kalibrierten und dem geregelten Heizkasten (DIN EN ISO 8990:1996) durchgeführt worden, um einen möglichen Einfluss einer textilen Schalung auf die wärmetechnischen Eigenschaften zu untersuchen.

7.1 Messaufbau für den Wärmedurchgang

Die Messungen des Wärmedurchgangs fanden durch eine kalibriertes Heizkastenverfahren nach ISO 8990, weiter Heat Box genannt, statt (s. Abbildung 7.1). Hierbei handelt es sich um einen geschlossenen und von innen gedämmten Thermoschrank, in dem die Materialproben einem kontrollierten Temperaturgefälle ausgesetzt werden, bis möglichst stationäre Randbedingungen herrschen. Stellt sich nach einer definierten Laufzeit ein stationärer Wärmestrom durch das zu messende Bauteil ein, können über eine Temperaturmessung und die Abschätzung der Wärmestromdichte im Bauteil Bemessungswerte wie Wärmedurchgangswiderstand, Wärmedurchlasswiderstand, Wärmeübergangswiderstand ermittelt werden (DIN EN ISO 8990:1996).
Die Heat Box ist zweiteilig aufgebaut, bestehend aus jeweils einer Wärme- und einer Kältekammer, zwischen die das zu prüfende Bauteil eingelassen wird. Diese beiden Kammern sind thermisch durch hochdämmende Materialien voneinander entkoppelt. So wird sichergestellt, dass das thermische Temperaturgefälle der Kalt- und Warmseite nur innerhalb einer Aussparung der sich zugewandten Seiten der Heat Box im zu messenden Bauteil stattfindet.

C. Kisker, *Rolled Wall*, Mechanik, Werkstoffe und Konstruktion im Bauwesen 76, https://doi.org/10.1007/978-3-658-47179-8_7

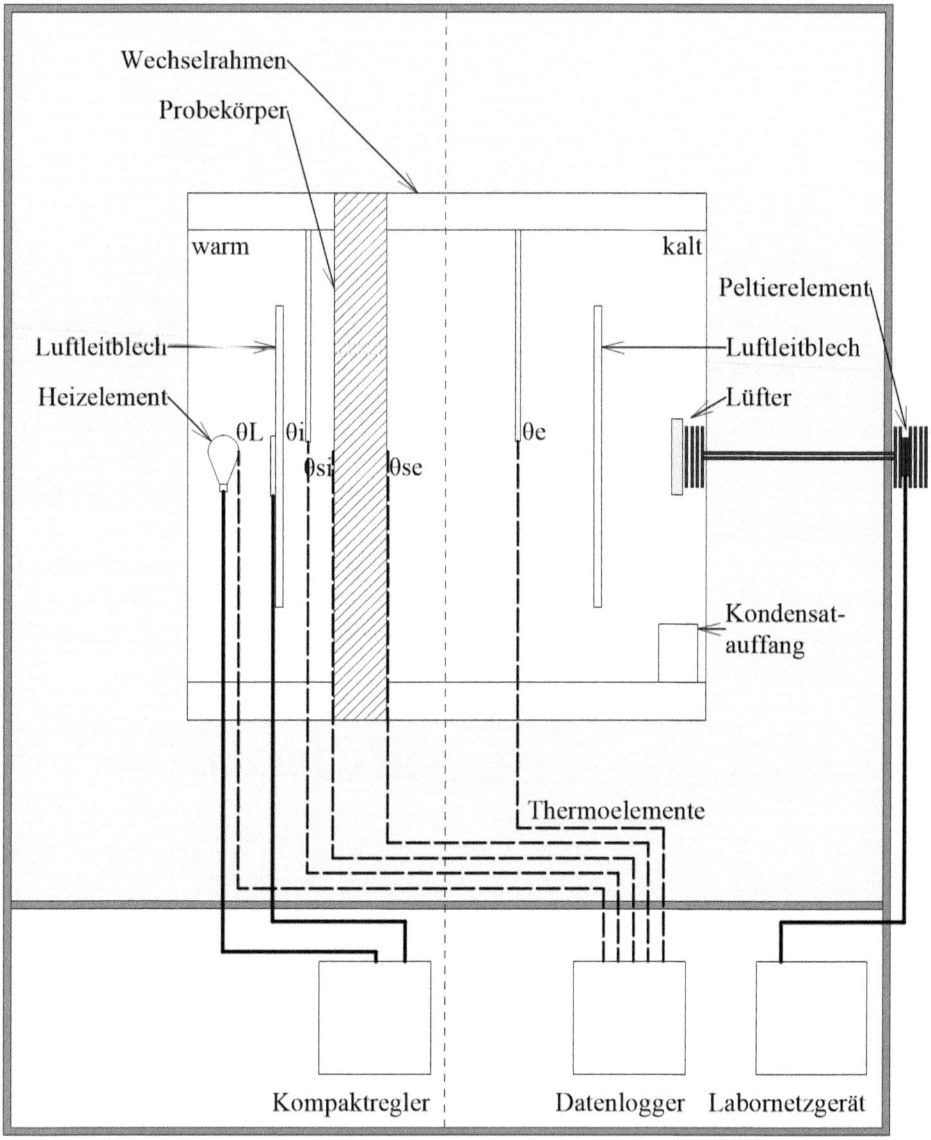

Abbildung 7.1 Messaufbau für den Wärmedurchgang, Heat Box

Die Aussparung innerhalb der Wärmekammer wurde für Probekörper mit einer Dimension von 50 cm x 50 cm bei einer maximalen Bauteilstärke von 30 cm ausgelegt. Um Flankenverluste mittels Diffusion zwischen Heat Box und Probekörper zu vermeiden, wurden die Probekörper umlaufend durch vorkomprimiertes Schaumstoffdichtungsband auf Polyurethanbasis luftdicht in die Wärmkammer eingelassen. Unterschiedliche Probekörperstärken wurden durch vorgefertigte, passgenaue Rahmen aus hochdämmenden XPS, sogenannte Wechselplatten, ausgeglichen (s. Abbildung 7.5). Ebenso wurden die beiden Thermokammern der Heat Box nach Einbau der Probekörper umlaufend, luftdicht abgedichtet und fest miteinander verbunden. So konnte sichergestellt werden, dass eine thermisch entkoppelte Warmluft- und Kaltluftseite zur Erzeugung des erforderlichen Temperaturgefälles für die Messung entstand. In der Wärmekammer wurde die Temperatur durch eine Heizbirne, weiter Wärmequelle genannt (s. Abbildung 7.4 links), erzeugt. Um die Materialprobe einer gleichmäßig verteilten, indirekten Wärmezufuhr auszusetzen, wurde zwischen der Probe und der Wärmequelle ein Luftleitblech angebracht. Im linken Bild (s. Abbildung 7.2) ist zu sehen, dass die Wärme entsprechend ihrer Eigenschaften, nach oben steigt. Der Einsatz eines Lüfters erzeugte das zweite Bild von links, in dem die Wärme nach unten gedrückt wurde. Nur der Einsatz eines Luftleitbleches generierte insgesamt zu hohe Temperaturen bzw. zu hohe Temperaturunterschiede (siehe Abbildung 7.2 - dritte von links).

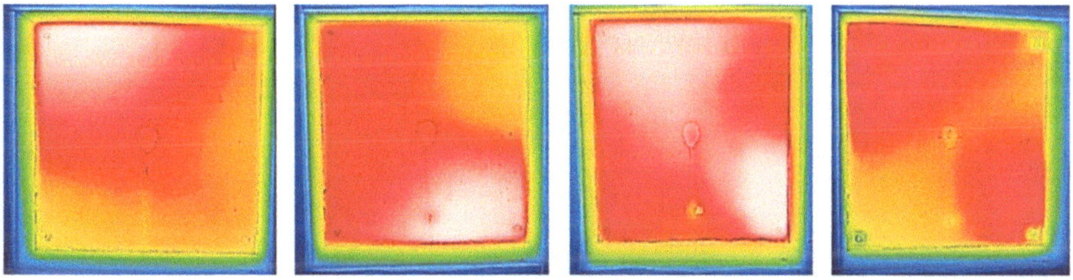

Abbildung 7.2 Wärmebilder bei unterschiedlicher Platzierung und Schaltung des Lüfters

Vorher definierte Temperatur- und Zeitwerte wurden durch einen Kompaktregler mit Temperatursensoren gesteuert, um ein konstantes Temperaturniveau (40,0°C bis 40,5°C) zu gewährleisten (s. Abbildung 7.3 links). Zusätzlich wurde für eine homogene Wärmeverteilung innerhalb der Wärmekammer ein Lüfter gleichgeschaltet, was das rechte Bild erzeugte. In der Kältekammer wurde die Kühlung durch einen thermoelektrischen Kühler, Peltierelement, erzeugt. Bei Stromzufuhr erzeugt dieses eine Temperaturdifferenz zwischen zwei Seiten. Der wärmeabgebende Teil des Peltierelements wurde außerhalb der Heat Box angebracht und das kälteerzeugende Bauteil mit der Kältekammer verbunden. Innerhalb der Kammer wurden auf dem Peltierelement Kühlrippen und ein Lüfter angebracht, um auch hier eine homogene Verteilung der kühlenden Luftzufuhr zu gewährleisten (s. Abbildung 7.3 rechts). Ebenso wurde, wie in der Wärmekammer, ein Luftleitblech integriert, um ein direktes, punktuelles Auftreten der kühlen Luft auf die Materialprobe zu verhindern (s. Abbildung 7.4 rechts). Auf Grundlage der Leistungsfähigkeit und Trägheit der Peltierelemente wird die Kältekammer nicht gesteuert, sondern kühlt im Dauerbetrieb. Somit ist eine kontrollierte und fest definierte Einhaltung der Außentemperatur nicht möglich. Die simulierte Außentemperatur steht in Abhängigkeit zu der Temperatur in der Wärmekammer und der Wärmeleitfähigkeit des zu prüfenden Bauteils.

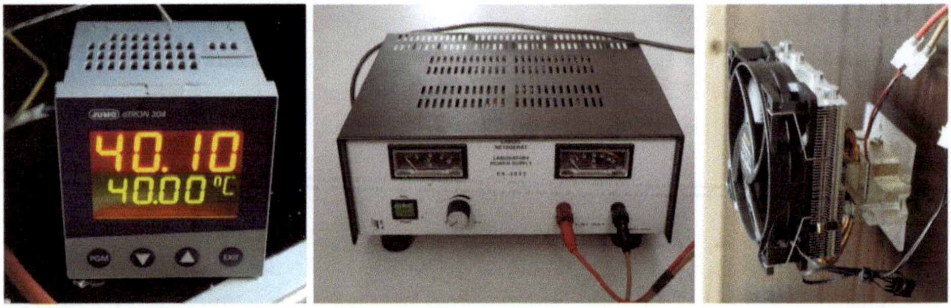

Abbildung 7.3 links: Kompaktregler, Mitte: Labornetzgerät, rechts: Lüfter und Peltierelement

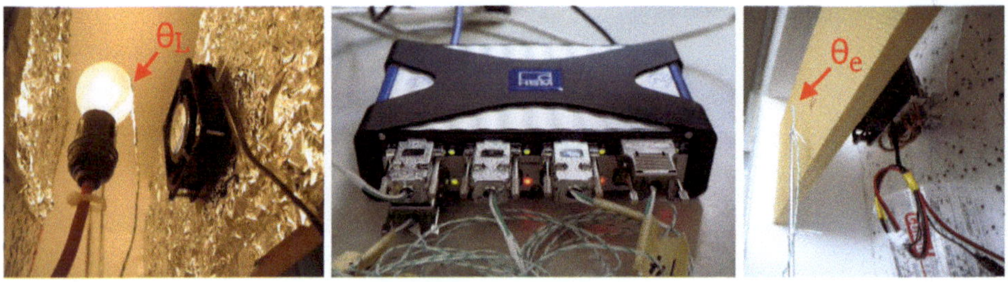

Abbildung 7.4 links: Wärmequelle, Mitte: Messverstärker / Datenlogger, rechts: Luftleitblech, Lüfter und Kondensatauffang

Abbildung 7.5 links: Aufbau Warmseite mit Thermoelement, Mitte: Heat Box, rechts: eingesetztes Modell mit Wechselplatte

Thermoelemente messen sowohl die Innenraumtemperaturen (Temperaturfühler - PT100) in der Wärme- und Kältekammer, als auch die Oberflächentemperaturen (ein Paar elektrischer Leiter) der zu messenden Probekörper. Diese Daten werden über einen Messverstärker und einen Datenlogger über den gesamten Messzeitraum aufgezeichnet (s. Abbildung 7.4 Mitte).
Die Thermoelemente für die Oberflächentemperaturen bestehen aus einem mindestens 100 mm langen Verbindungsdraht auf der Probekörperoberfläche, um einen möglichst homogenen und verlustfreien Temperaturverlauf aufzuzeichnen.
Die Befestigung der einzelnen Thermoelemente soll nach ISO8990 einen möglichst angenäherten, gleichen Emissionsgrad wie die zu messenden Probekörperoberfläche aufweisen. Dazu wurden die Befestigungen der Thermoelemente auf den Probekörperoberflächen jeweils mit dem Material der zu prüfenden Probekörper befestigt. Auf den Betonoberflächen ist eine leitfähige Knete als Befestigungsmaterial verwendet worden. Angebracht worden sind die Thermoelemente jeweils mittig der Materialproben auf jeder Oberfläche, der Kaltseite und der Warmseite. Dabei ist ebenfalls darauf geachtet worden, dass die Umgebungstemperatur auf der gleichen Höhe innerhalb der Kammern gemessen wurde, um Toleranzen zu minimieren. Bei den mehrschaligen Probekörpern sind jeweils zwischen den Schichten auch die Oberflächentemperaturen gemessen worden (s. Abbildung 7.6).

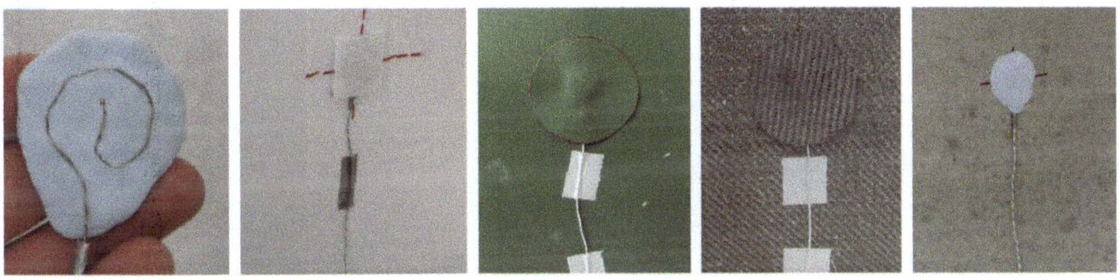

Abbildung 7.6 Thermoelement, befestigt auf EPS, Covertec, Sefitec, Sichtbeton (v.l.n.r.)

7.2 Hypothesen über mögliche Einflussparameter

Beim Einsatz einer textilen Schalung im Gegensatz zu einer etablierten, rigiden Schalung ergeben sich verschiedene Thematiken zu Faktoren, die Einfluss auf das fertige Bauteil ausüben könnten. Dies sind die Textilien als Schalhaut selber, die Durchankerungen und die daraus resultierenden Einflüsse auf die Betoneigenschaft sowie die Bauteilgeometrie in Form der auftretenden Ausbeulungen. Wie relevant dieser Einfluss ist und ob beim

Aufbau eines textilen Schalungssystems auf einzelne Punkte geachtet werden muss bzw. diese vernachlässigt werden können, soll in dieser Versuchsreihe untersucht werden (s. Abbildung 7.7).
Eine einschalige, textil geschalte Wand ist von beiden Seiten zugänglich und kann wie gewohnt ausgeschalt werden. Sollte eine kerngedämmte Wand geschalt worden sein, verbleiben die beiden der Dämmung zugewandten Textilschichten im Bauteil, da sie bauartbedingt nicht nachträglich ausgeschalt werden können. Für diesen Wandaufbau bedeutet dies, dass die Dämmschicht von beiden Seiten von einem Textil begrenzt wird. Je nachdem, ob die Dämmebene bereits mit vorgefertigt wurde oder nachträglich eingebracht wird, können diese sowohl dicht, als auch permeable Eigenschaften aufweisen. Inwiefern das Textil, bzw. dessen dichte oder permeable Eigenschaften, den Wärmedurchgang beeinflussen können, ist ein Parameter, der in dieser Testreihe untersucht wurde.

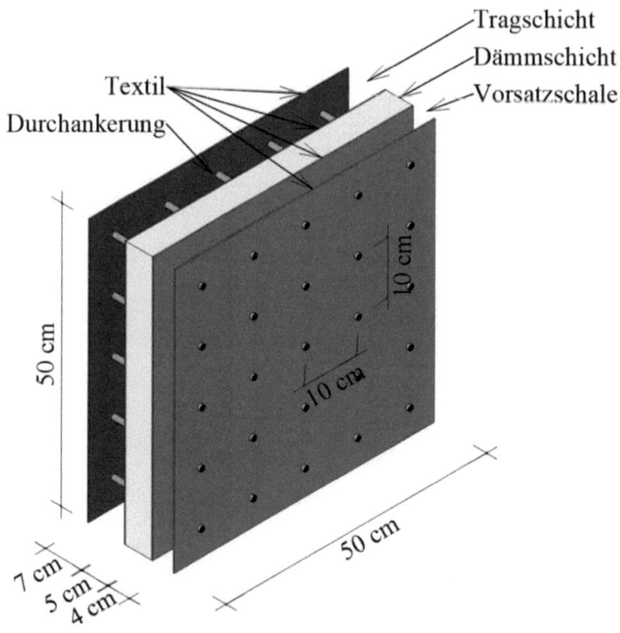

Abbildung 7.7 Probekörperaufbau Wärmedurchgangsversuche

Durch den Einsatz der Textilien verändern sich zusätzlich, wie in Kapitel 5 beschrieben, sowohl die geometrischen Eigenschaften (s. Abbildung 7.8) des Bauteils (ausbeulen), als auch die Eigenschaften des Betons selbst (Dichte des Gefüges). Daher war ein weiterer Bestandteil dieser Untersuchungen, welche Auswirkungen sich für den Wärmedurchgang des Bauteils durch unterschiedliche Oberflächengeometrien bzw. durch veränderte Betoneigenschaften aufgrund des Schalungsmaterials ergeben.

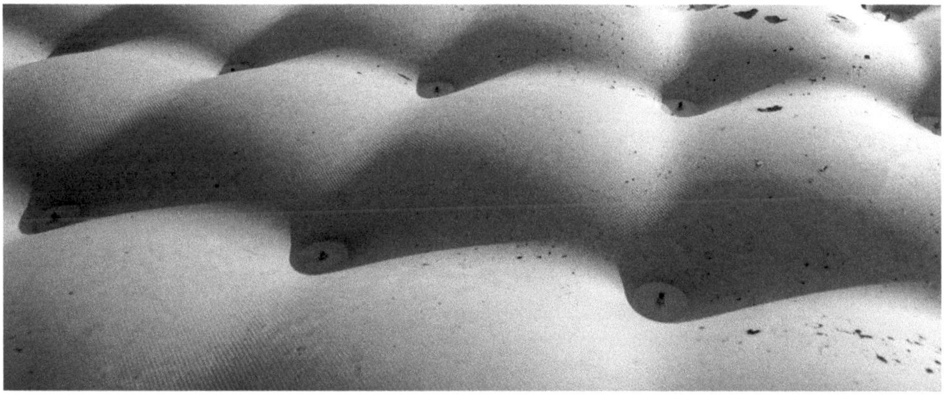

Abbildung 7.8 Geometrische Veränderung des Bauteils durch textile Schalung

Den wohl maßgeblichsten Unterschied zwischen textiler und herkömmlicher Schalung stellen die Durchankerungen dar. Diese perforieren sowohl die einzelnen Schichten als auch den gesamten Wandaufbau. Die einzelnen Schichten werden dabei deutlich häufiger durchbrochen als der gesamte Wandaufbau. Da auch unter Verwendung von Hülsen und demontierbaren Durchankerungen ein nachträgliches Verschließen der Durchankerungsstellen aufgrund der Masse und auch der Größe einen erheblichen Aufwand bedeuten, wird zunächst davon ausgegangen, dass die Durchankerungen in der Wand verbleiben. Bei einem kerngedämmten Wandaufbau können die Durchankerungen nicht demontiert werden, unabhängig von ihrer Ausführung, da die innere Schicht nach Herstellung der Wand nicht mehr erreichbar ist. Je nach Leitfähigkeit der unterschiedlichen Durchankerungsmaterialien wurde ein geringerer bzw. größerer Einfluss auf den gesamten Wärmedurchgang erwartet. Für den Abstand der Durchankerungen werden konstruktive Anforderungen gestellt, sodass der ggf. vorhandene Wärmeverlust durch die im Bauteil verbleibenden Durchankerungen über das Durchankerungsmaterial (s. Abbildung 7.9) und durch die Anordnung der benötigten Durchankerungen beeinflusst wird.

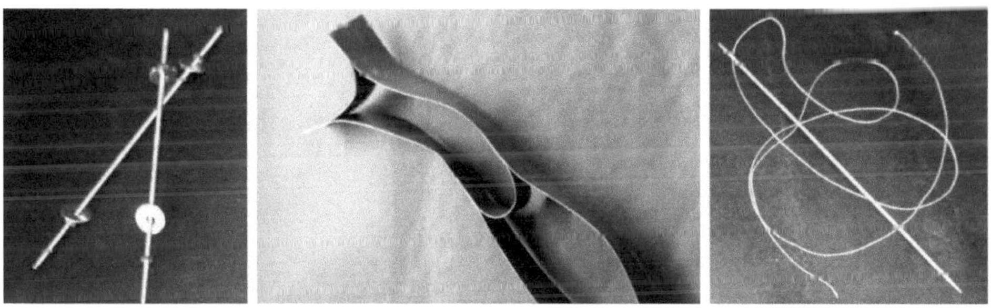

Abbildung 7.9 Durchankerungsmaterialien

7.3 Probekörperaufbau

Zur Herstellung der Betonprobekörper sind das PP-Bändchengewebe Sefitec als permeables Textil und das beidseitig PVC beschichtete Covertec als dichtes Textil verwendet worden, um einen eventuellen Einfluss der Durchlässigkeit der textilen Schalhaut auf den Wärmedurchgang zu untersuchen. Dabei wurden die Probekörper einmal beidseitig ausschließlich mit Textil geschalt, einmal einseitig ein zusätzlicher Plattenwerkstoff davor gesetzt oder beidseitig durch einen Plattenwerkstoff unterstützt. Bei der Verwendung des durchlässigen Sefitec wurde der Plattenwerkstoff großzügig perforiert, um den Einfluss der Permeabilität möglichst wenig zu beeinflussen. Plattenwerkstoffe wurden eingesetzt, um auf sonst notwendige Durchankerungen verzichten zu können und diesen Parameter aus der entsprechenden Messung auszuschließen oder um eine gerade Oberfläche zu generieren, die im weiteren Verlauf an ein steifes Dämmmaterial gebunden wird. Im Verlauf der Testungen wurden jeweils einzelne Textilschichten auf dem Probekörper belassen oder entfernt.

Neben den zwei verwendeten Textilien wurden drei verschiedene Durchankerungsarten im Probekörper verbaut und getestet. Dies waren Gewindestangen, Endlosfaden und Textilstreifen. Die Gewindestangen und der Faden konnten für beide Textilvarianten als Ausführungsvariante eingesetzt werden. Die Textilstreifen wurden ausschließlich bei dem beschichteten Covertec jeweils auf der Innenseite beider Schalseiten angeschweißt. Durch diesen Versuchsaufbau entstehen einzelne Abschnitte, die durch die Textilstreifen getrennt sind. Somit funktioniert dieser Wandaufbau nur im eingeschalten Zustand und stellt eine mögliche Ausführungsvariante dar.

Neben den textil geschalten Betonprobekörpern entstanden vier verschiedene Dämmstoffprobekörper, nämlich mit Expandiertem Polysterol (EPS), Mineralwolle (MW), Porenleichtbeton (PLB) und Zellulosedämmstoff (RC). Alle Probekörper sind in den Abmessungen 50 cm x 50 cm hergestellt worden. Sie unterschieden sich in der Materialstärke, je nachdem, ob es sich um eine Schicht handelt, die als Vorsatzschale, Dämmschicht oder Tragschale Anwendung finden sollte. Die Vorsatzschalen wurden mit 4 cm Probenstärke ausgeführt, die Dämmschichten mit 5 cm und die Tragschalen mit 7 cm. In jeden Probekörper wurden in alle vier Ecken Hülsen eingelassen. Die sollte es ermöglichen, im weiteren Verlauf der Versuche nicht nur einzelne Schichten zu testen, sondern mehrere Schichten miteinander verbinden und somit ganze Wandaufbauten simulieren zu können. Um die Wärmeverluste hierdurch zu minimieren wurden die Hüllrohre mit einem Dämmmaterial gefüllt und mit Aluminiumklebeband abgedeckt. Alle Betonprobekörper wurden mit unbewehrtem Normalbeton ausgeführt.

Aufgrund der Vielzahl an Einflussparametern und Kombinationsmöglichkeiten verschiedener Textilien, Durchankerungen und Schalungsmethoden sind insgesamt nur einzelne Tastversuche entstanden (s. Abbildung 7.10 - 7.11). Jedes Ergebnis zeigt maximal eine Tendenz und wäre in weiteren Versuchsreihen zu untersuchen.

Abbildung 7.10 Probekörper für Versuchsabschnitt Betonproben

Abbildung 7.11 Probekörper für mehrschichtigen Versuchsabschnitt

7.4 Vorversuche zur Kalibrierung der Heat Box

Erste Versuche dienten zur Kalibrierung der Heat Box, Bestimmung der Messdauer, Kalibrierung der Eingangsleistung, sowie der Ermittlung etwaiger Flankenverluste der Prüfkammer. Zuvor wurden die Thermoelemente DIN-konform in einem Wasserbad voreingestellt.

Ein Ziel der Kalibrierung der Heat Box war es etwaige Wärmestromverluste über die Flanken bzw. über die Außenflächen der Wärmekammer abzuschätzen. Abhängig sind die Flankenverluste von dem wärmestromantreibenden Temperaturgradienten und der Bauteildicke (s. Abbildung 7.12).

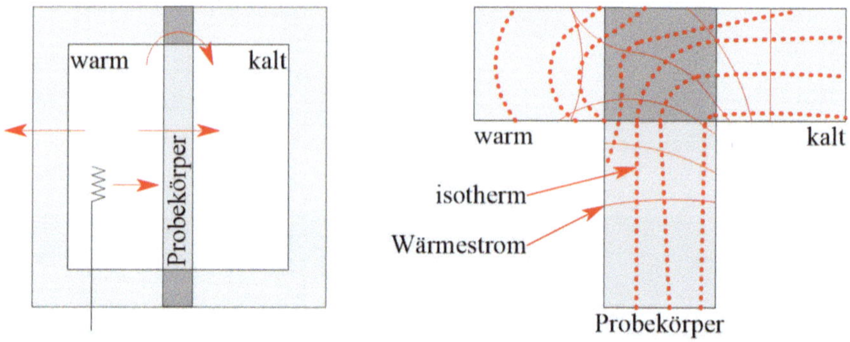

Abbildung 7.12 Wärmeströme (links) und Weg des Wärmestroms durch Probekörper und Rahmen (rechts) (Zeichnung nach: Deutsches Institut für Normung e.V. 1996)

$$\phi_1 = \phi_p - \phi_2 - \phi_3 \; [W]$$

Φp - Gesamtwärmeeingangsleistung
$\Phi 2$ - Flankenverlust, den Probekörper flankierender Wärmestrom
$\Phi 3$ - Wärmestrom durch die Heizkastenwände

Formel: Wärmestrom durch den Probekörper [W]

Nach DIN EN ISO 8990 ist es möglich die Gesamtwärmeeingangsleistung zu korrigieren, wenn beide Kammern, Wärmekammer und Kältekammer, thermisch regelbar sind. Dies

ist möglich, weil der einzig veränderliche Parameter die Stärke des zu prüfenden Bauteils ist. Mit einem definierten Material, dessen Wärmeleitfähigkeit bekannt ist, kann somit ein Zusammenhang zwischen Bauteilstärke und den Wärmeverlusten aufgestellt werden. Wie aber eingangs beschrieben, kann bei der verwendeten Heat Box nur die Wärmekammer geregelt werden. Somit weist dieser Aufbau zwei veränderliche Parameter auf, die Bauteildicke sowie die inkonstante Außentemperatur (Kältekammer). Daher kommt es zu unterschiedlichen, modellbedingten Temperaturgradienten und dadurch zu unterschiedlich großen Flankenverlusten (DIN EN ISO 8990, 1996). Um diese Flankenverluste näherungsweise auszugleichen bzw. sich anzunähern, wurde eine definierte Testreihe mit einem definierten Material (EPS) in unterschiedlichen Stärken durchgeführt.
Anhand der werkseitig bekannten Wärmeleitfähigkeit eines definierten Baumaterials, in diesem Fall EPS, kann der tatsächlich übertragende Wärmestrom mit der Gesamtwärmeeingangsleistung verglichen werden und eine Verlustrate, nach DIN EN ISO 8990, bestimmt werden. Ausgehend von dieser Näherung wurde die eingetragene Wärmeleistung auf die tatsächliche Leistung durch das Bauteil kalibriert. Innerhalb der Auswertungen im weiteren Verlauf dieser Tastversuche wird repräsentativ die Wärmestromdichte angegeben, sowie die kalibrierte Größe mit dem Index _k gekennzeichnet.
Zur Bestimmung der Messdauer sind die quasi stationären Temperaturen in der Kältekammer ausschlaggebend. Wie erwähnt, ist eine Temperatursteuerung der Kältekammer nicht möglich. Somit sind die Wärmeleitfähigkeit des zu prüfenden Materials und die Innenraumtemperatur zur Bestimmung der Messdauer heranzuziehen. Erst wenn sich eine annähernd stationäre Oberflächentemperatur auf der Bauteiloberfläche der Kältekammer eingestellt hat, ist nicht mehr von einem Wärmestromabgleich im Bauteil von der Wärm- zur Kaltseite auszugehen. Aus diesem Grund werden verschiedene Baumaterialien zur Bestimmung der Messdauer verwendet, bis sich eine annähernd konstante Raumtemperatur auf der Kaltseite eingestellt hat (s. Sbbildung 7.13).

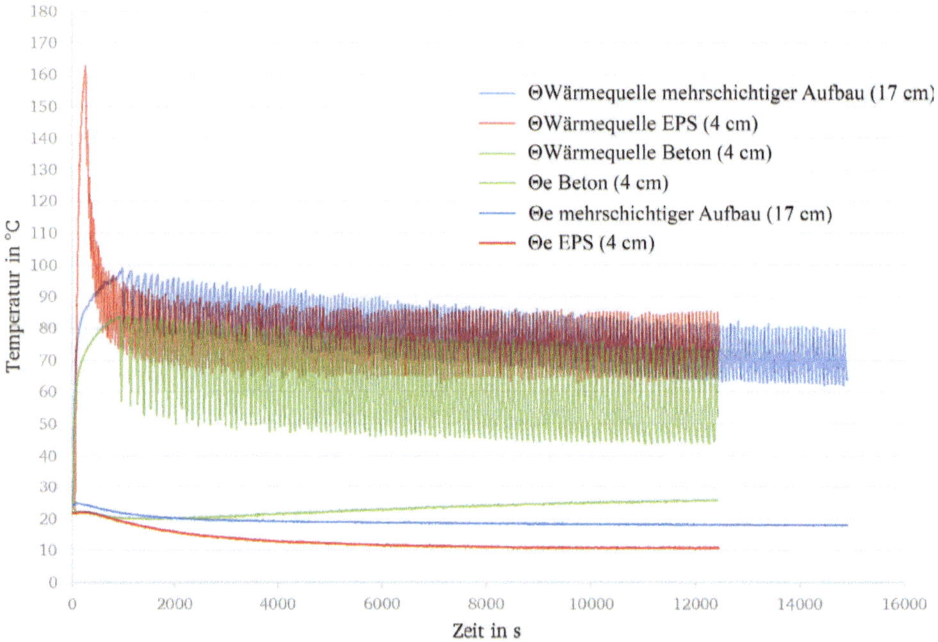

Abbildung 7.13 Wärmequell- und Kältekammer für repräsentative Modelle unterschiedlicher Dämmleistung zur Bestimmung der notwendigen Messdauer

Wie in Abbildung 7.13 ersichtlich, steigt der grüne Graph, Oberflächentemperatur Werkstoff Beton auf der Bauteiloberfläche innerhalb der Kältekammer, über einen längeren Zeitraum an. Zum Vergleich hat sich der rote Graph, EPS-Dämmung, wie erwartet bereits nach kurzer Zeit eingependelt. Anhand dieser Messungen können Rückschlüsse auf die Messdauer ermittelt werden. So ist die Dauer der Messungen das Verhältnis von der Laufzeit der Wärmequelle und des Erreichens der konstanten Raumtemperatur in der Kältekammer. Weisen die zu prüfenden Baumaterialien, wie EPS-Dämmung, gute Dämmeigenschaften auf, so ist zum Erreichen der quasi stationären Temperaturen der Kammern nicht so viel Zeit notwendig wie bei der Verwendung von Baumaterialien mit wärmespeichernden Eigenschaften wie Beton. Somit wurde zusammenfassend anhand dieser Messkurven die Messdauer ermittelt. Bei einfachen Schichten aus Beton und aus Dämmmaterialien wurden 180 Minuten veranschlagt und bei mehrschichtigem Aufbauen eine Messdauer von insgesamt 240 Minuten. Für die Auswertung der Endtemperaturen, der Wärmezuführung (th) und der Auszeit (tc) wurden die Messwerte über die letzten 10 min gemittelt. Um die Gesamtwärmeleistung, des Heizelements zu bestimmen, wurden die vom Hersteller vorgegebene Leistung und dessen Wirkungsgrad ins Verhältnis mit der Zeit gesetzt, siehe folgende Formel:

$$\phi_p = 0{,}95 * 75W * \frac{t_h}{t_h + t_c}$$

Φ_p – Gesamtwärmeeingangsleistung in W
t_h - Heizzeit der Wärmequelle in s
t_c - Auszeit der Wärmequelle in s

Formel: Gesamtwärmeeingangsleistung [W]

7.5 Versuchsabschnitt Dämmung

Für alle Versuchsreihen sind zum einen die gemessenen Temperaturen der Bauteiloberflächen und der Umgebungsluft sowie die Zeit bis zum Einsetzen einer konstanten Umgebungsluft aufgezeichnet worden. Weiterhin ist ein Thermoelement auf dem Heizelement aufgebracht worden, das den Energieeintrag (Wärmequelle) gemessen hat. Zusätzlich wurden in der letzten Versuchsreihe (mehrschaliger Aufbau) Thermoelemente zum Messen der Temperaturen zwischen den einzelnen Schichten eingesetzt.
Im weiteren Versuchsabschnitt wurden die verschiedenen Dämmstoffe sowohl separat in 5 cm starken Schichten als auch in Kombination mit einer Trag- (7 cm) und einer Vorsatzschale (5 cm) aus textilgeschaltem Beton untersucht (s. Abbildung 7.14).

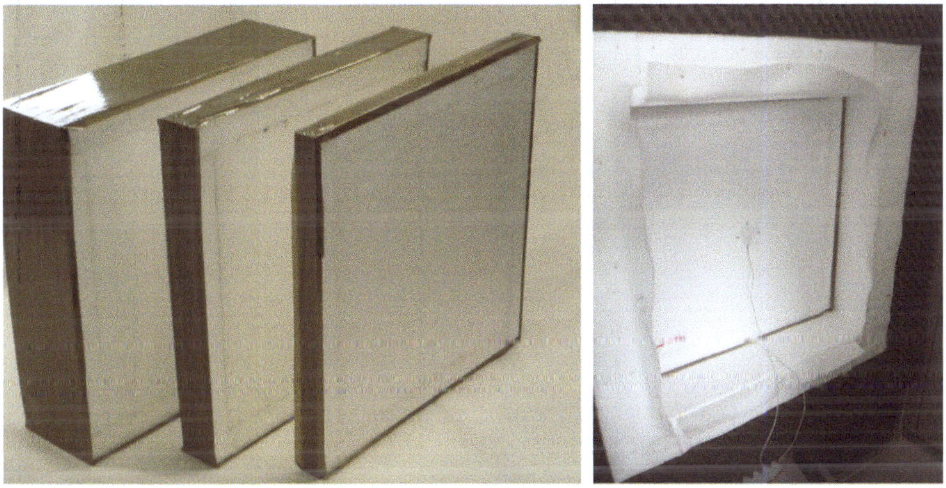

Abbildung 7.14 Probekörper EPS, Innenraum der Heat Box mit Fühler

Für die Trag- und die Vorsatzschale sind jeweils dieselben Probekörper verwendet worden, beidseitig rigide, somit planar, geschalt. Die gemessenen Dämmstoffe waren handelsübliche, etablierte Mineralwolle und EPS-Dämmung. Zusätzlich wurde ein Schaumbeton gemesses – Dissertation der TU Darmstadt - Ultraleichter, zementgebundener Schaum als Kernwerkstoff von Sandwichelementen (s. Abbildung 7.15) (Maier, 2023). Dieses Material hat den Vorteil, dass es prinzipiell dasselbe Grundmaterial wie die Wandschichten darstellt. Dies hätte bei einer etwaigen Dekonstruktion den Vorteil des sortenreinen Recycelns. Da Schaumbeton oder auch Porenleichtbeton ebenso wie EPS weitestgehend unempfindlich gegen Durchfeuchtung sind, wurden diese beiden Dämmstoffe in Kombination mit dem permeablen Textil Sefitec getestet. Mineralwolle ist feuchteempfindlich, darf somit nicht durchfeuchtet werden, und wurde in Kombination mit dem dichten Textil Covertec gemessen. Zusätzlich ist, inklusive beidseitiger Textilbeschichtung, ein Recyclingmaterial aus Zellulosefasern verwendet worden.

Abbildung 7.15 Dämmstoffplatten: Zellulose, Mineralwolle, Porenleichtbeton, EPS-Dämmung

7.5.1 Durchführung Versuchsabschnitt Dämmung

	Versuch 1	Versuch 2	Versuch 3	Versuch 4	Versuch 5	Versuch 6	Versuch 7
	Aufbau der Versuche						
Textil				Sefitec	Covertec	Sefitec	Covertec
Dämmstoff	EPS	MW	PLB	EPS	MW	PLB	RC
Modellstärke [cm]	5	5	4	17	17	17	17
Textil				Sefitec	Covertec	Sefitec	Sefitec
	Ergebnisse der Versuche						
t_h [s]	12,40	14,03	23,55	19,63	17,90	20,30	18,54
t_c [s]	109,55	101,16	50,69	62,83	92,48	53,31	71,37
θ_L [°C]	57,22	60,05	73,30	67,99	63,30	70,73	65,75
θ_i [°C]	40,96	42,01	41,67	35,96	37,04	34,48	36,73
θ_{si} [°C]	39,73	40,76	34,07	34,47	36,89	30,39	35,23
θ_{se} [°C]	18,80	21,73	30,30	22,17	20,72	26,44	21,55
θ_e [°C]	16,55	19,48	25,52	21,25	19,76	23,68	20,68
λ_{gesk} [W/(mK)]	0,0375	0,05	0,6	0,51	0,27	0,86	0,4
$\lambda_{Hersteller}$ [W/(mK)]	0,0375	0,04	N.N.	N.N.	N.N.	N.N.	N.N.

Tabelle 7.1 Ergebnisse Versuchsabschnitt Dämmung

Die einzeln Dämmmaterialien, expandiertes Polystyrol, Mineralwolle und Porenleichtbeton wurden zunächst in jeweils 5 cm (Porenleichtbeton 4 cm) starken Schichten einzeln getestet. EPS liefert hier, wie erwartet, die besten und Porenleichtbeton die niedrigsten Dämmwerte.

Im Anschluss wurden die Dämmmaterialien in einem mehrschichtigen Wandaufbau kombiniert erneut untersucht. Da Mineralwolle nicht durchfeuchtet werden sollte, kam das dichte Textil Covertec, in Ausrichtung zur Dämmebene, zur Anwendung (s. Tabelle 7.1).

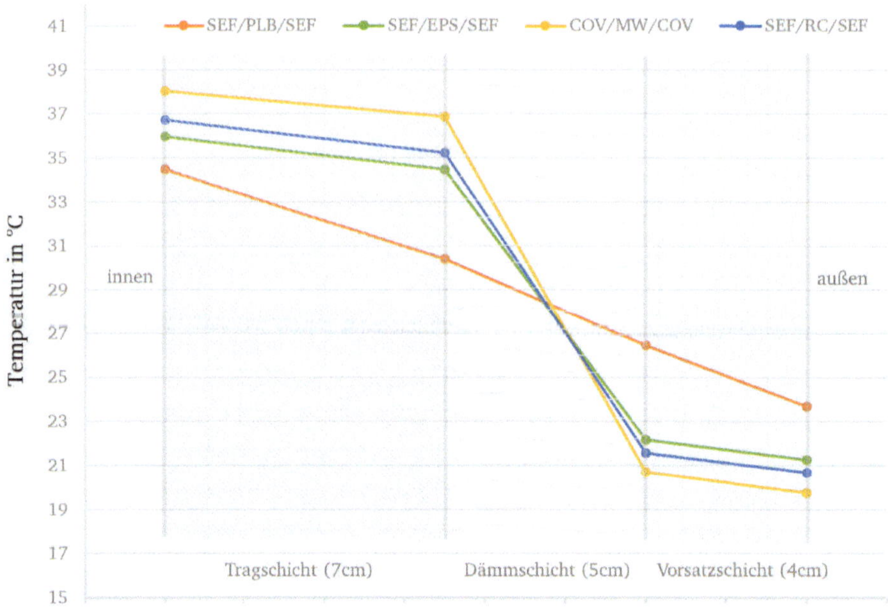

Abbildung 7.16 Temperaturverläufe der Dämmprobekörper

Auffallend an den Ergebnissen ist, dass die EPS-Wärmedämmung einzeln betrachtet die besten Dämmeigenschaften aufweist (s. Abbildung 7.16). In Kombination mit den Betonschalen hingegen weist die Mineralwolle die besseren Dämmeigenschaften auf. Dies liegt darin begründet, dass das dichte Textil wie eine Dampfsperre fungiert, sodass die Diffusion durch das Dämmmaterial unterbunden wurde. In der Einzelbetrachtung der Mineralwolle fand dementsprechend eine Diffusion statt. Deshalb auch die kleine Differenz zwischen Messung und Herstellerangaben. Der Einsatz eines dichten Textils, das als Dampfsperre fungiert, kann bei jedem Dämmstoff eingesetzt werden, muss aber bei Mineralwolle immer eingesetzt werden, sobald ein kerngedämmtes Wandsystem betoniert wird, da das Durchfeuchten der Mineralwolle in Folge des austretenden Anmachwassers des Frischbetons unterbunden werden muss.

Bei weiterhin identischer Materialstärke der Dämmstoffe lag der Recyclingdämmstoff (Einblasdämmung) im Bereich der Messergebnisse von EPS und Mineralwolle.

7.6 Versuchsabschnitt Betonprobekörper

Im zweiten Versuchsabschnitt wurden die verschiedenen textilen Schalungsmaterialien, die Durchankerungen und deren geometrischen Einflüsse auf das Bauteil, die Ausbeulungen auf der Betonoberfläche bei einer punktuellen Durchankerungen, untersucht.
Für die ersten Untersuchungen sind zwei Prototypen aus rigiden Schalungselementen als Unterstützung entstanden. Die Probekörper sind nicht durchankert worden. Unterschieden haben sich die Probekörper darin, welches Textil verwendet wurde, ob dieses entfernt oder auf der Betonoberfläche belassen wurde und in der Materialstärke von 4 cm oder 7 cm.
Das Belassen des Textils auf der Betonoberfläche bildet hierbei den Verbleib der Schalhaut innerhalb eines kerngedämmten Wandaufbaus ab oder den gestalterischen Wunsch, das Textil auf der äußeren Oberfläche zu belassen. An diesen zwei Probekörpern sind folgende Versuche durchgeführt worden (s. Tabelle 7.2).

		Versuch 8	Versuch 9	Versuch 10	Versuch 11	Versuch 12	Versuch 13
		Aufbau der Versuche					
Warmseite	Material	Sefitec	Sefitec	Sefitec	Covertec	Covertec	Covertec
	Verbleib	verblieben	verblieben	entfernt	verblieben	verblieben	entfernt
	Art	rigide	rigide	rigide	rigide	rigide	rigide
Kaltseite	Material	Covertec	Covertec	Covertec	Sefitec	Covertec	Covertec
	Verbleib	verblieben	entfernt	entfernt	verblieben	entfernt	entfernt
	Art	rigide	rigide	rigide	rigide	rigide	rigide
Durchankerung		keine	keine	keine	keine	keine	keine
Modellstärke		4 cm	4 cm	4 cm	7 cm	7 cm	7 cm

Tabelle 7.2 Versuchsabschnitt Betonprobekörper, Versuchsaufbau 8 - 13

Ein weiterer Punkt, der untersucht wurde, war der Einfluss der verschiedenen Durchankerungsarten. Hierfür sind drei weitere Prototypen hergestellt worden. Alle Probekörper wurden hierfür mit Covertec bespannt und mit unterschiedlichen Durchankerungsmethoden ausgeführt. Für den ersten wurden die bereits mehrfach verwendeten Stahl-Gewindestangen eingesetzt, für den zweiten Fäden als Durchankerungen und im dritten wurden Durchankerungen aus dem gleichen Textil wie die Schalung genutzt. Die Fäden wurden mittels Nähahle eingebracht, sodass die Durchankerung aus einem durchlaufenden Faden bestand, der auf den Außenseiten der Schalung eine Art Überführung generierte (s. Abbildung 7.17).

Abbildung 7.17 Durchankerungsarten: Gewindestange, Fäden, Textil

Das gewählte Raster lag bei 10 cm orthogonal für die Gewindestangen und die Fäden. Die textilen Durchankerungen wurden nicht punktuell sondern in Streifen eingebracht und unterschieden sich somit deutlich, ebenso wie aufgrund der Tatsache, dass dieser Prototyp konstruktionsbedingt nicht ausgeschalt werden konnte und damit der einzige war, auf dem das textile Schalungsmaterial verblieb. Alle Probekörper wurden mit einer Materialstärke von 4 cm getestet (s. Tabelle 7.3).

		Versuch 14	Versuch 15	Versuch 16
		Aufbau der Versuche		
Warmseite	Material	Covertec	Covertec	Covertec
	Verbleib	entfernt	entfernt	verblieben
	Art	frei	frei	frei
Kaltseite	Material	Covertec	Covertec	Covertec
	Verbleib	entfernt	entfernt	verblieben
	Art	frei	frei	frei
Durchankerung		Gewindestange	Fäden	Textilstreifen
Modellstärke		4 cm	4 cm	4 cm

Tabelle 7.3 Versuchsabschnitt Betonprobekörper, Versuchsaufbau 14 - 16

Zwei weitere Probekörper sind in dieser ersten Versuchsreihe erstellt worden, um den Einfluss der Änderung der Geometrie durch die textile Schalung bewerten zu können (s. Tabelle 7.4). Diese sind jeweils einseitig frei geschalt und auf der anderen Seite durch eine rigide Schalung unterstützt worden. Durch die bereits beschriebenen Aussparungen in der rigiden Schalung, um die Permeabilität nicht zu verfälschen, konnte die einseitig frei gespannte Textilschalung dennoch durchankert werden. Dies geschah in beiden Probekörpern mit Gewindestangen. Die Entscheidung, eine Seite planar auszubilden, wurde getroffen, um den weiteren Aufbau einer kerngedämmten Wand zu simulieren. Zur Verwendung kam je einem Probekörper der gleichen Materialstärke von 4 cm bzw. 7 cm.

		Versuch 17	Versuch 18
	Aufbau der Versuche		
Warmseite	Material	Sefitec	Sefitec
	Verbleib	entfernt	entfernt
	Art	rigide	rigide
Kaltseite	Material	Sefitec	Covertec
	Verbleib	entfernt	verblieben
	Art	frei	rigide
Durchankerung		Gewindestangen	Gewindestangen
Stärke		4 cm	7 cm

Tabelle 7.4 Versuchsabschnitt Betonprobekörper, Versuchsaufbau 17 - 18

7.6.1 Einfluss des Textils auf den Wärmedurchgang

Die zwei Prototypen, die beidseitig rigide geschalt wurden, einmal mit einer Schichtdicke von 4 cm und einmal mit einer Schichtdicke von 7 cm, sind jeweils einmal mit beidseitig belassenem Textil, einseitig entferntem Textil und beidseitig entferntem Textil in der Heat Box getestet worden. Die Perforationen in der Holzschalung haben ihren Einfluss auf die Permeabilität des Textils Sefitec minimiert. Allerdings verhinderte diese Holzschalung auch den Einfluss von Durchankerungen oder Ausbeulungen. Aufgrund des Versuchsaufbaus beeinflusste der Wärmedurchgang des getesteten Probekörper die Umgebungsluft auf der Kaltseite, da diese im Gegensatz zur Warmseite nicht konstant gehalten werden konnte. Die Temperatur der Warmseite betrug immer zwischen 40,5°C und 41,5°C. Daher kann der Unterschied zwischen den einzelnen Probekörper nicht nur an den gemessenen Oberflächentemperaturen sondern auch an der sich final konstant eingestellten Umgebungstemperatur auf der Kaltseite abgelesen werden.
Der Unterschied der kalten Umgebungstemperatur zwischen einem Probekörper mit beidseitig belassenem Textil und beidseitig ausgeschalt beträgt, sowohl für den 4 cm dicken als auch für den 7 cm dicken Probekörper, ca. 4°C und wurde jeweils mit der Seite, die mit Sefitec geschalt wurde, zur Warmseite getestet.
In Versuch 9 und 12 wurde jeweils das auf der Kaltseite vorhandene Textil entfernt. Beide Versuchsergebnisse lagen jeweils zwischen den Probekörpern mit beidseitig belassenem bzw. beidseitig entfernten Textil. Die Betrachtung der Messungen ergab, dass den Textilien eine vernachlässigbare Dämmwirkung zugeschrieben werden kann (s. Tabelle 7.5).

	Versuch 8	Versuch 9	Versuch 10	Versuch 11	Versuch 12	Versuch 13
	Aufbau der Versuche					
Aufbau Warm-seite	Sefitec verblieben rigide	Sefitec verblieben rigide	Sefitec entfernt rigide	Covertec verblieben rigide	Covertec verblieben rigide	Covertec entfernt rigide
Aufbau Kaltseite	Covertec verblieben rigide	Covertec entfernt rigide	Covertec entfernt rigide	Sefitec verblieben rigide	Sefitec entfernt rigide	Sefitec entfernt rigide
Durchan-kerung	Keine	Keine	Keine	Keine	Keine	keine
Modell-stärke [cm]	4,0	4,0	4,0	7,0	7,0	7,0
	Ergebnisse der Versuche					
t_h [s]	41,08	44,12	27,73	29,83	26,46	28,60
t_c [s]	66,28	78,61	84,40	58,88	63,80	50,66
θ_L [°C]	103,77	102,71	83,92	75,47	72,95	76,88
θ_i [°C]	40,62	40,85	41,03	41,20	41,15	41,22
θ_{si} [°C]	34,00	34,65	35,17	33,45	34,31	33,07
θ_{se} [°C]	29,51	32,73	33,17	25,65	27,52	30,34
θ_e [°C]	23,71	27,11	27,19	21,04	23,29	25,12
R^k [(m²K)/W]	0,06	0,02	0,04	0,13	0,12	0,04
R^k_{si} [(m²K)/W]	0,09	0,08	0,11	0,13	0,12	0,11
R^k_{se} [(m²K)/W]	0,08	0,07	0,08	0,07	0,07	0,07
R^k_T [(m²K)/W]	0,22	0,18	0,26	0,33	0,31	0,22

R^k Wärmedurchlasswiderstand
R^k_{si} Wärmeübergangswiderstand
R^k_{se} Wärmeübergangswiderstand
R^k_T Wärmedurchgangswiderstand

Tabelle 7.5 Ergebnisse Versuchsabschnitt Betonprobekörper, Einfluss des Textils

Dies liegt auch begründet in der Materialstärke der Textilien; hier Covertec unter 1 mm bei einen Flächengewicht von 680g/m². Der Einfluss auf den gesamten Wärmedurchgangswiderstand ist zu vernachlässigen.
Wird hingegen die bauphysikalische Auswirkung der Oberfläche durch textilgeschalte Bauteile auf die Wärmeübergangsstände betrachtet, die grundsätzlich abhängig von dem Emissionsgrad der Oberfläche, deren Temperatur sowie der Luftgeschwindigkeit und Richtung sind, wird davon ausgegangen, dass die Farbgebung sowie zusätzlich beim Bändchengewebe die Rauigkeit einen leichten positiven Einfluss auf den Wärmeübergangswiderstand aufweisen.

7.6.2 Einfluss der Durchankerungen auf den Wärmedurchgang

In den drei Versuchen (s. Tabelle 7.6) zum Einfluss der Wahl der Durchankerung, zeigte sich, dass der Probekörper aus Versuch 14 mit Stahl-Gewindestangen nicht nur die höchste Temperatur auf der Kaltseite erzeugte, sondern auch die geringste Zeit zum Aufheizen auf die gewünschte Temperatur auf der Warmseite benötigte, sowie die längste Zeit zum Einstellen eines annähernd konstanten Wertes der Temperatur auf der Kaltseite brauchte. Die besten Versuchsergebnisse zeigte der Probekörper aus Versuch 15 mit Fäden-Durchankerungen. Der Probekörper aus Versuch 16 mit Textilstreifen lag im Mittelfeld der Messergebnisse. Dabei wird davon ausgegangen, dass das Ergebnis der Gewindestangen an der guten Wärmeleitfähigkeit des Materials lag. Bei dem Resultat der Textilstreifen wird davon ausgegangen, dass der flächenmäßige Durchgang des Textils zu einer Erhöhung der Wärmeleitfähigkeit im Vergleich zu den punktuellen Endlosfäden geführt hat. Es wird nicht davon ausgegangen, dass die Textilstreifen aufgrund des Materials einen größeren Einfluss haben als die Fäden, sondern das dies daran liegt, dass keine punktuellen Durchankerungen möglich sind und somit die Trennung des Probekörpers durch die Durchankerung über die gesamte Bauteilhöhe verläuft.

	Versuch 14	Versuch 15	Versuch 16
		Aufbau der Versuche	
Aufbau Warmseite	Covertec entfernt frei	Covertec entfernt frei	Covertec verblieben frei
Aufbau Kaltseite	Covertec entfernt frei	Covertec entfernt frei	Covertec verblieben frei
Durchankerung	Gewindestange	Fäden	Textilstreifen
Modellstärke [cm]	4,0	4,0	4,0
		Ergebnisse der Versuche	
t_h [s]	29,69	40,26	29,74
t_c [s]	62,48	48,60	50,86
θ_L [°C]	61,38	80,87	77,01
θ_i [°C]	41,06	41,07	41,16
θ_{si} [°C]	34,90	31,67	32,40
θ_{se} [°C]	30,85	28,57	29,89
θ_e [°C]	25,80	23,97	24,95
R^k [(m²K)/W]	0,06	0,03	0,03
R^k_{si} [(m²K)/W]	0,09	0,10	0,12
R^k_{se} [(m²K)/W]	0,08	0,05	0,07
R^k_T [(m²K)/W]	0,23	0,19	0,22
R^k Wärmedurchlasswiderstand R^k_{si} Wärmeübergangswiderstand R^k_{se} Wärmeübergangswiderstand R^k_T Wärmedurchgangswiderstand			

Tabelle 7.6 Ergebnisse Versuchsabschnitt Betonprobekörper, Einfluss der Durchankerungen

Diese Messreihe wurde zusätzlich mit einem thermografischen Verfahren unter Einsatz der Wärmebildkamera evaluiert. In Abbildung 7.18 sind die Einflüsse der Anker der genannten Durchankerungen von realen Bildern ersichtlich.

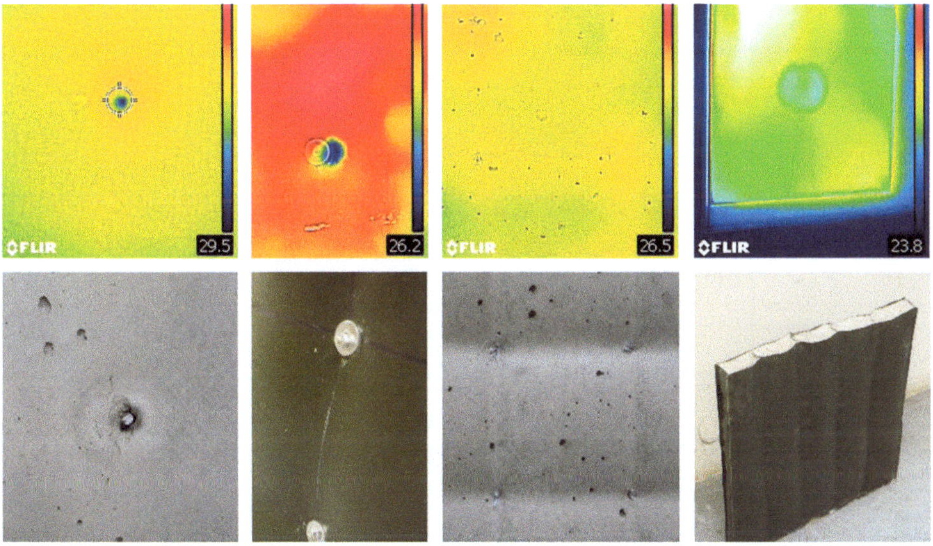

Abbildung 7.18 Gewindestab mit entfernter Mutter und Beilagscheibe; Gewindestäbe mit verbleibendem Stoff, Mutter und Beilagscheibe; Faden-Durchankerung; Textil-Durchankerung (v.l.n.r.)

Auf den Wärmebildern sind die Einflüsse der Gewindestangen deutlich zu sehen (s. Abbildung 7.18). Bei den ersten beiden Bilden sind auch die Einflüsse der Beilagscheiben mit verbliebender Mutter auf der Gewindestange zu sehen. Die Beilagscheibe dient der Vergrößerung der wärmeübertragenden Oberfläche, ähnlich Kühlrippen, und weist so einen deutlichen Einfluss auf den Wärmedurchlass auf. Sie führen zu einem erhöhten Kälteeintrag in das Bauteil. Auf den beiden rechten Bildern sind die textilen Durchankerungen zu sehen. Ersichtlich wird, das sie keine Wärmebrücke abbilden. Somit kann davon ausgegangen werden, dass eine textile Durchankerung sowohl mit Fäden wie auch mit dem vertikalen, durchgehendem Textil keinen nennenswerten Einfluss aufweist.

7.6.3 Einfluss der Ausbeulungen auf den Wärmedurchgang

In dieser Versuchsreihe (s. Tabelle 7.7) ist der Einfluss der Ausbeulungen durch die notwendige dichte Durchankerung der textilgeschalten Bauteile untersucht worden. Grundsätzliche Vorüberlegungen zeugten davon, dass sich eine Oberflächenvergrößerung durch die markanten kissenartigen Ausbeulungen negativ auf die Wärmedurchgangswiderstände auswirken konnte. Zur Verwendung kamen in dieser Versuchsreihe Bauteile mit der Stärke von 4 cm und 7 cm mit Durchankerungen aus Endlosfaden bzw. ohne Durchankerungen.

	Versuch 17	Versuch 10	Versuch 18	Versuch 12
	Aufbau der Versuche			
Aufbau Warmseite	Covertec entfernt frei	Covertec entfernt rigide	Covertec entfernt frei	Covertec entfernt rigide
Aufbau Kaltseite	Covertec entfernt frei	Covertec entfernt rigide	Covertec entfernt frei	Sefitec entfernt rigide
Durch-ankerung	Faden	Keine	Faden	Keine
Modelldicke [cm]	4 - 5	4	7 - 8	7
	Ergebnisse der Versuche			
t_h [s]	26,46	30,00	31,10	27,73
t_c [s]	63,80	50,29	91,75	84,40
θ_L [°C]	72,95	80,87	58,99	83,92
θ_i [°C]	41,15	41,07	40,77	41,03
θ_{si} [°C]	34,31	31,67	34,06	35,17
θ_{se} [°C]	27,52	28,57	31,26	33,17
θ_e [°C]	23,29	23,97	25,69	27,19
R^k [(m²K)/W]	0,12	0,03	0,13	0,04
R^k_{si} [(m²K)/W]	0,12	0,10	0,13	0,11
R^k_{se} [(m²K)/W]	0,07	0,05	0,07	0,11
R^k_T [(m²K)/W]	0,31	0,19	0,33	0,26
R^k Wärmedurchlasswiderstand R^k_{si} Wärmeübergangswiderstand R^k_{se} Wärmeübergangswiderstand R^k_T Wärmedurchgangswiderstand				

Tabelle 7.7 Ergebnisse Versuchsabschnitt 2

Bei der Beurteilung der Auswirkungen der kissenartigen Ausbeulung anhand der Wärmedurchgangswiderstände ist bei erster Betrachtung ersichtlich, dass die Bauteile mit den Ausbeulungen den besseren Wärmedurchgangswiderstand aufweisen. Werden aber die einzelnen Prototypen im Hinblick auf das Gesamtgewicht bzw. die Modelldicke genauer betrachtet, sind die Differenzen im Wärmedurchgangswiderstand zu vernachlässigen. Im Durchschnitt weisen die rigide geschalten Bauteile ein durchschnittliches Gesamtgewicht von 24 kg bei einer Bauteilstärke von 40 mm auf und die textilgeschalten

Bauteile ein durchschnittliches Gesamtgewicht von 29 kg bei einer Bauteilstärke an den Kissen im Durchschnitt min. 40 mm bis 50 mm (Ausbeulungen je Seite von ca. 5 mm). Da der Wärmedurchgangswiderstand in Abhängigkeit zur Bauteildicke steht, sind die Ergebnisse nachvollziehbar, da mehr Speichermasse vorhanden ist.
Werden anhand von DIN EN ISO 13788, wärme- und feuchtetechnisches Verhalten von Bauteilen und Bauelementen mit nicht ebenen Oberflächen beurteilt, sprich die kissenartige Oberfläche der textilen Schalung, so sind diese bei der Berechnung der Wärmeübergangswiderstände zu berücksichtigen. Nach DIN 13788 entspricht die Projektionsfläche (Ap) 50 cm x 50 cm und die abgewickelte Oberfläche des Vorsprungs (A), gemessen mit einer Schnur, im Schnitt 50,6 cm x 50,6 cm. Der Anteil, um den der Übergangswiderstand rechnerisch laut DIN erhöht werden müsste, wird in Abbildung 7.19 dargestellt.

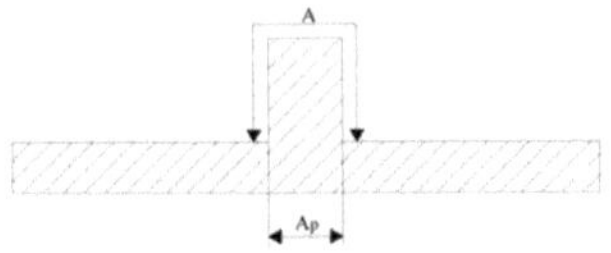

$$R_{sp(i,e)} = R_{s(i,e)} + \frac{A_p}{A}$$

A Abgewickelte Oberfläche des Vorsprungs in m^2
A_p Projektionsfläche des Vorsprungs in m^2
$R_{s(i,e)}$ Wärmeübergangswiderstand einer ebenen Bauteilkomponente in m^2K/W

Abbildung 7.19 Oberfläche und Projektionsfläche einer nicht ebenen Oberfläche nach DIN 13788

Beträgt die Ausbeulung der Projektionsfläche der nicht ebenen Oberfläche, wie bei dem Beispiel der textil geschalten Betonwand (siehe Prototyp oben) im Mittel 5mm, ergibt das rechnerisch eine Betonoberflächen Vergrößerung von 2,4 % gegenüber einer planar geschalten Betonwand. Wird diese Oberflächenvergrößerung bei einem gewählte Übergangswiderstand von z.B. 0,13 m²K/W, nach DIN 13788, rechnerisch berücksichtigen würde der Wärmeübergangswiderstand lediglich eine Divergenz der dritten Nachkommastelle aufweisen, was eine zu vernachlässigende Auswirkung auf den gesamt Wärmeduchgang implizieren würde.

7.7 Versuchsabschnitt mehrschichtige Probekörper

Aus den Resultaten der Messungen sind in einem weiteren Schritt Prototypen eines möglichen mehrschichtigen, kerngedämmten Wandaufbaus entstanden. Die Erfahrungen aus den bisherigen Messungen flossen mit in die Konstruktion der folgenden Prototypen ein. Aus materiellen und technischen Gründen waren eine maßstabsgetreue Herstellung sowie deren Messungen in der vorhandenen Heat Box nicht umsetzbar. Die folgenden Ergebnisse stellen lediglich die Vergleichbarkeit untereinander da, siehe Tabelle 7.8.

	Versuch 19	Versuch 20	Versuch 21
Probekörper	1	2	3
Modellstärke [cm]	17	16,5	16,5
Maximale Stärke [cm]	18,5	17,5	18,0
Dämmmaterial	PLB	PU	RC
Trocknungstage [d]	52	47	51
Versuchsdauer [h]	4,77	4,27	4,13
Kondensat [g] oder Tropfen [T]	1	0	3 T
Gewicht vorher [kg]	88,20	70,72	73,30
Gewicht nachher [kg]	88,22	70,76	73,31
t_h [s]	25,05	22,70	20,60
t_c [s]	41,18	49,15	52,60
q [W/m²]	107,80	90,04	80,20
q^k [W/m²]	69,01	51,87	47,19
min θ_L [°C]	67,70	64,17	62,46
max θ_L [°C]	85,08	81,88	79,69
$\theta_{L;m}$ [°C]	76,39	73,02	71,07
θ_i [°C]	40,31	41,09	41,47
θ_{si} [°C]	32,00	33,16	35,50
θ_{se} [°C]	24,53	19,87	20,21
θ_e [°C]	20,78	17,27	17,94
λ [W/(mK)]	2,45	1,12	0,87
λ^k [W/(mK)]	1,57	0,64	0,51
max λ^k [W/(mK)]	1,71	0,68	0,56
R^k [(m²K)/W]	0,11	0,26	0,32
R^k_{si} [(m²K)/W]	0,12	0,15	0,13
R^k_{se} [(m²K)/W]	0,05	0,05	0,05
R^k_T [(m²K)/W]	0,28	0,46	0,50
U^k [W/(m² K)]	3,53	2,18	2,01

R^k Wärmedurchlasswiderstand
R^k_{si} Wärmeübergangswiderstand
R^k_{se} Wärmeübergangswiderstand
R^k_T Wärmedurchgangswiderstand

Tabelle 7.8 Ergebnisse Versuchsabschnitt mehrschichtige Probekörper

Die gemessen bzw. errechneten U-Werte der Tabelle 7.8 erfüllen grundsätzlich nicht die Mindestanforderungen an Außenbauteile nach Gebäudeenergiegesetz. Dieser Umstand ist auf den Prototypenmaßstab, Außenmaße 50 cm x 50 cm bei einer Bauteilstarke bis 18,5 cm, zurückzuführen. Skaliert man diese Wandaufbauten rechnerisch in bauteiltypische, realistische Dimensionen, so ist ab einer Stärke von 140 - 160 mm, je nach Wärmeleitfähigkeit und verwendeter Kerndämmung, ein nach Gebäudeenergiegesetz geforderter mindest U-Wert möglich. Auf Grundlage dieses Umstandes wird auf eine ausführliche Auswertung der mehrschichtigen Bauteile verzichtet.

7.7.1 Probekörper 1

Für den ersten Probekörper wurde Porenleichtbeton als Dämmstoff gewählt, damit die zwei der Dämmung hingewandten textilen Schalschichten wegen der Wasserunempfindlichkeit des Dämmmaterials aus Sefitec hergestellt werden konnten. Auf den Außenseiten wurde Covertec als Schalmaterial gewählt. Einseitig wurde ein Plattenwerkstoff als rigide Schalung vorgesetzt, der die Möglichkeit des späteren, erleichterten Aufstellens der Schalung auf der Baustelle simulieren sollte. Damit die Schalung trotzdem platzsparend transportiert und gelagert werden kann, sind als Durchankerungen flexible Fäden gewählt worden. Diese wurden für einen besseren Verbund mit dem Beton gekordelt (s. Abbildung 7.20). Die so entstehende, rippenartige Struktur ähnelt der von Bewehrungsstahl (s. Abbildung 7.21).

Abbildung 7.20 Herstellung Probekörper 1, mehrschichtiger Versuchsabschnitt

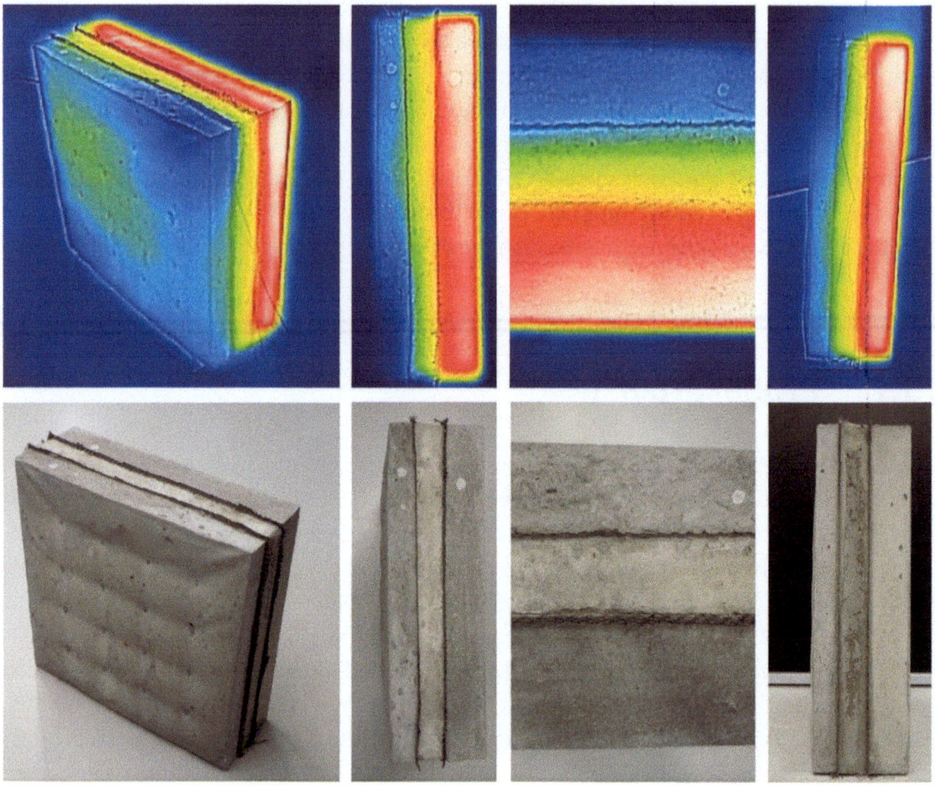

Abbildung 7.21 Wärme- und Realbilder Probekörper 1, mehrschichtiger Versuchsabschnitt

7.7.2 Probekörper 2

Der zweite Probekörper bestand vollständig aus dem PVC beschichteten Covertec. Dieses wurde so verschweißt, dass gleichzeitig Tragschale, Dämmschicht und Vorsatzschale und Durchankerungen entstanden. Die einzelnen Kammern konnten jeweils mit unterschiedlichem Material gefüllt werden. Bei der Dämmschicht kann durch diese Konstruktion nur auf eine Schütt- oder eine Schaumdämmung zurückgegriffen werden. In diesem Probekörper wurde eine Schaumdämmung verwendet (s. Abbildung 7.22 - 7.23). Da dieser Probekörper ausschließlich aus Textil bestand, ließ sich diese Schalung am kleinsten packen.

Abbildung 7.22 Herstellung Probekörper 2, mehrschichtiger Versuchsabschnitt

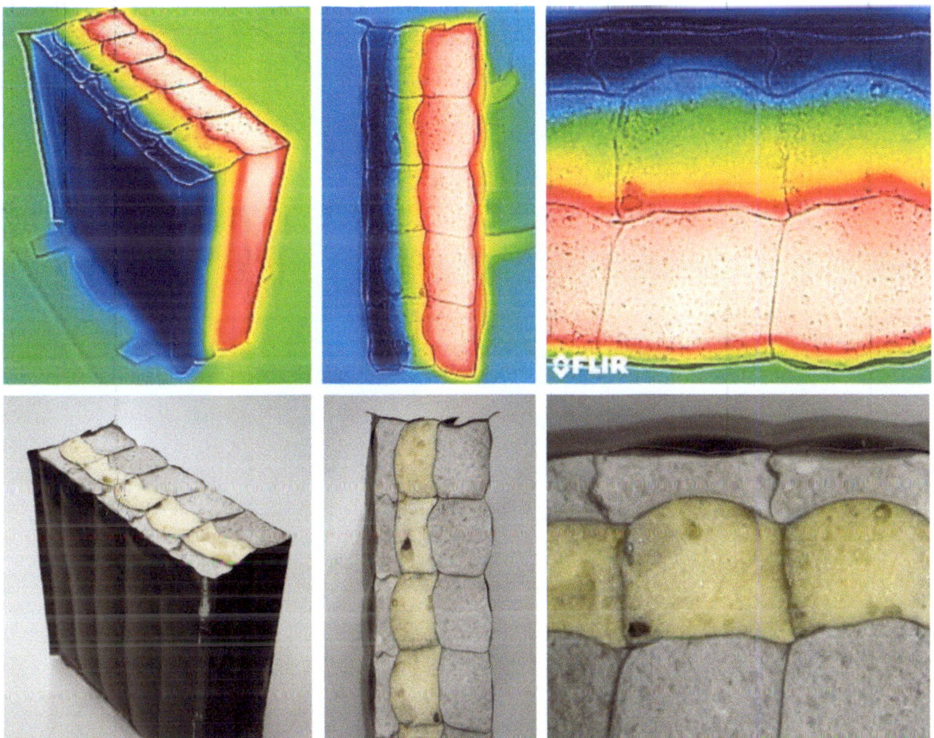

Abbildung 7.23 Wärme- und Realbilder Probekörper 2, mehrschichtiger Versuchsabschnitt

7.7.3 Probekörper 3

Im letzten Probekörper sind verschiedene Schichten aus den vorangegangenen Versuchen über die zuvor integrierten Hülsen miteinander verbunden worden. Als Tragschale wurde eine beidseitig rigide geschalte Schicht gewählt und die Vorsatzschale beidseitig mit Sefitec geschalt und mittels Fäden durchankert. Diese beiden Schichten sind mit Hilfe von Thermoankern in den Ecken mit einem Abstand von 5 cm miteinander verbunden und der Zwischenraum mit Zellulosedämmstoff gefüllt worden. Bei diesem Aufbau könnte die Tragschale vor Ort mit etablierten Schalungsmethoden errichtet werden und die Dämmschicht und die textil geschalte Vorsatzschale an der Tragschale befestigt werden. Werden die Schichten einzeln aufgebaut, können grundsätzlich alle Dämmstoffe verwendet werden (s. Abbildung 7.24 - 7.25). Dieser Aufbau zeigte eine Vielzahl von Kombinationsmöglichkeiten auf.

Abbildung 7.24 Herstellung Probekörper 3, mehrschichtiger Versuchsabschnitt

Abbildung 7.25 Wärme- und Realbilder Probekörper 3, mehrschichtiger Versuchsabschnitt

7.8 Zusammenfassung Wärmedurchgang

Textilien finden im Hochbau grundsätzlich wenig Anwendung. Um aber die bauphysikalischen Eigenschaften von Textilien als Schalungsmaterial zu evaluieren, wurden diese einer bauphysikalische Untersuchungen im stationären Zustands – Verfahren, mit dem kalibrierten und dem geregelten Heizkasten, nach ISO 8990:1994 unterzogen. Wie zu erwarten war, ist auf Grundlage der Materialstärke sowie der standardisierten U-Wert Berechnung der Einfluss auf den gesamt Wärmedurchgang grundsätzlich als vernachlässigbar anzusehen. Der Vorteil, aufgrund der Permeabilität ein dichteres Betongefüge herstellen zu können, siehe Kapitel 5.5, hat zwar Einfluss auf die Wärmeleitfähigkeit, dies war aber in diesem Versuchsaufbau nicht eindeutig bestimmbar. Um eine Klassifizierung der Wärmeleitfähigkeit innerhalb der Betonstoffklassen zu etablieren,

bedarf es einer baustoffspezifischen Untersuchung mittels Plattengerät nach ISO 8302 bzw. Wärmestrommessplatten-Gerät nach ISO 8301. Dies war nicht Schwerpunkt dieser bauphysikalischen Untersuchung. Trotz alledem konnten wichtige Erkenntnisse aus der Versuchsreihe gezogen werden, die für eine Überführung in ein etwaiges etabliertes Schalungsverfahren für textilgeschalte Außenwandkonstruktionen unter Einhaltung der geforderten GEG Mindeststandards notwendig waren.
Zum Einhalten des GEG Mindeststandards hat die Wärmedämmung den größten Einflussfaktor. In sämtlichen Untersuchungen konnte der erforderliche U-Wert in keinem Bauteil eingehalten werden, was in den Prototypendimensionen und in der Dämmstärke von lediglich 50 mm begründet ist. Werden diese auf bauteiltypische Dimensionen skaliert, ist eine Einhaltung des U-Werts möglich. Wenngleich die wesentlichen Erkenntnisse keinen nennenswerten Einfluss auf den Wärmedurchgang aufweisen, lassen sich Rückschlüsse zum Beispiel auf die Einwirkung auf den Wärmeübergangswiderstand belegen.

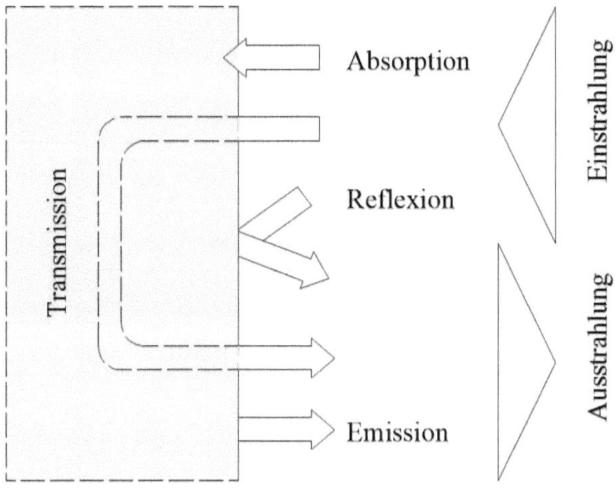

Abbildung 7.26 Strahlungseinwirkung auf ein Bauteil

Die Wärmeübergangswiderstände werden vom Emissionsgrad der Oberfläche, der Rauigkeit, Temperatur und Luftgeschwindigkeit bzw. Richtung beeinflusst. Daher konnte die Möglichkeit nachgewiesen werden, den Emissionsgrad durch die Verwendung von hellen oder dunklen Textilien zu beeinflussen und somit die Wärmeeinstrahlung durch Absorption bzw. Reflexion (s. Abbildung 7.26). Ebenso wurde im Rahmen dieser Arbeit die Hypothese aufgestellt, dass durch die Wahl des geeigneten Textils ein gestalterischer, sprich optischer Parameter zur Beeinflussung der allgemeinen Akzeptanz der Sichtbetonoberfläche entstehen kann. Es wurde bestätigt, dass dieser Parameter neben der gestalterischen Textur auch die Rauigkeit des Betons beeinflussen kann und somit den Absorption- bzw. Reflexionsgrad (s. Abbildung 7.27).

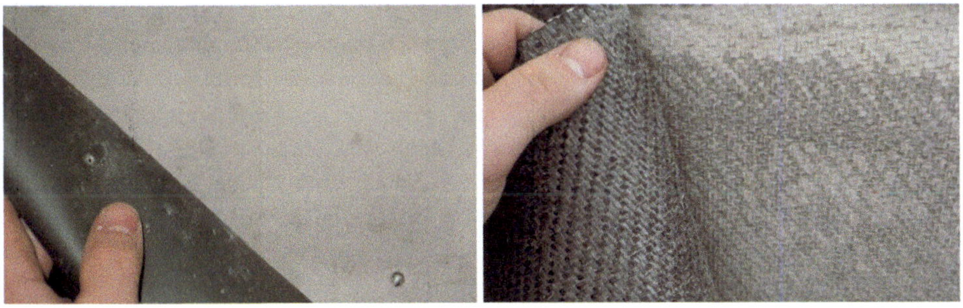

Abbildung 7.27 Oberflächenstruktur: links Covertec, rechts Sefitec

Die verwendeten Textilien weisen dichte oder permeable Eigenschaften auf. Somit konnten je nach Textil Eigenschaften zur Diffusionsregelung übernommen werden. Auf dem Markt sind Textilien erhältlich, die als Dampfbremse eingesetzt werden könnten bzw. diffusionsoffen sind, sowie dichte Materialien, die als Dampfsperre fungieren können. Die Eigenschaft von dichten Materialien bergen innerhalb einer mehrschaligen Wandschalung den Vorteil, dass sie die innenliegende Wärmedämmung vor überschüssigem Anmachwasser schützen können. Weiche Dämmung sowie Holzwolldämmung sind unter Feuchteeinwirkung in ihrer Dämmeigenschaften eingeschränkt. Ebenso haben Versuche in der Heat Box aufgezeigt, dass sich die Dämmwirkung bei Mineraldämmung innerhalb eines dichten Textils positiv veränderte, da ein dichtes Textil als Dampfsperre fungiert und die Diffusion unterbunden wird. Sobald Durchankerungen hinzu kommen, wird die Gesamtkonstruktion als bremsend und nicht als sperrend betrachtet, da die Durchankerungen das Textil perforieren. Die nachfolgende Abbildung 7.28 zeigt den schematischen Aufbau eines mehrschichtigen Wandaufbaus.

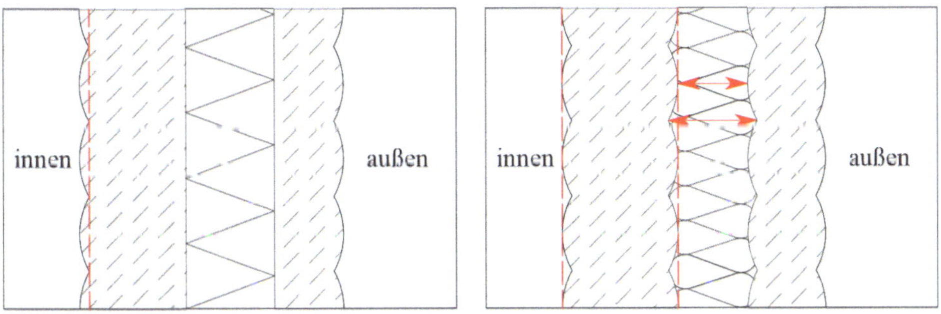

Abbildung 7.28 Fester Dämmstoff im Wandinneren, weicher Dämmstoff im Wandinneren

Abbildung 7.28 (links) zeigt einen Wandaufbau mit einer festen, feuchteresistenten Wärmedämmung (EPS, XPS usw.). Wird diese Wärmedämmung vor dem Betonieren eingelassen, ist eine formschlüssige Anpassung des Materials gewährleistet. Aufgrund des Frischbetondrucks wird nicht mit Hohlräumen innerhalb der Kerndämmung gerechnet. Ebenso verhält es sich mit dem Betondruck bei einer weichen Dämmung (Mineralwolle, Zellulosedämmung usw.), siehe Abbildung 7.28 (rechts). Hier ist aber zusätzlich ersichtlich, dass die Dicke der Dämmung durch den Betondruck an der Stelle mit den geringsten Wanddicken kompensiert wird.
Durch den Einsatz einer weichen Dämmung entsteht eine Wechselwirkung zwischen dem anpassungsfähigem Dämmmaterial und den Ausbeulungen der Betonschalen. In den Bereichen, in denen sich die Ausbeulungen der Tragschale und der Vorsatzschale gegenüber liegen, ist aufgrund der vorhandenen Materialverdickung des Betons mehr Speichermasse vorhanden. In diesem Punkt wird die weiche Dämmung entsprechend verdichtet und weist somit eine verringerte Dämmleistung auf, die aber durch die größere Speichermasse kompensiert werden kann. In den Punkten, in denen die Durchankerungen die Schalungsseiten zusammen halten, weist der Baustoff Beton eine geringere Bauteildicke und somit weniger Speichermasse auf. Hier jedoch werden die entstehenden Hohlräume durch Dämmmaterial gefüllt und somit kompensiert. Über das gesamte Bauteil gesehen sollte so ein homogener Wärmedurchgang entstehen. Ob diese Erkenntnis nur einen theoretischen oder auch einen praktischen Vorteil bietet, müsste in weiteren Versuchen erprobt werden. Aufgrund immer größer werdenden energetischen Anforderungen ist es möglich, dass auch gering scheinenden Faktoren immer mehr Bedeutung beigemessen wird.
Wie die Messergebnisse der Schalungsanker aufgezeigt haben, weisen Gewindestangen eine gute Wärmeleitfähigkeit auf. Dies führt zu einem erhöhten Kälteeintrag, partiellen Wärmebrücken, in die Konstruktion. Als konstruktiver Lösungsansatz können die Durchankerungen der beiden textil geschalten Schichten und die Durchankerungen zur Stabilisation der Vorsatzschale voneinander getrennt betrachtet werden. Das bedeutet jede zu schalende Schicht wird separat betrachtet. Somit führt keine Durchankerungen durch das gesamte, mehrschichtige Bauteil, sondern wird, zur Vermeidung von durchgehenden Wärmebrücken, separat durch die zur Dämmung hingewandten Textilschichten der Vorsatzschale und Tragschale geführt und es entsteht eine räumlich versetzte Durchankerung durch die innenliegenden Dämmschicht.
Wie die Messungen ebenfalls aufgezeigt haben, bilden die Fäden keine Wärmebrücke und sind zu vernachlässigen. So wäre es möglich, eine Kombination der beiden Varianten, Stahlanker und Fäden, zu verwenden. Die äußere und die innere Betonschicht mit Fäden zu durchankern und, um eine mechanische Befestigung der Schichten zur Standsicherheit zu gewährleisten, können diese beiden Schichten innerhalb der Dämmschicht mit Stahlankern gegen Kippen gesichert werden. Sind aus optischen- bzw. technischen Gründen starre Durchankerungen in den äußeren Schichten bevorzugt anzuwenden, kann je nach Belastungsfall, siehe Kapitel 5.2. – Frischbetondruckmessung, ein Alterna-

tivmaterial, das bessere Wärmeleitfähigkeiten aufweist, wie Glasfaserstäbe, ABS, Polyamid usw., Anwendung finden.
Die daraus resultierenden markanten Ausbeulungen (s. Abbildung 7.29) führen zu einer Vergrößerung der Betonoberfläche. Wie sich bei den Messungen herausstellte, weisen sie rechnerisch keine wesentlichen Einfluss auf den Wärmedurchgangswiderstand auf, da sie in Abhängigkeit zur Bauteilstärke stehen. Konstruktiv betrachtet handelt es sich bei den Ausbeulungen um eine statisch nicht benötigte Erhöhung der Masse, aber bauphysikalisch gesehen führt es zur einer Erhöhung der wärmespeichernden Masse.

Abbildung 7.29 Ausbeulungen der Betonwand aufgrund der textilen Schalung

8 Zusammenfassung

8.1 Zusammenfassung der Kapitel

Kapitel 2: Stand der Technik

Zunächst wurden die etablierten Betonbauweisen evaluiert und die Vor- und Nachteile von einer örtlichen Bauweise, Fertigteilen oder einer Mischung aus beidem aufgezeigt. Anschließend ist der Stand der Technik von auf dem Markt verfügbaren Systemschalungsmethoden für Wandbauteile genau untersucht worden und auf die Historie und bisher bekannte Erkenntnisse für die experimentelle, textile Schalung eingegangen worden. Dabei wurde historisch unter anderem auf Schalentragwerke, Träger und Decken eingegangen, wohingegen die vorgestellten, gebauten Projekte den Fokus auf Wände legen.

Kapitel 3: Anforderungen an Wände

In diesem Folgekapitel sind die Anforderungen an Wände aufgezeigt worden. Dies ist Grundlage für die Definition der Anforderungen, die auch an ein neues Schalungssystem wie die textile Schalung gestellt werden. Dabei geht es um die Anforderungen an die Schalung des Bauteils selbst, an den Baustoff Beton nach Aushärtung und an das Bauteil Wand nach Fertigstellung für die Dauer der Lebenszeit.

Kapitel 4: Grundlagen

In den Grundlagen geht es darum, die verwendeten Materialien genau zu evaluieren, um einen möglichen Prototypen bzw. Messaufbau generieren zu können. Zunächst wurden die Textilien, die die Schalhaut bilden sollen, die Schalungsanker, die eine etablierte Wandschalung in Form halten und der Beton selbst sowie die notwendige Bewehrung für die geforderten, statischen Anforderungen untersucht. Dabei wurde ebenfalls auf die permeablen Eigenschaften von unbeschichteten Textilien, den wirkenden Frischbetondruck

C. Kisker, *Rolled Wall*, Mechanik, Werkstoffe und Konstruktion im Bauwesen 76,
https://doi.org/10.1007/978-3-658-47179-8_8

und die alternativen Bewehrungsmöglichkeiten durch Faser- bzw. Textilbeton eingegangen. Für die Dauerhaftigkeit des Betons wurde im Grundlagenkapitel auf die Carbonatisierung eingegangen und für die spätere Nutzung des Bauteils auf die bauphysikalischen Faktoren Feuchteschutz und Wärmeschutz.

Kapitel 5: Einwirkungen der textilen Schalung auf den Beton

Wegen der im Gegensatz zu etablierten Schalungssystemen flexiblen und permeablen Eigenschaften der textilen Schalung sind im Vorfeld einige Untersuchungen zum Einfluss der textilen Schalung vorgenommen worden. In einer ersten Versuchsreihe wurde das Ausreißverhalten der notwendigen Durchankerungen aus verschiedenen Textilarten untersucht, um vorbereitend für den Schalungsbau definieren zu können, bei welchem Textil welche Durchankerung gewählt werden muss, um eine funktionstüchtige Schalung erstellen zu können. Im weiteren Verlauf wurde das Verhalten des Frischbetondrucks unter Berücksichtigung unterschiedlich dichter bzw. permeabler Textilien untersucht. Als Auswirkung auf den Festbeton wurde die Geometrie in Hinblick auf die Formtreue bzw. die erwarteten Ausbeulungen aufgenommen und abschließend die Dauerhaftigkeit in Form der Oberflächenhärte und Carbonatisierungstiefen untersucht.

Kapitel 6: Konstruktion der textilen Schalung

Im sechsten Kapitel ist die Konstruktion der textilen Wandschalung untersucht worden. Beginnend mit einer „geraden“ Wand, um die Schalungskonstruktion selbst hinsichtlich Befestigung der Textilien, notwendige Durchankerungen etc. zu eruieren und im weiteren Verlauf für Ecksituationen und den Einbau von Öffnungen. Zusätzlich erfolgte eine Versuchsreihe zur Standsicherheit bzw. zum Ersetzen der aufwändigen Stützkonstruktion durch günstigere Methoden im Hinblick auf Material und Arbeitszeit.

Kapitel 7: Auswirkungen der textilen Wandschalung auf den Wärmedurchgang

Durch das Textil als Schalungsmaterial, die Durchankerungen oder das Konstruktionsprinzip wurde erwartet, dass die textile Schalung ggf. Auswirkungen auf den Wärmedurchgang durch das Wandbauteil haben könnte. Dies wurde anhand einer Versuchsreihe aus sowohl einschaligen Wandaufbauten als auch mehrschaligen Wandaufbauten bauphysikalisch untersucht.

8.2 Zusammenfassende Erkenntnisse

Grundlage für das Etablieren eines neuen Schalungssystems auf dem Markt ist die technische Umsetzbarkeit und somit die Funktionalität. Bei einer Wandschalung beinhaltet dies insbesondere das Herstellen von geschlossenen Räumen durch Ecken bzw. Krümmungen und das Integrieren von Öffnungen, wie Fenster und Türen. Beides wurde in dieser Arbeit überprüft und es wurden Lösungen gefunden. Etwas kritischer muss das Thema der Bewehrung betrachtet werden. Aufgrund der notwendigen Durchankerungen kann nicht mit klassischen Bewehrungskörben gearbeitet werden. Alternativen sind hier Faserbewehrung oder Textilbewehrung. Unproblematisch ist hingegen eine Anschlussbewehrung an Fundament oder Bodenplatte. Einzelne Stabstähle können unkompliziert zwischen den Durchankerungen eingefädelt werden. Daher wurde in dieser Arbeit nachgewiesen, dass eine textile Wandschalung aus konstruktiver Sicht einsetzbar ist. Ob sie eingesetzt wird, hängt von der individuellen Aufgabe und den Vor- und Nachteilen des neuen Schalungssystems für den jeweiligen Einsatz ab.
Mehrere Vorteile ergeben sich aus dem Gewicht des textilen Schalungsmaterials und dessen Flexibilität. Diese Eigenschaften sorgen dafür, dass eine textile Wandschalung zu einem großen Teil vorgefertigt werden kann. Dadurch kann im Baustellenablauf Zeit und Arbeitskraft eingespart werden. Es können mehrere zusammenhängende Schichten vorgefertigt und an einem Stück, inklusive Durchankerungen, Dämmung, Eckausbildungen und Öffnungen sowie Bewehrung, als Textilbewehrung auf die Baustelle geliefert werden. Die alternative Bewehrung in Form von Fasern würde entsprechend mit dem Baustoff Beton eingebracht und nicht im Schalungssystem geliefert werden. Vor Ort muss die Schalung noch aufgehängt, angeschlossen und ausbetoniert werden. Somit entfallen mehrere Schritte für Schalungsaufstellung und das Anbringen der Schalungsanker. Bei der Herstellung einer kerngedämmten Wand entfallen zusätzlich mehrere Schalungsvorgänge sowie Wartezeiten auf Aushärtungsprozesse im Vergleich zum Einsatz etablierter Schalungssysteme.
Durch die Flexibilität des textilen Schalungsmaterials verringert sich das Transportvolumen um ein Vielfaches, da die Schalung aufgerollt oder gefaltet werden kann. Somit kann die Schalung in kleineren Transporten zu schwer zugänglichen bzw. engen Baustellen geliefert werden oder die Anzahl der Transporte minimiert werden. Aus demselben Grund wird weniger Vorhalteplatz benötigt. Insbesondere für Bauvorhaben, bei denen mit Behinderungen durch beengte Platzverhältnisse, beschränkten Lieferzeiten, z.B. Fußgängerzonen, oder Absprachen mit direkt angrenzenden Baustellen zu planen ist, kann dies ein Entscheidungsgrund für ein textiles Schalungssystem sein. Zusätzlich kommt hinzu, dass aufgrund des geringen Gewichtes und des hohen Vorfertigungsgrades die Kraneinsatzzeit für das Stellen der Wandschalung reduziert werden kann, da statt vielen einzelnen Schaltafeln, die einzeln und händisch miteinander verbunden werden müssen, nur ein großes Schalelement montiert werden muss. Bei einem großen, vorgefer-

tigten textilen Schalungselement ist dabei der Einsatz eines Krans zwar sinnvoll, dennoch wird nur ein Montageschritt, das Aufhängen, benötigt. Je nach Segmentierung einzelner Wandflächen und Größe des Bauvorhabens kann die Kraneinsatzzeit durch entsprechende Vorplanung im Zweifelsfall vollständig entfallen. Das in dieser Arbeit verwendete Covertec, das aufgrund der Beschichtung das schwerste Textil ist, das Verwendung fand, wiegt ca. 900 g/m² nach Herstellerangaben. Im Vergleich hierzu wiegt die für den Handeinsatz hergestellte „DUO leichte Handschalung" von PERI GmbH bereits 23,5 kg/m² (PERI, o. J.). Dieser Vergleich zeigt, dass größere, vorgefertigte, textile Wandschalungselemente per Hand montiert werden können. Wo die Maßgrenzen liegen, hängt dabei vom gewählten Textil und der Durchankerungsart ab. Auch konstruktiv kann die Flexibilität insofern genutzt werden, als dass die Schalung so gefertigt werden kann, dass durch entsprechende Wölbungen örtlich immer nur so viel Beton eingesetzt wird wie statisch oder konstruktiv notwendig. Es kann eine Wand mit unterschiedlichen Wandstärken, stufenlos und für den Nutzer unsichtbar, produziert werden, indem die Durchankerungsabstände vergrößert oder verkleinert werden. Auf diese Weise kann auch der Materialeinsatz des Betons optimiert werden.

Durch den Einsatz unterschiedlicher Textilien und der notwendigen Durchankerungen zur Kontrolle des Ausbeulens ergeben sich vielfältige Gestaltungsmöglichkeiten einer textil geschalten Wand. Die Wahl des Textils kann die Struktur der Oberfläche beeinflussen. Dies können nur unterschiedliche Feinheiten des Gewebes sein oder auch eingewebte Muster, die sich in der späteren Sichtbetonoberfläche abzeichnen. Durch den Einsatz strukturierter Textilien und einer somit entstehenden strukturierten Betonoberfläche erscheint diese haptisch wärmer als eine klassische glatte Betonoberfläche, was im Innenbereich die Wohnlichkeit des sonst kalten Betons fördern kann. Bei der Wahl der Durchankerungen muss zunächst beachtet werden, dass keine Wärmebrücken entstehen. Bei einem mehrschichtigen Wandaufbau oder bei Innenwänden können trotzdem viele verschiedene Möglichkeiten genutzt werden. Die Durchankerungen können im Muster angeordnet werden oder das Material selbst gestalterisch genutzt werden. Möglich sind beispielsweise Durchankerungen, die gleichzeitig als Aufhängungen genutzt werden, Beleuchtungselemente oder es werden statt durchdringenden Durchankerungen außenliegende Stahlseile genutzt. Es existiert eine Vielzahl von Möglichkeiten und Kombinationen.

Die notwendigen Durchankerungen für die Kontrolle des Ausbeulens der textilen Schalung aufgrund des Frischbetondrucks bergen zunächst die Problematik, dass eine Perforierung der Wand und somit ggf. Wärmebrücken entstehen. Dabei muss beachtet werden, dass jede Schicht für sich durchankert wird und somit kein Durchgang durch das ganze Bauteil Wand entsteht. Trotzdem muss die Vorsatzschale gegen Kippen gesichert werden. Dies kann unabhängig von den Schichtdurchankerungen außerhalb des Rasters geschehen und indem nur die beiden der Dämmung hin gewandten Textilschichten miteinander verbunden werden, sofern ausreichend Verankerung in den Schichtenbeton erfolgt. Geringere Ausbeulungen bedeuten aber auch ein engeres Durchankerungsraster, sodass

es trotzdem ratsam sein kann, bei dem Material der Durchankerung darauf zu achten, dass der Wärmedurchgang verringert wird, z.B. mit Kunststoff- oder textilen Durchankerungen. Bei textilen Durchankerungen muss gleichzeitig auf den Feuchtetransport ins Bauteil geachtet und dies durch eine entsprechende Sperre unterbunden werden. Sofern eine Innenwand oder ausschließlich die innere Schale mittels textiler Schalung hergestellt wird, ist diese Thematik automatisch zweitrangig.
Neben diesen konstruktiven und gestalterischen Faktoren bietet die textile Schalung den Vorteil der Permeabilität. Zu Beginn dieser Arbeit wurde vermutet, dass die Durchlässigkeit oder Permeabilität größeren Einfluss auf den Beton, sowohl während des Betonierprozesses, als auch auf den Festbeton haben könnte. Daher wurden Untersuchungen zum Frischbetondruck und zur Carbonatisierung durchgeführt. Durch die permeablen Eigenschaften des Textils tritt während des Betonierens überschüssiges Anmachwasser sowie Luft durch die Schalhaut hindurch. Dies bedingt ein Senken des w/z-Wertes, wodurch das oberflächennahe Gefüge dichter wird. Dadurch wird die Oberfläche dichter und die Oberflächendruckfestigkeit höher. Dabei muss bei der Wahl des Textils darauf geachtet werden, dass nicht zu viel Zementleim durch die Schalhaut austritt, da die Oberfläche hierdurch wieder poröser wird. In einer weiteren Versuchsreihe wurde dabei ebenso der positive Einfluss der Permeabilität auf die Carbonatisierungstiefen nachgewiesen, sodass erste Ergebnisse für einen dauerhafteren Beton entstanden, obwohl es hier noch einiger weiterer Tests, wie z.B. zum Frostwiderstand, bedarf.
Bei den Untersuchungen wurden immer sowohl ein dichtes, beschichtetes Textil wie auch synthetisches Polyestergewebe und natürliches Baumwollgewebe gegenübergestellt. Die saugenden Eigenschaften der Baumwolle zeigten in den Oberflächendruckversuchen einen eher negativen Einfluss, da eine sandige Oberfläche entstand. Für die Carbonatisierungstiefe zeigte sich dies gegenteilig. Die Wasserspeicherfähigkeit der Baumwolle sorgte für eine Nachbehandlung des Betons, sodass dieser langsamer austrocknete und somit dem Entstehen von Schwindrissen vorgebeugt wurde, die eine schnellere Carbonatisierung fördern. Diese saugenden Eigenschaften bedingen weiterhin allerdings ein schlechteres Ablösen des Textils von der fertigen Betonoberfläche, was wegen der Verschmutzungen auch dazu führt, dass die Schalung nicht gut wiederverwendet werden kann. Dies ist bei synthetischen oder beschichteten Textilien besser möglich, allerdings mit größerem Aufwand verbunden, um die Schalung wieder aufzubereiten. Zudem kommt, dass die Löcher der Durchankerungen in der Schalhaut verbleiben und die Schalhaut somit nur in der gleichen Konstruktionsweise wieder eingesetzt werden kann. Insgesamt handelt es sich eher um ein nicht bzw. schwer wiederverwendbares Schalungssystem. In allen Versuchen zeigten sich die permeablen Textilien immer mit einem positiven Einfluss auf den Beton im Vergleich zu dem dichten, beschichteten Gewebe. Das Austreten von Luft kann weiterhin insbesondere bei Schrägschalungen große Vorteile bieten und verringert die Notwendigkeit des Verdichtens. In einer weiteren Versuchsreihe konnte zudem der Einfluss der Permeabilität auf den Frischbetondruck nachgewiesen werden. Durch das Entweichen von überschüssigem Anmachwasser und Luft tritt deutlich weniger Frisch-

betondruck auf als bei dichten Schalungen. Zusätzlich sinkt der Druck deutlich schneller ab und die Betonfestigkeit stellt sich früher ein. Dies kann ebenso wie der Verzicht auf das Verdichten bzw. das Verringern der Verdichtungsvorgänge im Bauverlauf zu einem positiven Einfluss auf die Bauzeit bzw. Beginn von Folgegewerken führen.
Die zuvor beschriebene Flexibilität, insbesondere in Kapitel 6 - Konstruktion der textilen Wandschalung, birgt neben den Vorteilen allerdings auch den größten Nachteil einer textilen Wandschalung. Etablierte Schalungssysteme sind selbsttragend. Dies kann eine textile Wandschalung nicht bieten. Für die Probekörper wurde zunächst immer eine aufwändige Stützstruktur gefertigt. Diese kann nicht vorgefertigt und muss im Bauverlauf vor Ort gefertigt werden. Ein Teil dieser Arbeit beschäftigte sich damit, diese Stützstruktur durch den Einsatz von Pneumatik zu ersetzen. Dabei kann nicht die Stützstruktur selbst pneumatisch ausgeführt werden und den Frischbeton halten. Daher wurde der Einsatz von Pumpbeton bzw. Spritzbeton untersucht. Für den Pumpbeton wurde die Schalung selbst, ohne Stützstruktur, in Form gebracht und der Pumpbeton von unten eingefüllt. Der größte Nachteil dieser Konstruktionsweise liegt darin, dass die Schalung aufgrund des Befüllens mit Luft dicht sein muss. Dadurch gehen alle Vorteile der Permeabilität auf den Beton verloren. Weiterhin können nur Abstandsgewebe zum Einsatz kommen, da das Perforieren für Durchankerungen wieder zu Luftundichtheit führt. Auf diese Weise können dennoch ganze Raumstrukturen mit maximalem Vorfabrikationsgrad und somit minimalstem Aufwand auf der Baustelle hergestellt werden. Der Einsatz von Spritzbeton, der auf eine pneumatische Struktur aufgebracht wird, kann nicht für tragende Bauteile angewendet werden. Sofern die Permeabilität oder die Optik oder andere Vorteile gewünscht sind, sodass eine textile Schalung eingesetzt wird und Pumpbeton nicht eingesetzt werden kann, muss die notwendige Stützstruktur so gedacht werden, dass sie mehrere Funktionen erfüllt. Eine Möglichkeit wäre z.B. die textile Wandschalung auf der einen Seite in eine bereits gestellte Deckenschalung und auf der anderen Seite in ein Fassadengerüst einzuhängen, sodass keine extra Stützstruktur geschaffen werden und später demontiert werden muss.
Bauphysikalischen Einfluss hat das Schalungsmaterial bzw. Durchankerungsmaterial nur aus konstruktiven Gründen. Eine größere Wandstärke, Ausbeulung, führt zu mehr Beton und somit mehr Speichermasse. Feuchtigkeitssaugende Durchankerungen können beim Einsatz in der wetterzugewandten Seite Feuchtigkeit in das Bauteil hineintransportieren. Gleichzeitig kann das Textil im inneren eines mehrschichtigen Wandaufbaus direkt als Feuchtigkeitssperre dienen.

9 Fazit

Die textile Wandschalug kann in verschiedenen Konstruktionsprinzipien ausgeführt werden. Ob eine textile Schalung zum Einsatz kommt oder nicht bzw. in welcher Konstruktionsweise hängt maßgeblich vom Einsatzgebiet und den daraus resultierenden Anforderungen bzw. Ansprüchen ab.

Das meist erprobte Konstruktionsprinzip besteht aus zwei sich gegenüberliegenden Textilschichten, die miteinander durchankert sind. Die aus dieser Schaltechnik resultierende kissenartige Optik lässt sich in dieser Methode zwar nach eigenen Vorlieben gestalten, ist aber nicht gänzlich vermeidbar. Eine Nachbehandlung wäre mittels nachträglichem Putzauftrag oder einer Vorsatzschale möglich. Der Putzauftrag benötigt allerdings eine entsprechende Schichtstärke und ist daher mit hohem Aufwand verbunden. Eine Nachbehandlung einer textil geschalten Wand mit dem Ziel eine glatte Wand zu generieren wäre aufgrund des damit verbundenen Arbeits- und Materialaufwandes nicht sinnvoll. Das Herstellen einer glatten Wand könnte mit weniger Aufwand durch etablierte Schalungssysteme geschehen. Daher wird dieses Konstruktionsprinzip nur Anwendung finden, wenn die entstehende, spezielle Optik gewünscht ist. Wird sich für das textile Wandschalungssystem entschieden, besteht durch viele Kombinationsmöglichkeiten von Textilien und Durchankerungen ein breites Spektrum an Gestaltungsmöglichkeiten, sodass großes Potenzial auf dem Individualmarkt gesehen wird. Insbesondere bei Innenwänden können tragende Funktion durch den Baustoff Beton und einer auf die statische Notwendigkeit angepasste Bauteilstärke, hoher optischer Anspruch durch z.B. strukturierte Oberflächen, eigens gestaltete Durchankerungsmuster und -arten sowie runde Grundrissgeometrien miteinander vereint werden. Die Schalung einer Innenwand kann dabei beidseitig in eine zuvor gestellte Systemdeckenschalung eingehängt werden.

Eine hierauf aufbauende Systemlösung der textilen Schalung ist das kerngedämmte, textile Schalungssystem. Der Aufbau erfolgt durch zwei, textil geschalte Schalungsschichten auf bekannte Art, die durch ein mittig liegendes Dämmmaterial getrennt werden. Dabei sind beide textil geschalte Seiten punktuell miteinander verbunden, um gegen Kippen gesichert zu sein. Die Entscheidung für oder gegen einen kerngedämmten Wandaufbau ist zunächst unabhängig vom Schalungssystem. Sofern dieser Wandaufbau generiert werden soll, bildet das textile System eine gute Möglichkeit, diesen mit Ortbetonbauweise herzustellen, was mit etablierten Systemen nicht möglich ist, da die zweite Betonschicht nicht ausgeschalt werden kann. Daher entstehen zwei Gründe sich für ein kerngedämmtes, textiles Wandschalungssystem zu entscheiden. Zum einen, wenn der Einsatz von Fertigteilen nicht möglich oder nicht erwünscht ist, und zum anderen aus den gleichen

C. Kisker, *Rolled Wall*, Mechanik, Werkstoffe und Konstruktion im Bauwesen 76,
https://doi.org/10.1007/978-3-658-47179-8_9

optischen Gründen wie für ein einfaches textiles Schalungssystem.
Pneumatische, textile Schalungssysteme, die in Kapitel 6.3 erprobt wurden, erfüllen keine optischen Ansprüche. Dies liegt daran, dass geschlossene, luftdichte Systeme genutzt werden müssen, in diesem Fall Abstandsgewebe, die ein Ausschalen des Bauteils ausschließen. Diese Systeme werden auf dem Individualmarkt keine Anwendung finden. Das Herstellen einer pneumatischen Schalung ist aufgrund des bereits auf dem Markt erhältlichen Produkts allerdings sehr zeitsparend, da ausschließlich die Randbereiche durch Textilschweißen verschlossen und die entsprechenden Anschlusspunkt für Betonpumpe, Luftzufuhr und Überdruckablass eingelassen werden müssen. Aus diesem Grund handelt es sich hierbei um das zeitsparendste Verfahren. Weiterhin könnten ganze Räume oder auch eingeschossige Gebäude (muss in größeren Bauteilversuchen nachgewiesen werden) am Stück generiert werden. Daher wird das Einsatzgebiet dieser textilen Schalungslösung insbesondere für schnell zu errichtende, kleine Gebäude in Notsituationen gesehen. Dies können sowohl Situationen aufgrund der Flüchtlingskriese oder auch Zerstörung von Lebensräumen durch Naturkatastrophen oder Kriege sein.
Aufgrund der permeablen Eigenschaften und der daraus resultierenden höheren Dichte des oberflächennahen Betons öffnen sich zusätzliche technische Einsatzgebiete für eine textile (Wand-) Schalung. Neben einer dauerhafteren Sichtbetonoberfläche können ebenso in Bereichen der Trinkwasserversorgung, Abwasser bzw. Kläranlagen oder anderen Betonflächen, die längerfristig mit Wasser in Kontakt stehen, Anforderungen an die Dauerhaftigkeit des Betons bestehen. Dies betrifft beispielsweise auch Betonbauwerke in Nähe von Meerwasser bzw. salzhaltiger Luft. Dies wird jetzt bereits durch den Einsatz einer textilen Schalungseinlage, z.B. Zemdrain von Max Frank (Frank, o. J.), praktiziert. Hierbei wirkt die Schalungseinlage als Drainage, um überschüssiges Anmachwasser abzuführen und genau die Effekte zu erzielen, die in dieser Arbeit in Tastversuchen erprobt wurden. Der Einsatz eines textilen Schalungssystems zeigt den gleichen Effekt und verzichtet auf die zusätzliche etablierte Schalung. Ein weiteres Einsatzgebiet, das aus der permeablen Eigenschaft von Textilien resultiert, ist die Schrägschalung, da Luft direkt durch die Schalhaut entweichen kann. Gerade bei Schrägschalungen entstehen öfter Lufteinschlüsse, da die Luft beim Verdichten nicht auf direkten Weg nach oben entweichen kann, da sie hier durch die gegenüber liegende Schalseite am Austreten behindert wird. Ist diese gegenüberliegende Schalseite aus Textil, besteht dieses Problem nicht mehr.
Aufgrund des geringen Gewichtes und der Möglichkeit Betonwände ohne den Einsatz von Kranen zu generieren, wird es außerdem möglich, Gebäude aus einem langlebigem Baustoff wie Beton in Ländern mit fehlenden oder geringen technischen Möglichkeiten zu errichten. Um eine textile Wandschalung herzustellen, bedarf es außerdem wenig technischen Wissens und zum aktuellen Forschungszeitpunkt viel händischer Arbeit. Dieser Umstand macht das textile Wandschalungssystem aktuell zu einer potenziellen „do it yourself“ Methode. Daher wird ein mögliches Einsatzgebiet in Niedriglohnländern bzw. Entwicklungsländern gesehen. Viel händische Arbeit bedeutet einen hohen Lohn-

aufwand. Je geringer die Lohnkosten dabei bleiben, desto wirtschaftlichere Ergebnisse können erzielt werden. Außerdem wäre es mit wenig Hilfestellung möglich, anderen Menschen das Herstellen einer textilen Wandschalung für eingeschossige Bauten in Eigenleistung zu ermöglichen, sodass sich auch in Entwicklungsländern viele eine eigene, dauerhafte Unterkunft errichten könnten.

Insgesamt liegen die Vorteile der textilen Wandschalung vorrangig im Gestaltungsspektrum bzw. der Optik, die individuell unterschiedlich aufgefasst werden kann, und in betontechnologischen Aspekten. Das textile Wandschalungssystem wird daher keine Systemwandschalung ersetzen, sondern ein Schalungssystem für individuelle Aufgaben sein, aus technischen oder optischen, es wird ein Nischeneinsatz sein.

10 Ausblick

In dieser Arbeit wurden durch eine Vielzahl von Versuchen einige Auswirkungen des textilen Schalungsmaterials auf den Frischbeton und den Festbeton aufgezeigt. Um dies gezielt einsetzen zu können, sind viele weitere Untersuchungen nötig und möglich. Es wurde nachgewiesen, dass das etablierte Verfahren, den Frischbetondruck auf lotrechte Schalungen zu berechnen, nicht auf textile Schalungen übertragbar ist. Dadurch eröffnet sich ein weites Forschungsfeld, das sich mit unterschiedlichen, textilen Materialien, deren Permeabilität und einem Berechnungsmodell des Frischbetondrucks beschäftigt. Kann der Frischbetondruck, in Abhängigkeit des verwendeten Textils, zuvor genau bestimmt werden, können die notwendigen Durchankerungen, sowohl in Hinblick auf technische Notwendigkeit als auch im Hinblick auf die Gestaltung, eingesetzt werden.
Außerdem ist es denkbar, den Durchankerungen einen weiteren Verwendungszweck zuzuführen. Die Perforation der Wand, die hierdurch entsteht, könnte z.B. für technische Gebäudeaustattungen und/oder für energetische Maßnahmen wie Lüften, Heizen oder Kühlen eingesetzt werden. Eine alternative Arbeit hierzu im Zusammenhang mit den Durchankerungen könnte sich mit der Gestaltung der Oberfläche beschäftigen. Außenliegende Durchankerungen, Muster der Fassade oder Anordnung der Auswölbungen, geometrische Veränderungen der Wand selbst, integrierte Beleuchtung (s. Abbildung 10.1 - 10.2), zweite Hüllen oder schmutzabweisende Fassaden durch den Einsatz bestimmter Materialien wären nur einige der gestalterischen Themen. In diesem Zusammenhang bietet sich eine Untersuchung zur Wirkung auf die Menschen an, da dieses Schalungssystem, verwendet an der Fassade, das Stadtbild beeinflusst, bzw. eine Analyse der Marktakzeptanz für den Nutzer an.

Abbildung 10.1 LED eingebaut in Hüllröhrchen durch das die Durchankerung verlief

C. Kisker, *Rolled Wall*, Mechanik, Werkstoffe und Konstruktion im Bauwesen 76, https://doi.org/10.1007/978-3-658-47179-8_10

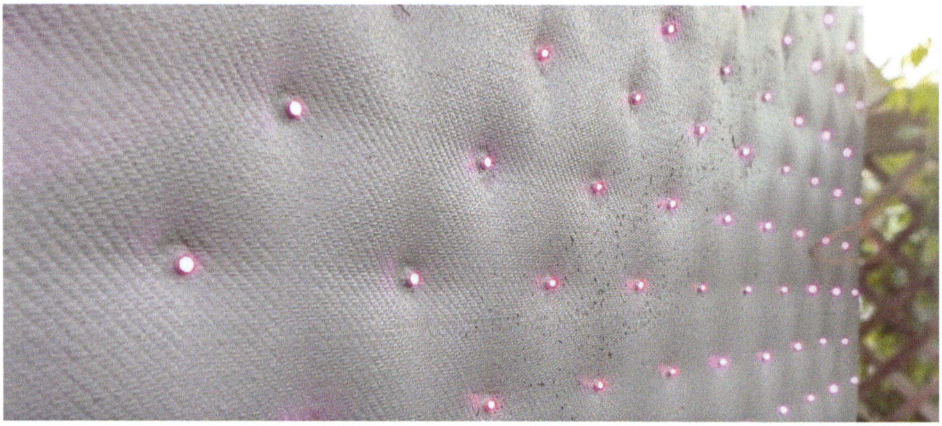

Abbildung 10.2 Durchankerung mit Beleuchtung

Um den Einfluss des Frischbetondrucks auf die Gestaltung der späteren Festbetonoberfläche gezielt zu nutzen bzw. zu beeinflussen, könnte sich ein weiteres Forschungsthema damit befassen, ein Simulationsmodell zu entwickeln, in dem die Auswirkungen unterschiedlicher Schalungsmaterialien, Betonzusatzmittel oder auch Prozesse vor dem Betonieren visualisiert werden können.

Ein weiteres Thema ist das Entwickeln von Software für die textile Schalung. Zum einen für das Erstellen einer Zuschnittsoftware für individuelle Konstruktionen, speziell auf den Einsatz als Schalung und dem damit einhergehenden Frischbetondruck, als auch einem Tool für das Zusammenstellen individueller Gesamtlösungen, ähnlich einem Küchenplaner. Es wäre denkbar, dass potenzielle Kunden sich ihre Wand oder auch andere Bauteile oder evtl. Möbelstücke selbst zusammensetzen und anschließend die fertige Schalung geliefert bekommen. Dies könnte als gesamte Leistung inkl. Montage und Betonieren verkauft werden oder als „do it yourself“ Variante.

Der Einsatz der Pumpbeton Variante für Notunterkünfte bedeutet gleichermaßen, dass das errichtete Gebäude in vielen Situationen nur temporär genutzt wird. Der Einsatz eines so langlebigen und energieintensiven Materials für temporäre Zwecke scheint wenig zeitgemäß und führt zu einem ökologischen Konflikt. Um jedoch den technischen Ansatz mit der Möglichkeit des schnellen Errichtens von kleinen Gebäuden zu nutzen, wäre es denkbar, die Schalung statt mit Beton mit z.B. einem Sandgemisch zu füllen. Wenn die Schalung verbleibt, können auch lose Materialien ggf. die notwendige Standsicherheit und weitere Anforderungen erfüllen. Da es an jedem Ort der Erde Sand oder kleine Steine gibt, besteht vielleicht die Möglichkeit, mit dieser Methode aus lokalen Materialien temporäre Unterkünfte zu errichten und später zu demontieren, ohne Bauschutt entstehen zu lassen (s. Abbildung 10.3, 10.4 und 10.5).

Abbildung 10.3 Aufbau Tastversuch zum Befüllen der Schalung mit einem Sand-Wassergemisch

Abbildung 10.4 Raumschalung für Befüllung mit Sand-Wassergemisch

Abbildung 10.5 Raumprototyp mit Sand-Wassergemisch gefüllt

Tabellenverzeichnis

Kapitel 4: Grundlagen

Kapitel 5: Einwirkungen der textilen Schalung auf den Beton

C. Kisker, *Rolled Wall*, Mechanik, Werkstoffe und Konstruktion im Bauwesen 76,
https://doi.org/10.1007/978-3-658-47179-8

Kapitel 7: Auswirkungen der textilen Schalung auf den Wärmedurchgang

Abbildungsverzeichnis

Kapitel 1: Einleitung

Kapitel 2: Stand der Technik

C. Kisker, *Rolled Wall*, Mechanik, Werkstoffe und Konstruktion im Bauwesen 76,
https://doi.org/10.1007/978-3-658-47179-8

Kapitel 4: Grundlagen

Kapitel 5: Einwirkungen der textilen Schalung auf den Beton

Kapitel 6: Konstruktion der textilen Schalung

Kapitel 7: Auswirkungen der textilen Schalung auf den Wärmedurchgang

Kapitel 10: Ausblick

Literaturverzeichnis

Abdelgader, H., West, M. & Górski, J. (2008): State-of-the-Art Report on Fabric Formwork. In: Proceedings of the International Conference on Construction and Building Technology. Kuala Lumpur, MY.

BCHO Architects (o. J.): Hanil Cement Visitors Center & House. Verfügbar unter: http://www.bchoarchitects.com/ws/?projects=hanil-cement-visitors-center-and-house [18.11.2019].

Bechter (o. J.): Haus Rohner. Verfügbar unter: http://bechter.eu/hausrohner/de-28 [18.11.2019].

Berner, F., Kochendörfer, B. & Schach, R. (2013): Grundlagen der Baubetriebslehre 2. Baubetriebsplanung (2. Aufl.). Wiesbaden: Springer Vieweg.

Billig, K. (1960): Structural Concrete. New York: Macmillan Verlag.

Billner, K. P. (1943): Building Construction. US Patent 2,324,554.

Bird, W. W., Rongved, P. I., Strobel, P. A. & Zamore, D. P. (1964): Building Construction. US Patent 3,139,464.

Block Research Group (2018): KnitCandela – A flexibly formed thin concrete shell at MUAC, Mexico City, 2018. Verfügbar unter: http://block.arch.ethz.ch/brg/content/project/knit-candela-muac-mexico-city [18.11.2019].

Boyle, J.M. (1907): Apparatus for Molding Hollow Objects from Cement. US Patent 857,582.

Bring Concrete to life-Crushedwall | Walter Jack (o. J.): Verfügbar unter: https://www.arch2o.com/bring-life-to-concrete-crushedwall-walter-jack/ [18.11.2019].

Building in the Tropics (o.A.) (1960): The New Scientist, Volume 8, No. 197, S. 520- 521. London: Eigenverlag.

Chandler, A. & Keable, R. (2009): Achieving Carbon neutral structures through pure tension. Using a fabric formwork to construct rammed earth Columns and walls. Bath (UK): Proceedings of the 11th International Conference on Non-conventional Materials and Technologies (NOCMAT2009).

C. Kisker, *Rolled Wall*, Mechanik, Werkstoffe und Konstruktion im Bauwesen 76,
https://doi.org/10.1007/978-3-658-47179-8

Concrete Canvas: WAS IST CC: Verfügbar unter: https://www.concretecanvas.com/de/concretecanvas [16.11.2019].

Cramer, D., Hesse, D. (2013): Die Geschichte des Transportbetons, Der Weg von den Pionieren zu Heidelberger Beton. Heidelberg: Heidelberg Cement.

DIN EN 15113-1:2005-02 - Entwurf (2005): Vertikale Schalungen - Teil 1: Leistungsanforderungen, Entwurf, Konstruktion und Bewertung; Deutsche Fassung prEN 15113-1:2004. Berlin: Beuth Verlag.

DIN EN 206:2021-06 (2021): Beton - Festlegung, Eigenschaften, Herstellung und Konformität; Deutsche Fassung EN 206:2013+A2:2021. Berlin: Beuth Verlag.

DIN 1045-2:2008-08 (2008): Tragwerke aus Beton, Stahlbeton und Spannbeton - Teil 2: Beton - Festlegung, Eigenschaften, Herstellung und Konformität - Anwendungsregeln zu DIN EN 206-1. Berlin: Beuth Verlag.

DIN 1045-3:2012-03 (2012): Tragwerke aus Beton, Stahlbeton und Spannbeton - Teil 3: Bauausführung - Anwendungsregeln zu DIN EN 13670. Berlin: Beuth Verlag.

DIN EN 13670:2011-03 (2011): Ausführung von Tragwerken aus Beton; Deutsche Fassung EN 13670:2009. Berlin: Beuth Verlag.

DIN EN 1992-1-1:2011-01 (2011): Eurocode 2: Bemessung und Konstruktion von Stahlbeton- und Spannbetontragwerken - Teil 1-1: Allgemeine Bemessungsregeln und Regeln für den Hochbau; Deutsche Fassung EN 1992-1-1:2004 + AC:2010. Berlin: Beuth Verlag.

DIN 4108-2:2013-02 (2013): Wärmeschutz und Energie-Einsparung in Gebäuden - Teil 2: Mindestanforderungen an den Wärmeschutz. Berlin: Beuth Verlag.

DIN 4108-3:2018-10 (2018): Wärmeschutz und Energie-Einsparung in Gebäuden - Teil 3: Klimabedingter Feuchteschutz - Anforderungen, Berechnungsverfahren und Hinweise für Planung und Ausführung.

DIN 4109-1:2018-01 (2018): Schallschutz im Hochbau - Teil 1: Mindestanforderungen. Berlin: Beuth Verlag.

DIN 4108-7:2011-01 (2011): Wärmeschutz und Energie-Einsparung in Gebäuden - Teil 7: Luftfichtheit von Gebäuden - Anforderungen, Planungs- und Ausführungsempfehlungen sowie -beispiele. Berlin: Beuth Verlag.

DIN 18216:2021-02 (2021): Schalungsanker für Betonschalungen; Anforderungen, Prüfung, Verwendung. Berlin: Beuth Verlag.

DIN 18218:2010-01 (2010): Frischbetondruck auf lotrechte Schalungen. Berlin: Beuth Verlag.

DIN EN ISO 6946:2018-03 (2018): Bauteile - Wärmedurchlasswiderstand umnd Wärmedurchgangskoeffizient - Berechnungsverfahren (ISO 6946:2017); Deutsche Fassung EN ISO 6946:2017. Berlin: Beuth Verlag.

DIN EN ISO 8990:1996-09 (1996): Wärmeschutz - Bestimmung der Wärmedurchgangseigenschaften im stationären Zustand, Verfahren mit dem kalibrierten und dem geregelten Heizkasten. Berlin: Beuth Verlag.

DIN EN ISO 13788:2013-05 (2013): Wärme- und feuchtetechnisches Verhalten von Bauteilen und Bauelementen - Raumseitige Oberflächentemperaturen zur Vermeidung kritischer Oberflächenfeuchte und Tauwasserbildung im Bauteilinneren - Berechnungsverfahren (ISO 13788:2012); Deutsche Fassung EN ISO 13788:2012. Berlin: Beuth Verlag.

DIN EN 12504-2:2021-10 (2021): Prüfung von Beton in Bauwerken - Teil 2: Zerstörungsfreie Prüfung - Bestimmung der Rückprallzahl; Deutsche Fassung EN 12504-2:2021. Berlin: Beuth Verlag.

DAfStb-Heft 526 (2011): Erläuterung zu den Normen DIN EN 206-1, DIN 1045-2, DIN 1045-3, DIN 1045-4 und DIN EN 12620 . Deutscher Ausschuss für Stahlbeton (Hrsg.). Berlin: Beuth Verlag.

Eberle, H., Gonser, E., Hornberg, M., Kupke, R. & Ring, W. (2017): Fachwissen Bekleidung (11. Aufl.). Haan-Gruiten: Europa-Lehrmittel.

Fearn, R. N. (1993): Building Foundation and Floor Assembly. US Patent 5,224,321.

Fearn, R.N. (1998): Concrete Foundation Wall Form Apparatus and Method. US Patent 5,794,393.

Fearn, R.N. (2002): Reusable Building Foundation Form Apparatus and Method. US Patent 6,343,894.

Fearn, R.N. (2012): Monopour Form. US Patent 8,286,398.

Fernández-Galiano, L. (2003): AV Monografias Miguel Fisac, 101. Madrid: Arquitecura Viva.

Fingerloos, F., Hegger, J., & Zilch, K. (2012): Eurocode 2 für Deutschland: DIN EN 1992-1-1 Bemessung und Konstruktion von Stahlbeton- und Spannbetontragwerken Teil 1-1: Allgemeine Bemessungsregeln und Regeln für den Hochbau mit Nationalem Anhang Kommentierte Fassung (1. Aufl.). Berlin, Wien, Zürich: Beuth Verlag; Berlin: Wilhelm Ernst & Sohn.

Fisac, M. (2007): Carta a mis sobrinos – Letter to my nephews (architecture students). Madrid (ES): Fundación Miguel Fisac.

Fouad, N.A. (Hrsg.) (2013): Bauphysik Kalender 2013, 13 Jahrgang. S. 34-35. Berlin: Wilhelm Ernst & Sohn.

Frank, M. (o. J.): Schalungsbahn Zemdrain. Vergügbar unter: https://www.maxfrank.com/intl-de/produkte/schalungstechnik/09-schalungsbahn-zemdrain/ [06.10.2023].

GEG - Gesetz zur Vereinheitlichung des Energieeinsparrechts für Gebäude und zur Änderung weiterer Gesetze; Bundesgesetzblatt Jahrgang 2020 Teil I Nr. 37; Ausgegeben: Bonn am 13. August 2020, Erlassen: 08.08.2020; Gültig ab 01.11.2020; Herausgeber: Bundesrepublik Deutschland.

Geoplast (o. J.): GEOPANEL Formwork system for walls. Verfügbar unter: https://www.geoplastglobal.com/en/download/geopanel/geoplast-catalogue-2022-english/, S. 28 – 31 [31.03.2023].

Gonzáles, S. & Sánchez-Mora, F. (2006): Arquitectura vertida Flowing architecture. Verfügbar unter: https://informesdelaconstruccion.revistas.csic.es/index.php/informesdelaconstruccion/article/view/380/449 [22.01.2024].

Grube, H., Krell, J. (1986): Zur Bestimmung der Carbonatisierungstiefe von Mörtel und Beton. In: beton 3-1986. Schermbeck: concrete content UG (hb) Verlag und Kommunikation.

Hackinger, J. (2018): Wassersäule: Was bedeutet die Angabe bei Zelten und Jacken? Verfügbar unter: https://www.bergzeit.de/magazin/wassersaeule-zelte-jacken/#:~:text=Die%20Wassers%C3%A4ule%20gibt%20an%2C%20welchem%20Wasserdruck%20das%20Obermaterial%20einer%20Regenjacke,der%20ein%20Textil%20durchl%C3%A4ssig%20wird [28.10.2020].

Hanil Visitor Center & Guest House / BCHO Architects (2010). Verfügbar unter: https://www.archdaily.com/72484/hanil-visitors-center-guest-house-bcho-architects/ [18.11.2019].

Häupl, P., Kölzow, C. & Riese, O. (2013): Lehrbuch der Bauphysik. Wiesbaden: Springer Vieweg.

Hickert, S. (2020): Fabrik Formwork - Entwicklung und Bewertuing eines textilen Schalungssystems. Dissertation, Tu Darmstadt, Institut für Statik und Konstruktion. Berlin: Springer Vieweg.

Hofstadler, C. (2008): Schalarbeiten. Technologische Grundlagen, Sichtbeton, Systemauswahl, Ablaufplanung, Logistik und Kalkulation. Heidelberg: Springer Verlag.

Informations- und Gästezentrum in Danyang (2010): Detail 2010, 12, S. 1327-1331.

Kalweit, A., Paul, C., Peters, S. & Wallbaum, R. (Hrsg.) (2012): Handbuch für Technisches Produktdesign – Material und Fertigung Entscheidungsgrundlagen für Designer und Ingenieure (bearbeitete Aufl.). Berlin, Heidelberg: Springer.

Kersavage, J.A. (1974): Method for constructing a tensile-stress structure and resultant structures. US Patent 3,927,496.

Kidokoro, T., Tomita, R. (1984): Long-term experiments on the carbonation of artifical lightweight aggregate concrete. In: Rev. 38th Gen. Meet. Tokyo, May, Cem.Assoc. Jpn. (eds.).

Knaack, U. & Koenders, E. (Hrsg.) (2018): Bauphysik der Fassade. Prinzipien der Konstruktion. Basel: Birkhäuser Verlag.

Knöfel, D. & Scholl, E. (1991): Einfluss von NO2-angereicherter Atmosphäre auf zementgebundene Baustoffe. In: Betonwerk und Fertigteil-Technik. Volume 57, S.53-60. Wiesbaden, Walluf: Bauverlag.

Knott, A. & Nez, G. (2005): Latex Concrete Habitat. Victoria (CA): Trafford Publishing Company.

Kowalski, R.-D. (1984): Schaltechnik im Betonbau. Düsseldorf: Werner Verlag.

Küchlin, D. & Hersel, O. (2017): Betontechnische Daten. Ausgabe 2017. Leimen: HeidelbergCement AG (Hrsg.)

Lilienthal, L. W. G. (1898): Fireproof Ceiling. US Patent 619,769.

Maier, A. (2023): Ultraleichter, zementgebundener Schaumn als Kernwerkstoff von Sandwichelementen. Dissertation, Tu Darmstadt, Institut für Statik und Konstruktion. Berlin: Springer Vieweg.

Malpricht, W. (2010): Schalungsplanung. Ein Lehr- und Übungsbuch. München: Fachbuchverlag Leipzig im Carl Hanser Verlag.

Manelius, A.M. (2012): Fabric Formwork for Concrete - Investigations into Formwork Tectonics and Stereogeneity in Architectural Constructions. Dissertation, The Royal Danish Academy of Fine Arts, School of Architecture, Institute of Architectural Technology. Kopenhagen, DK.

Meyer zur Capellen, T. (2016): Lexikon der Gewebe. Technik - Bindung - Handelsnamen (5. Aufl.). Frankfurt am Main: Deutscher Fachverlag.

Miller-Johnson, R. (2013): Fabric Formed Concrete Structures – Style and Substance. International Concrete Sustainability Conference. Verfügbar unter: http://www.nrmcaevents.org/?nav=download&file=408 [18.11.2019]. Alexandria, Virginia (US): National Ready Mixed Conccrete Association.

Neff, W. (1941): Building construction. US Patent 2,270,229.

Nelson, D. L., Cox, M. & Lehninger, A. L. (2001): Lehninger Biochemie (3. Aufl.). Berlin: Springer-Lehrbuch.

Neroth, G. & Vollenschaar, D., (Hrsg.) (2011): Wendehorst Baustoffkunde. Grundlagen – Baustoffe - Oberflächenschutz (27. Aufl.). Wiesbaden: Vieweg + Teubner Verlag.

Nürnberger, U. (1990): Korrosion und Korrosionsschutz der Bewehrung im Massivbau – Neuere Forschungsergebnisse – Folgerungen für die Praxis – Hinweise für das Regelwerk. Deutscher Ausschuss für Stahlbeton (Hrsg.), Volume 405. Berlin: Wilhelm Ernst & Sohn.

Ortbeton (o. J.): Verfügbar unter: https://www.baunetzwissen.de/glossar/o/ortbeton-46579 [18.11.2019].

Passchier, C. & Schram, W. (2007): Cherchell (Algeria), Verfügbar unter: http://www.romanaqueducts.info/aquasite/cherchell/index.html [16.11.2019].

Pech, A., & Kolbitsch, A. (2005): Baukonstruktion Band 4 Wände. New York/Wien: Springer Wien.

Peck, M. (Hrsg.) (2013): Moderner Betonbau Atlas. Konstruktion Material Nachhaltigkeit. München: Detail Business Information.

PERI Vertrieb Deutschland GmbH & Co. KG (o. J.): DUO leichte Handschalung. Verfügbar unter: https://www.peri.de/produkte/duo-leichtschalung-technopolymer.html [06.10.2023].

Pfeifer Steiner, M. (2009): Ein Haus kriegt eine Welle betoniert. Der Standard, 31.10.2009/01.11.2009, S. 12.

Pickhardt, R. & Schäfer, W. (2014): Nachbehandlung und Schutz des jungen Betons. Zement-Merkblatt Betontechnik. Erkrath: InformationsZentrum Beton GmbH (Hrsg.).

Proporowitz, A. (2008): Baubetrieb – Bauverfahren. München: Fachbuchverlag Leipzig im Carl Hanser Verlag.

Ramm, E. & Schunck, E. (1986): Heinz Isler Schalen. Stuttgart: Karl Krämer Verlag.

Reichle, E. (2002): Einflussfaktoren für Aufwandswerte bei Schalarbeiten. In Tiefbau Heft 11, S. 624 - 626. Berlin: Erich Schmidt Verlag.

Reinhardt, H.-W. (2010): Ingenieurbaustoffe (2. Aufl.). Berlin: Wilhelm Ernst & Sohn.

Reschke, T. & Gräf, H. (1997): Einfluß des Alkaligehaltes im Zement auf die Carbonatisierung von Mörtel und Beton. In: Beton 11. Erkrath: Verlag Bau+Technik.

Rieber, G. (2011): Einfluss von textilen Parametern auf die Permeabilität von Multifilamentgeweben für Faserverbundkunststoffe. In: IVW – Schriftenreihe Band 96. Kaiserslautern: Institut für Verbundwerkstoffe GmbH.

Schmitt, R. (2001): Die Schalungstechnik. Systeme, Einsatz und Logistik. Berlin: Ernst & Sohn Verlag für Architektur und technische Wissenschaften GmbH.

Searls, D. (2008): Decorative Conccrete in the Forest: The Concrete Treehouse. Verfügbar unter: https://www.concretedecor.net/decorativeconcretearticles/vol-8-no-1-february-2008/concrete-treehouse-warren-vt/ [18.11.2019].

Sobek, W. (1986): Concrete Shells Constructed on Pneumatic Formwork. Shells, Membranes and Space Frames, Proceedings IASS Symposium, ed. K. Heki, Osaka, 1, S. 337-344.

Sobek, W. (1987): Auf pneumatisch gestützten Schalungen hergestellte Betonschalen. Dissertation, Universität Stuttgart. Stuttgart: Ursula Sobek Verlag.

Specht, M. (1973): Die Belastung von Schalung und Rüstung durch Frischbeton. Düsseldorf: Werner-Verlag.

Stark, J., & Wicht, B. (2013): Dauerhaftigkeit von Beton (2. Aufl.). Berlin, Heidelberg: Springer Vieweg.

Tekos, E. (o.J.): Binishells Technology. Verfügbar unter: http://www.binisystems.com/binishells_02.html [16.11.2019].

Veenendaal, D.; West, M.; Block, P. (2011): History and overview of fabric formwork: using fabrics for concrete casting. In: Structural Concrete – Journal of the fib, Volume 12, S. 164-177. Berlin: Ernst & Sohn.

Veenendaal, D. & Block, P. (2014): Design process for prototype concrete shells using a hybrid cable-net and fabric formwork. Engineering Structures, 75, S. 39-50.

Waller, J. H. de W. (1934): Method of Building with Cementitious Material Applied to Vegetable Fabrics. U.S. Pat. 1,955,716.

Waller, J.H. de W.; Aston, A.C. (1953): Corrugated concrete shell roofs. In: Proceedings of the Institution of Civil Engineers, Volume 2, Issue 4, Part 3, S.153-182. London: ICE Publishing.

Wand aus bewehrtem oder unbewehrtem Ortbeton (o. J.): Verfügbar unter: https://www.beton.org/wissen/wirtschaftshochbau/ortbetonwand/ [18.11.2019].

West, M. (2008): Kenzo Unno - Fabric-Formed Walls. Verfügbar unter: http://www.survivinglogic.ca/uploads/9/9/9/8/99982246/kenzo_unno_walls_1.pdf [16.11.2019].

West, M. (2017): The fabric formwork book. Methods for building new architectural and structural forms in concrete. New York: Routledge.

Williams, J. (1996): A Irish Genius: J H De W Waller 1884 1968. Irish Arts Review Yearbook, 12, S.143-146.

Zaha Hadid Architects (o. J.): KnitCandela. Verfügbar unter: https://www.zaha-hadid.com/design/knitcandela/ [18.11.2019].

Zilch, K., & Zehetmaier, G. (2010): Bemessung im konstruktiven Betonbau (2. Aufl.). Berlin, Heidelberg: Springer Vieweg.

MIX
Papier aus verantwortungsvollen Quellen
Paper from responsible sources
FSC® C105338

If you have any concerns about our products,
you can contact us on
ProductSafety@springernature.com

In case Publisher is established outside the EU,
the EU authorized representative is:
Springer Nature Customer Service Center GmbH
Europaplatz 3, 69115 Heidelberg, Germany

Printed by Libri Plureos GmbH
in Hamburg, Germany